计算机专业职业教育实训系列教材

计算机常用工具软件项目教程

第2版

主　编　曹海丽

副主编　胡志鹏　赵　奕　刘　琪

参　编　赖秦超　张　建　阙宏宇
　　　　蒋　焱

机械工业出版社

本书是根据职业技术教育特点编写的一本以软件应用为主的教程，全书共分10篇，分别介绍了软件的安装与卸载；各种浏览器的对比使用；网络下载与播放；电子书的阅读与制作；网络音乐；数码图片处理；网上办公；网络消费；网络安全；系统维护与优化。

本书采用项目实例点面结合的教学方式，各篇以项目为中心，围绕项目实现展开学习，通过一个个鲜活的实例、详尽的操作讲解和完整的演示图片，让从未接触过计算机的读者能够跟随一个个项目的展开快速学会使用计算机，轻轻松松地完成各种日常工作任务。本书学习目标非常明确，实训效果也很显著。

这次改版各篇主要在保持主要功能不变的情况下，选择更为常用的版本更新软件来说明，让操作变得更方便，功能实现变得更容易。

本书配有电子课件，选用本书作为教材的教师可以从机械工业出版社教育服务网（www.cmpedu.com）免费注册下载或联系编辑（010-88379194）咨询。

图书在版编目（CIP）数据

计算机常用工具软件项目教程/曹海丽主编．—2版．—北京：机械工业出版社，2017.7（2021.6重印）

计算机专业职业教育实训系列教材

ISBN 978-7-111-57366-1

Ⅰ．①计… Ⅱ．①曹… Ⅲ．①软件工具—职业教育—教材 Ⅳ．①TP311.56

中国版本图书馆CIP数据核字（2017）第165320号

机械工业出版社（北京市百万庄大街22号 邮政编码100037）

策划编辑：梁 伟　　责任编辑：李绍坤 王 慧

责任校对：马立婷　　封面设计：鞠 杨

责任印制：常天培

北京虎彩文化传播有限公司印刷

2021年6月第2版第5次印刷

184mm×260mm・16印张・384千字

标准书号：ISBN 978-7-111-57366-1

定价：49.00元

电话服务	网络服务
客服电话：010-88361066	机 工 官 网：www.cmpbook.com
010-88379833	机 工 官 博：weibo.com/cmp1952
010-68326294	金 书 网：www.golden-book.com
封底无防伪标均为盗版	机工教育服务网：www.cmpedu.com

前　言

一、读者对象

本书可作为职业技术学校计算机入门的教材（高职中职均适用），也可作为广大计算机用户培训或自学参考书。

二、职业目标

在信息时代的今天，各行各业均借助计算机及网络进行管理，计算机及网络的操作成为各行各业从业人员的必备技能，并可覆盖90%以上的职业。本书收录的计算机常用工具软件内容翔实丰富，实用性很强，针对初学者的特点，从零开始，采用循序渐进的教学方式，学了过后对于计算机日常操作能完全适应。

三、本书特色

目前，计算机已步入社会的各行各业、走进千家万户。怎样用好计算机工具软件帮助我们管理计算机和提高工作效率是每个用户关心的问题。本书采用项目实例点面结合教学方式，各篇以项目为中心，围绕项目实现展开论述，通过一个个鲜活的实例、详尽的操作讲解和完整的演示图片，让从未接触过计算机的读者能够跟随一个个项目的展开快速学会使用计算机，轻轻松松地完成各种日常工作任务。本书精选目前最好用、最有人气的计算机常用工具软件进行讲解，涉及面广，实用性强，并具有如下特色：

1．内容丰富，分类合理

按照软件的类型全书共划分为10篇，分别介绍了软件的安装与卸载；各种浏览器的对比使用；网络下载与播放；电子书的阅读与制作；网络音乐；数码图片处理；网上办公；网络消费；网络安全；系统维护与优化。计算机常用工具软件的升级更新较快，但由于版面有限，在保持主要功能不变的情况下，此次修订主要对第1篇和第10篇做了较大幅度改进，对第3篇做了小幅改进。

2．深入浅出，思路清晰

每一项目都从一个现实生活中常常会遇到的项目事例入手，分析项目从哪些方面展开，接着讲解与项目有关的基础知识，然后介绍相关软件的实例操作，有针对性地选择当前最流行、最好用的工具软件，最后剖析整个项目的设计点以及相关知识的覆盖。第3篇主要针对目前工具软件应用的方向做了些许调整，其要实现的主要功能保持不变。

3．图文并茂，易学实用

通过大量插图，详细介绍了计算机常用工具软件的功能及操作方法，只要跟着插图及说明一步一步做，即可轻松掌握该工具软件的相关操作。

除此之外，本书还介绍了一些实用小技巧和知识链接，以便读者可以更熟练、更迅速地使用各种常用工具软件，还配有PPT电子教案，在每篇的最后还设有课后练习，便于读者练习提高。

四、编写队伍

本书由主编曹海丽，副主编胡志鹏、赵奕、刘琪，参编赖秦超、张建、阙宏宇、蒋焱编写。

五、致谢

在本书的编写过程中，编者得到了很多同行、专家的关心与支持，特别要感谢的是四川航天职业技术学院和机械工业出版社中职分社对本书的出版给予的支持与帮助。

六、说明

本书是在第1版基础上进行的修订，故仅对功能变化较大的软件进行了更新，兼具了继承性和时效性。

由于编者水平有限，书中难免存在疏漏和不足，敬请广大读者批评和指正。

编　者

目　录

第 1 篇　软件的安装与卸载

从科学定义上来说，计算机是由硬件系统和软件系统组成，软硬件是相辅相成的，没有了软件，硬件就是一堆废铜烂铁，其存在的意义也就微乎其微了。因此，正确安装软件是让计算机发挥功用的第一步。值得注意的是，软件从功能上分为系统软件和应用软件，本项目针对的是应用软件，而所有应用软件的安装、使用和卸载都需要系统软件作为平台。以下向初学者演示如何安装与卸载软件以及讲解安装与卸载过程中的细节问题。

项目1　软 件 安 装

项目情境

在操作系统安装完毕之后，通常还会根据需要安装一些常用的应用软件，如办公软件Office系列、压缩解压软件WinRAR、平面设计软件Photoshop CS、计算机辅助设计专业软件AutoCAD、安全杀毒类软件诺顿等，它们一般需要安装后才能使用。再如刚买了一台打印机或摄像头，那么这些设备是否插在计算机上就能使用呢？如果是不支持即插即用的新的硬件设备，首先要获得能使硬件工作的应用软件，即驱动程序，将它们的驱动程序安装后，才能在计算机上使用。要获得这些需要的软件主要有以下两种途径：一种是购买的安装光盘，另一种是从互联网上下载。

项目分析

虽然目前操作系统大多采用Ghost安装，一般都包含丰富的应用程序，但有时并不能满足实际需要。此时就会涉及对低版本软件的卸载、对新版本软件的安装，或者安装其他全新的应用软件。因此，如何正确安装、卸载这些软件就显得尤为重要。

根据安装介质、安装文件的不同，软件安装大致分为以下几类情况：

1）光盘安装。

2）ISO格式文件安装。

3）绿色软件安装。

4）破解软件安装。

项目实施

应用软件是为了完成某种应用或解决某类问题而编制的专用程序，而系统软件是最靠近计算机的一层软件，用来管理计算机资源，提供良好人机界面，之后才是安装各种类型的软件。

1．光盘安装

其实，大多数Windows下的应用程序安装过程都是大致相同的。在此笔者以微软的Office系列办公软件的安装为例，向各位初学计算机的同学详细介绍软件安装的过程。

首先，将Office2010安装光盘放入计算机光驱，在Windows桌面左键双击“我的电脑”图标，出现“我的电脑”窗口。光盘驱动器图标处已显示Office2010安装光盘的图标，如图1-1所示。

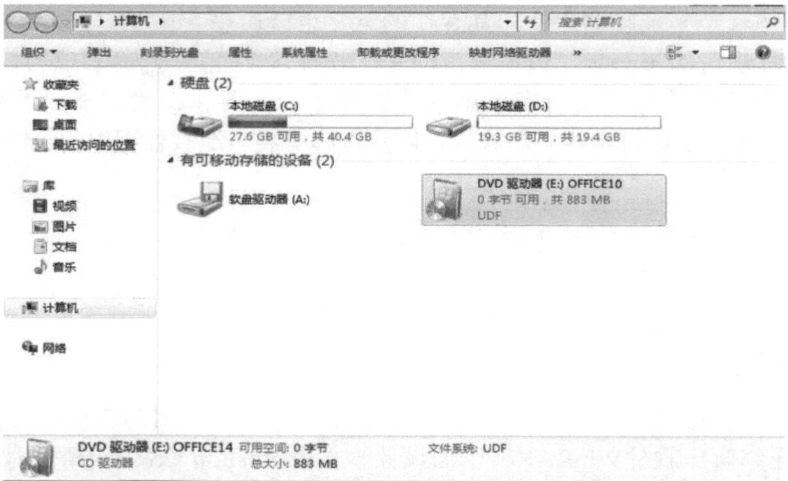

图1-1　Office2010安装光盘显示

鼠标双击光盘驱动器图标，打开并显示光盘内容，如图1-2所示，双击执行setup程序。

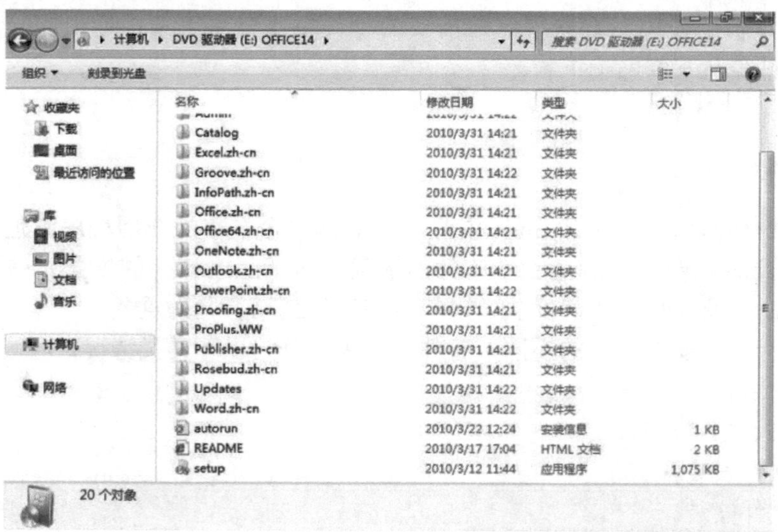

图1-2　光盘内容和setup安装程序

出现用户账户控制提示，单击“是”继续，如图1-3所示。

出现Office2010安装操作界面（见图1-4），选择“我接受此协议的条款”，单击“继续”按钮。

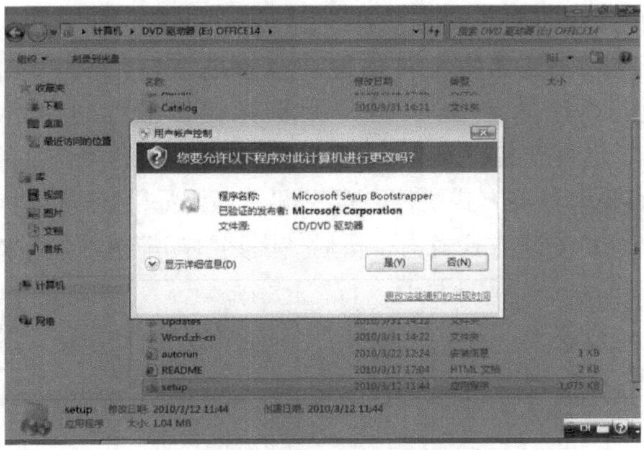

图1-3　用户账户控制提示界面

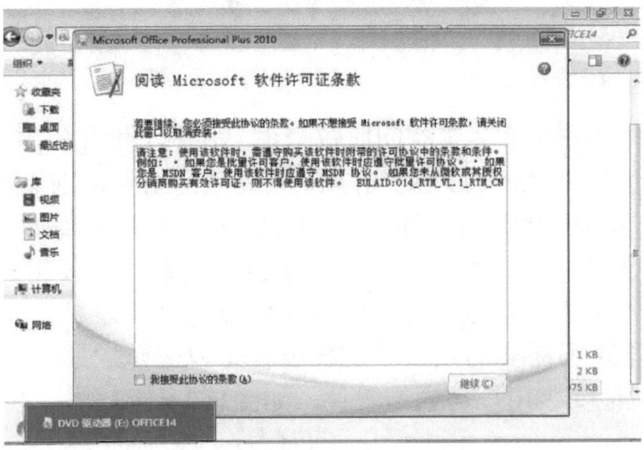

图1-4　接受许可协议界面

出现“选择所需的安装”，单击“立即安装”按钮，如图1-5所示。

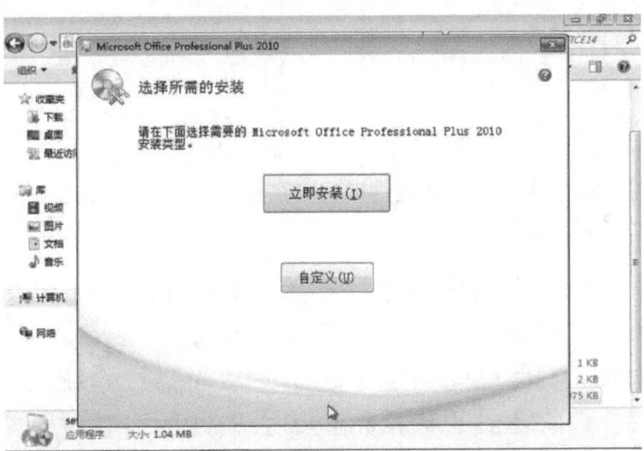

图1-5　安装界面

软件安装一般都提供四种安装方式，分别为典型安装、完全安装、自定义安装和最小安装。

1）典型安装：这是一般软件的推荐安装类型，选择了这种安装类型后，安装程序将自动为用户安装最常用的选项。它是为初级用户提供的最简单的安装方式，用户无须为安装进行任何选择和设置，只需要一路“下一步、Next、确定”。用这种方式安装的软件可为用户实现各种最基本、最常见的功能。

选择典型安装后出现如图1-6所示对话框，从该图同学们可以发现，Office的整套软件都会被安装，可实现最基本、最常用的功能。此时所需磁盘空间为636MB。

2）完全安装：选择了这种安装方式之后，就会把软件的所有组件都安装到用户的计算机上，满足用户对该软件的苛刻要求，该方式所需磁盘空间最多。如图1-7所示，选择了完全安装后，所需磁盘空间变为912MB。这种安装方式省去了日后使用某些功能组件的时候再添加的烦恼。

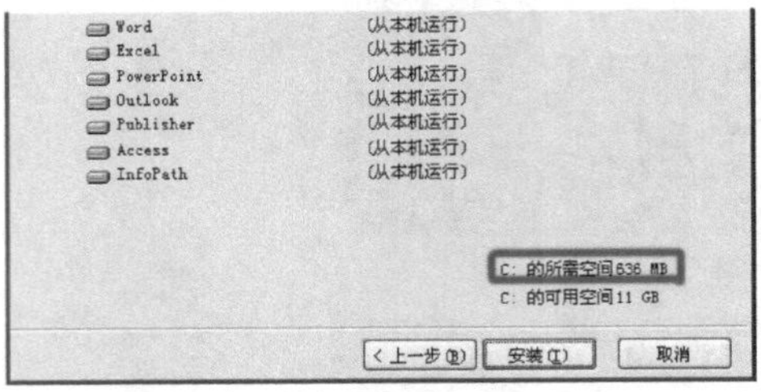

图1-6　典型安装界面

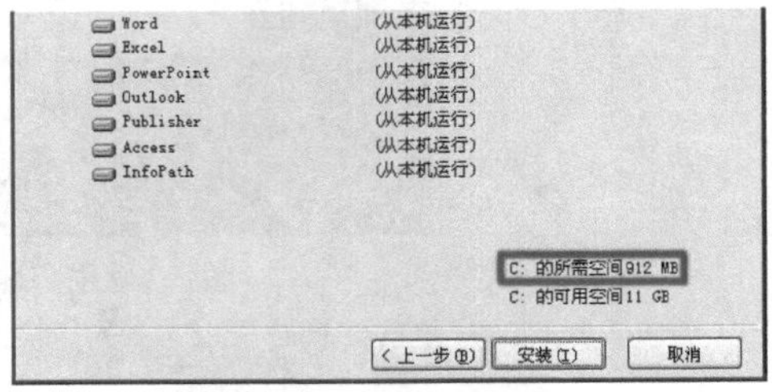

图1-7　完全安装界面

3）最小安装：除非用户确实磁盘空间比较紧张，否则不推荐使用这种方式，最小安装只安装运行此软件必须的部分。如果日后使用某些未安装的组件，则需重新找到当初的安装光盘或安装文件，添加需要用到的组件。如图1-8所示，最小安装所需磁盘空间仅为220MB。

4）自定义安装：当用户有了一定的软件安装经验之后，可使用这种安装方式。选择这种安装方式之后，安装程序将会向用户提供一张安装组件列表，供用户根据自己的需要选择所需安装的项目并删除不需要的项目。这样就既可以避免安装不需要的组件，节省磁盘空间，又能够一步到位地安装用户需要的软件，如图1-9所示。

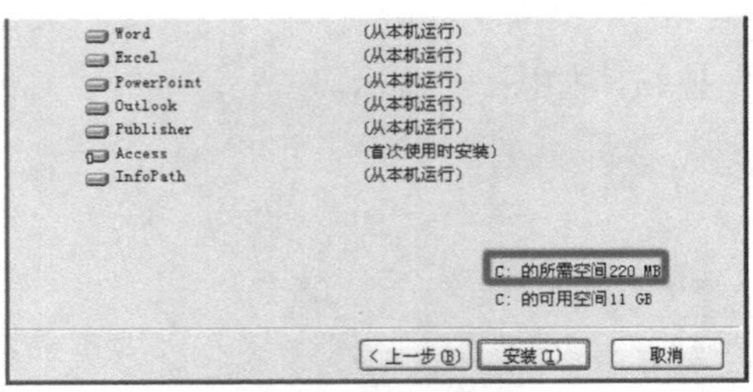

图1-8　最小安装界面

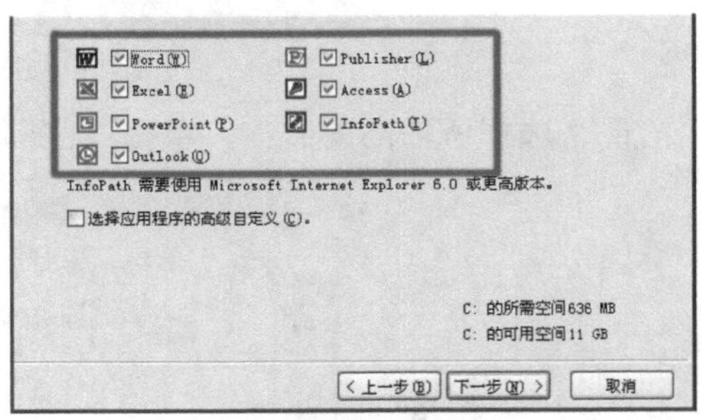

图1-9　自定义安装界面

安装路径的选择，一般软件的安装路径都默认为C:\Program Files下，初学者只需一路单击“下一步”即可顺利完成软件的安装。但是采用默认路径安装软件存在很多弊端：第一，随着安装软件的增加，C盘空间将越来越小，从而导致系统的启动和运行速度越来越慢；第二，重装系统后，C盘之前的数据将全部丢失，所有软件都需要重新安装；第三，某些软件可依据用户的使用习惯进行相应的设置，重装系统后这些设置也将随之丢失。因此安装路径的选择一般依据以下两点操作：第一，输入法、杀毒软件一般都安装在C盘；第二，一般的应用软件安装在C盘以外的其他盘符。这样操作的好处在于，重装系统后，很多软件，尤其是绿色软件都还可以正常使用，如QQ、FTP等。即使是不能使用的软件，通过重新安装，选择与之前安装路径相同的位置，那么用户之前的设置将重新起效。对于Photoshop、Dreamweaver等软件的用户来说，就能够保存重装系统前的软件设置和所装插件等。

开始安装复制文件。复制过程中不需要操作，文件复制完毕后出现图1-10所示界面，单击“关闭”按钮完成Office2010的安装，如图1-11所示。

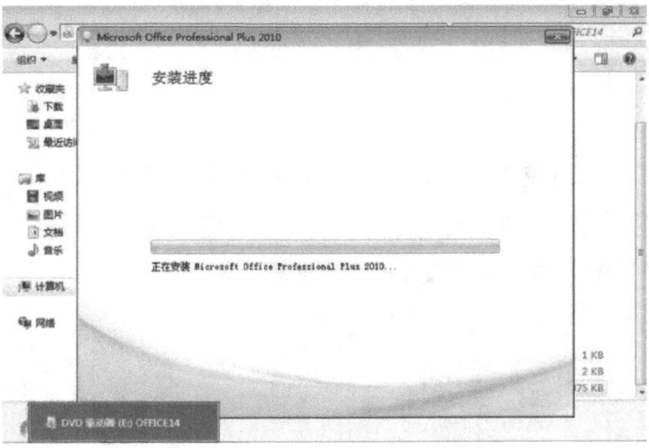

图1-10　安装复制文件

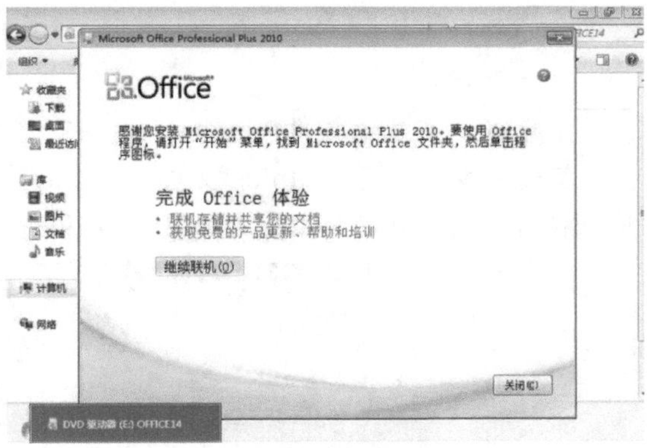

图1-11　安装完毕

小知识

问：在系统中安装各种软件，默认情况下都是安装在C:\Program Files下，如果要安装在其他目录中每次都需要手工修改，请问有什么办法解决这个问题呢？

答：打开“运行”对话框输入Regedit，并回车打开注册表编辑器，定位到HKEY_LOCAL_MACHINE\SOFTWARE\Microsoft\Windows\CurrentVersion，然后双击右侧的“ProgramFilesDir”字符串，将其改成要更改的默认安装目录，例如E:\Program Files，这样再安装软件时默认选择就变了。

2. ISO格式文件安装

现在网络上有不少软件是以ISO文件类型发布的。ISO是一种镜像文件，它是将多个文件目录或者是整个光盘文件压缩成一个文件，以便于软件的发布。对于ISO文件，是无法直接应用的，需要运用一些软件将其解开才能使用。

一般来说，有两种办法来使用ISO文件，以下将分别介绍使用的软件以及使用方法。

（1）用WinRAR解压ISO文件（WinRAR软件的使用见后面知识拓展部分）

WinRAR 是一款功能强大的压缩包管理器，它是档案工具RAR在Windows环境下的图形界面。该软件可用于备份数据，缩减电子邮件附件的大小，解压缩从互联网上下载的RAR、ZIP 2.0及其他文件，并且可以新建RAR及ZIP格式的文件。

WinRAR内置程序可以解开CAB、ARJ、LZH、TAR、GZ、ACE、UUE、BZ2、JAR、ISO、Z和7Z等多种类型的档案文件、镜像文件和 TAR 组合型文件。

现在我们来讲解如何使用WinRAR软件来解压安装ISO文件：

首先，右键单击从网上下载的ISO文件（FileName.iso），在弹出的菜单上选择“解压缩到FileName\”。此时会在ISO文件所在目录生成一个文件夹（FileName），双击该文件夹，打开文件夹内容，选择扩展名为“.exe”的文件，双击开始软件安装，其安装过程与前面介绍的光盘安装应用程序相同，这里就不再赘述了。

（2）用虚拟光驱DAEMON Tools打开ISO文件

运行DAEMON Tools软件后，右键单击右下角任务栏上的软件图标，选择“虚拟CD/DVD-

ROM”—“驱动器0：【X】无媒体”—“载入镜像”（【X】是虚拟光驱的盘符，每台计算机分配的可能有所不同）。选择下载的ISO文件载入，此后的安装过程和前面讲述的光盘安装过程就完全相同了。

3. 绿色软件安装

在此以文本编辑软件Editplus为例进行讲解。

首先从网上下载Editplus绿色版，然后将其加压到磁盘相应盘符下。找到解压后的文件夹，双击进入。此时你会发现，在该文件夹下存在两个注册表文件，如图1-12所示。

图1-12　找到两个注册表文件界面

双击“！）注册.reg”文件，即可完成注册表信息的导入，导入注册表信息后就可以正常使用该软件了。要卸载该软件时，只需双击“！）卸载，reg”文件，即可导出注册表信息，然后直接删除该文件夹即可。（注：绿色软件的绿化文件各有不同，诸如绿化.bat等，通常下载包内都有相应说明）。还有一些绿色软件下载解压后，无须任何其他辅助操作，双击执行文件即可运行，不会向注册表内写入任何信息，删除时也只需要找到当时解压后的文件夹直接删除即可。

绿色软件的优点：第一，绿色软件不需要安装，省去了安装的烦琐过程，而且不会掉入某些恶意捆绑软件的陷阱；第二，不受重装系统的影响，随处运行，最多只需重新运行一下“绿化”过程，原来的设置、数据都仍然保存着；第三，绿色软件通常体积小、功能全。

4. 破解软件安装

破解软件的安装重点在于破解过程，笔者提议，如果条件容许，还是应该支持正版软件。

下面来看看安装步骤：

步骤一：解压并打开AutoCAD2008的安装文件夹，如图1-13所示。

图1-13　解压并打开AutoCAD2008的安装文件夹

步骤二：在AutoCAD2008的安装文件夹里面找到安装文件setup.exe执行该安装程序进行安装。

1）进入设置初始化，如图1-14所示。

2）完成设置初始化后进入安装向导界面，选择安 装产品，如图1-15所示。

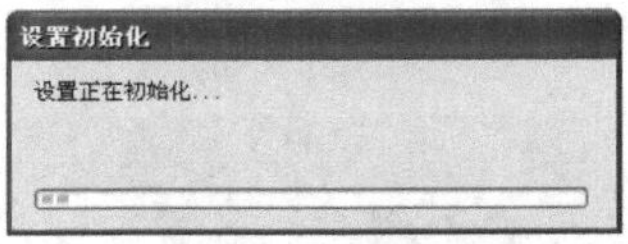

图1-14　设置初始化

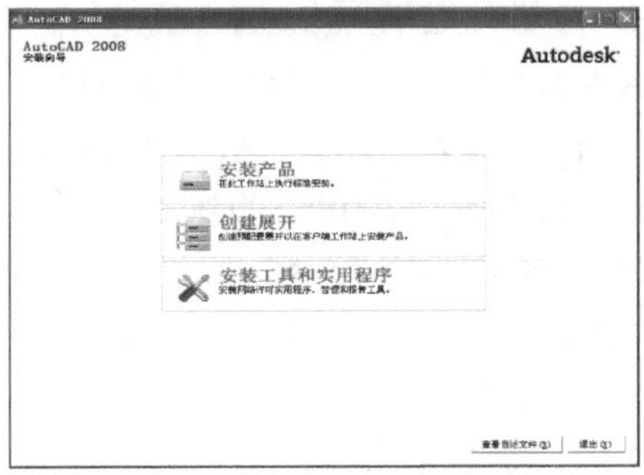

图1-15　选择安装产品

3）进入产品安装选择界面，单击“下一步”按钮。

4）接受许可，选择国家后单击“下一步”按钮。

5）进行“个性化”产品的填写，完成后继续单击“下一步”按钮。

6）选择要配置的产品为“AutoCAD 2008”后进行相关配置，完成后单击“安装”按钮。

配置1：选择默认文字编辑器和是否创建桌面快捷方式，如图1-16所示。

配置2：选择许可类型，如图1-17所示。

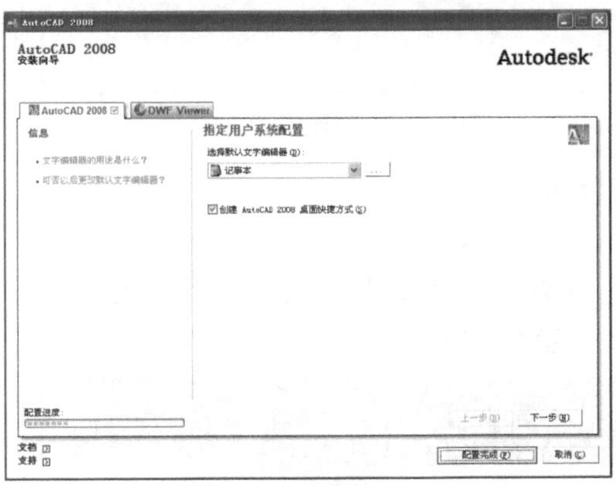

图1-16　配置1

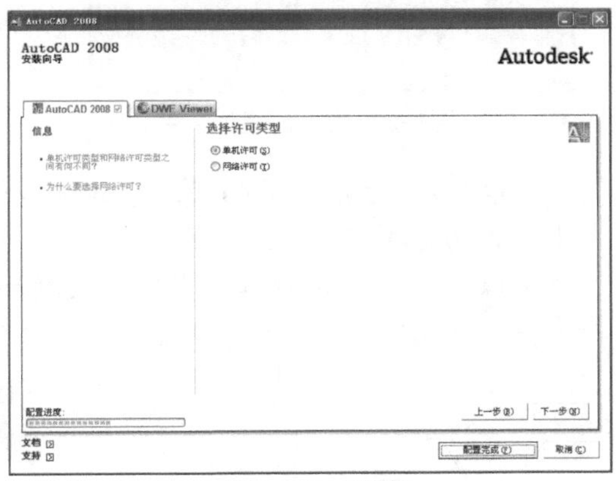

图1-17　配置2

配置3：选择安装内容和安装路径，如图1-18所示。

7）进入正在安装界面，如图1-19所示。

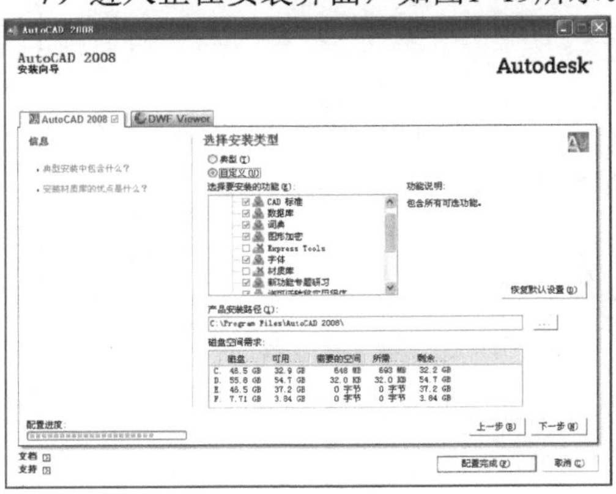

图1-18　配置3

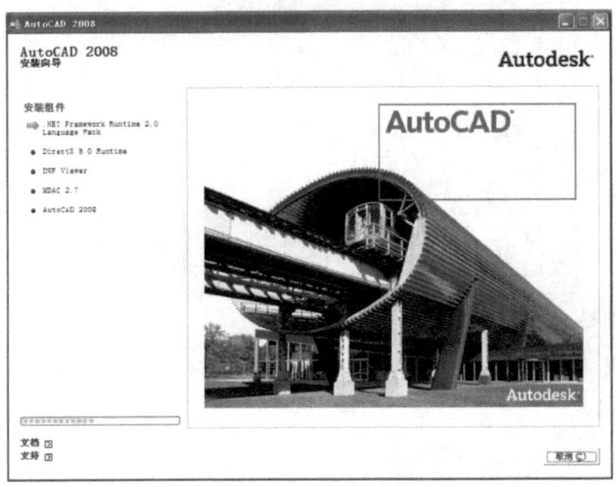

图1-19　安装界面

8）安装结束后单击“完成”按钮，退出安装界面。

步骤三：注册并激活AutoCAD 2008。

1）进入AutoCAD 2008，可以从桌面快捷方式进入，也可以从安装文件夹或者开始菜单中进入，其文件名称为“AutoCAD 2008 - Simplified Chinese”。

2）注册，注册码一般可以随意填写。

3）激活，在AutoCAD 2008的安装文件夹中找到“AutoCAD 2008_注册机”，如图1-20～图1-22所示。

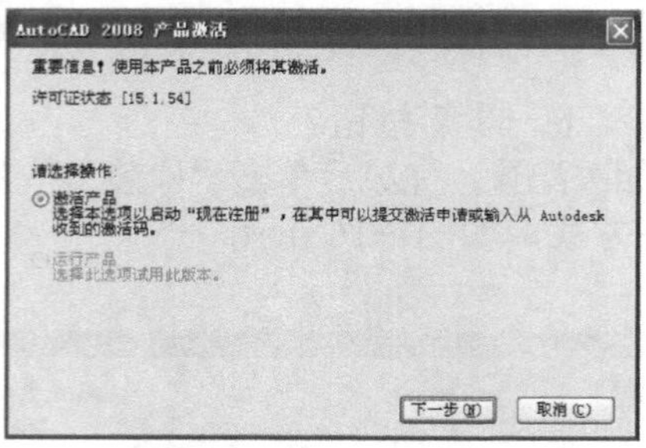

图1-20　激活界面

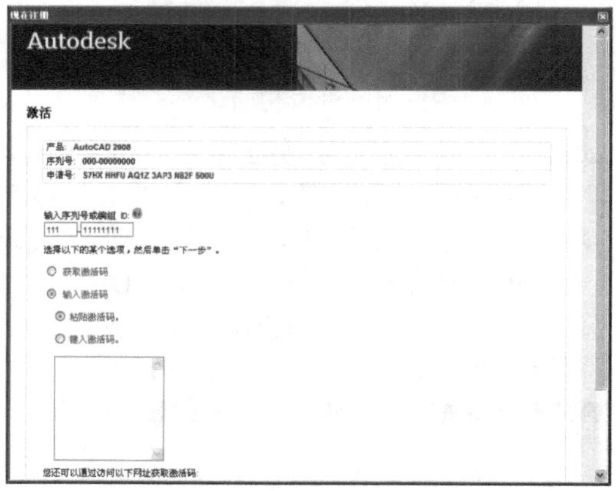

图1-21　选择激活方式

将申请号复制到AutoCAD的keygen中获取到激活码。

激活成功界面如图1-23所示。

也可以选择通过官方网站直接获取激活码，或者免激活试用30天。另外，还可以借助软件平台（比如说云端平台等）直接下载免注册和免激活版本。

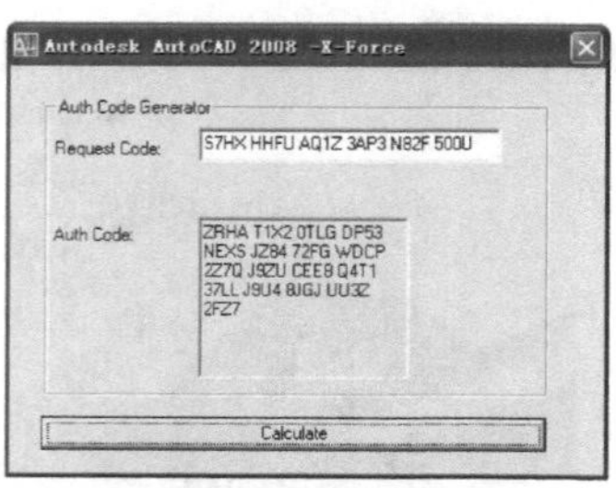

图1-22　AutoCAD 2008

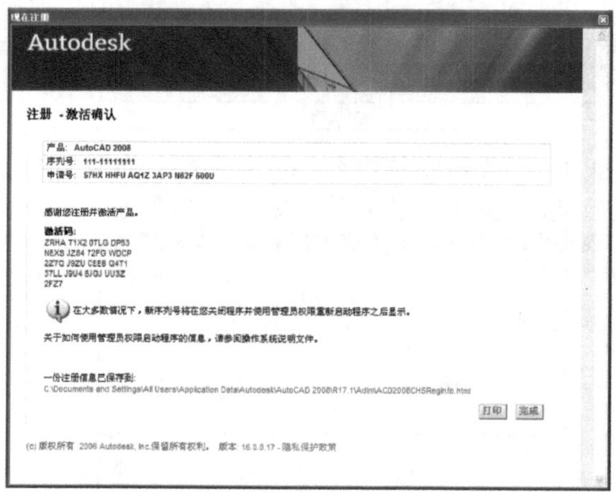

图1-23　激活成功界面

任务评价

在安装软件过程中，我们要注意以下几个问题：

1）安装文件所在位置（盘符，路径）。
2）安装文件安装的目标位置（盘符，路径）。
3）你选择了哪种安装类型？
4）安装后，桌面和开始菜单有何变化？
5）使用该软件并打开相关的文件，看是否安装成功。

知识拓展

1. WinRAR软件的使用

利用WinRAR压缩、解压文件是非常方便的；常用的压缩文件方式是右键点击待压缩文件，在弹出的菜单中选择“添加到‘*.rar’”（*号是种通配符，表示待压缩文件或文件夹的名称），如图1-24所示。

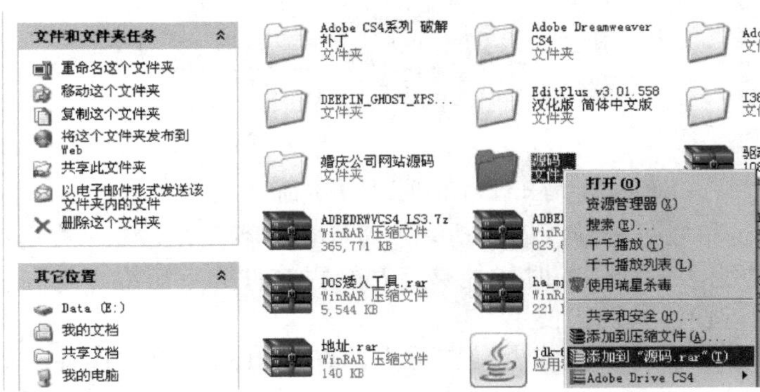

图1-24　右键压缩文件快捷菜单界面

这时就会在待压缩文件或文件夹所在路径下生成一个同名的压缩文件，如图1-25所示。

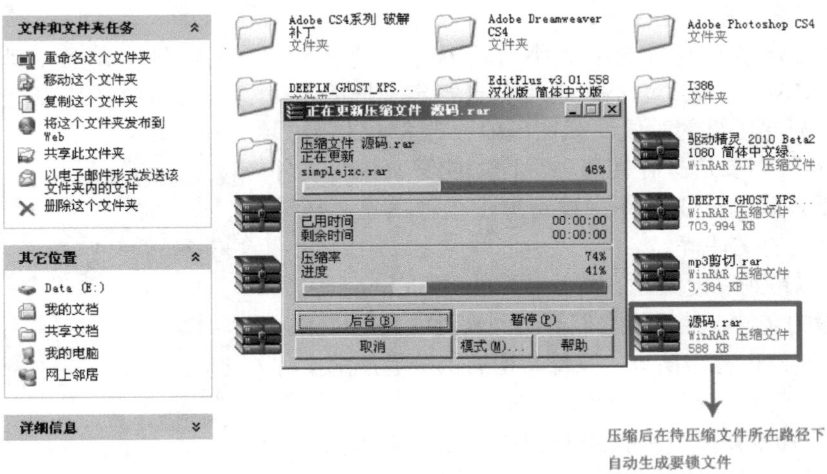

图1-25　压缩后生成文件界面

同样，在解压缩文件的时候，先选中待解压文件，右键单击，在弹出的菜单中选择“解压到 *\”（*号代表待解压文件的名称），如图1-26所示。

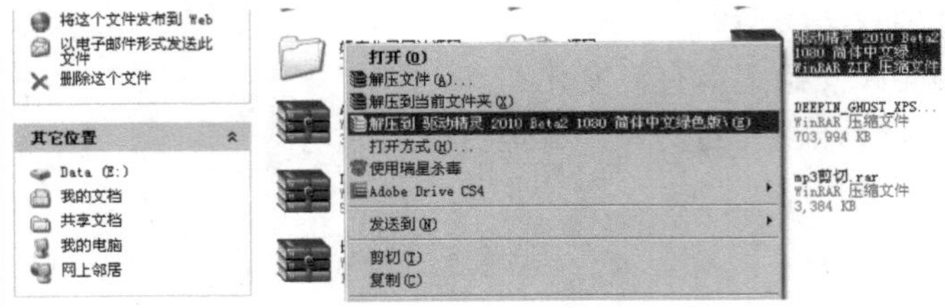

图1-26　右键解压缩文件快捷菜单界面

解压后会在当前路径下会自动生成一个与压缩文件同名的文件夹，如图1-27所示。

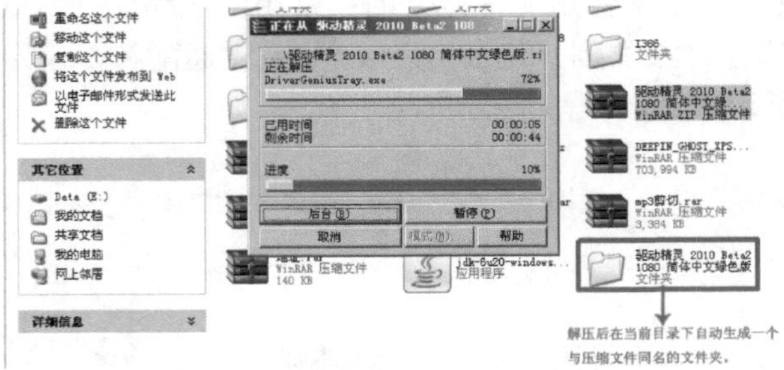

图1-27　解压缩后生成文件夹界面

另外，在WinRAR中也集成了分卷压缩的功能，而且它并不像WinZip那样必须在软盘的支持下才可以使用这个功能，在制作的时候能够将某个大文件分卷压缩存放在任意指定的盘符中，所以这也大大地方便了我们的使用。

1）右键单击需要分卷压缩的文件或者是文件夹，在弹出的菜单中选择“添加到压缩包”选项。

2）在弹出的设置窗口中，可以在“压缩包名称”对话框中确定文件存放的路径和名称，这时就可以将分卷压缩之后的文件存放在硬盘中的任何一个文件夹中。同时在“压缩方式”下拉列表中选择采用何种方式进行压缩，建议大家采用“最好”方式，这样能够让WinRAR最大程度地压缩文件。

此外，位于下部的压缩分卷大小对话框可以设置每一个压缩包的大小。其中WinRAR默认的是1.44MB软盘模式，不过也可以自行定义压缩包大小，比如想将其改变为每个分卷5MB大小进行分卷压缩的时候，就在压缩分卷大小的下方填写5MB。

3）根据实际需要选择存档选项，比如能够直接将文件保存为自解压方式的EXE文件、设置身份验证信息、压缩完毕后删除原先的文件等。

这样就可以得到以定义好的文件名为前缀，以rar、r01、r02之类为后缀的文件，然后将它们复制到软盘中就可以了。至于合并这些文件也非常简单，只要将所有的分卷压缩文件复制到一个文件夹中，然后右击名为“*.rar”的文件，并选择“解压缩文件”命令即可。由于这种合并方式并不要求按照一定的次序插入软盘，所以即使软盘次序颠倒了也不会有任何影响，如图1-28所示。

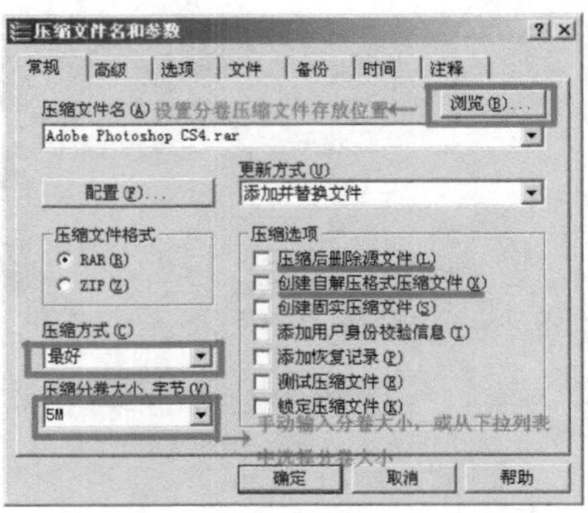

图1-28　双击解压软件界面

2. 雨林木风软件安装管理器2.0，定制自己的安装集

应用该工具软件的目的是制作常用的软件安装集，从而能够统一管理自己要安装的软件。从网上下载的该工具仅仅是用于此目的的一个软件安装管理用的壳。需简单地修改一下安装配置文件config.ini，才可以得到一个相对易用的软件安装环境。下面我们用一个实例来详细讲解。现雨林木风版本可支持windows7平台和MacOS平台，其使用方法同老版本基本一致。

首先，从网上下载雨林木风软件安装管理器2.0，并解压缩，得到如图1-29所示文件。

双击SoftManager.exe，打开软件安装管理器界面，如图1-30所示。

双击文件夹Data，打开安装配置文件config.ini，如图1-31所示。

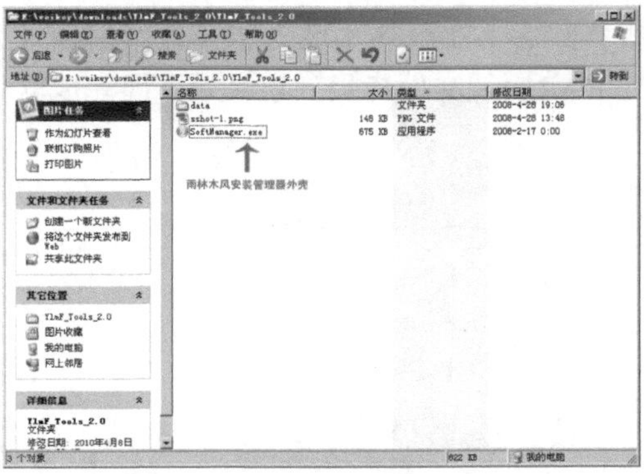

图1-29　解压后生成的文件界面

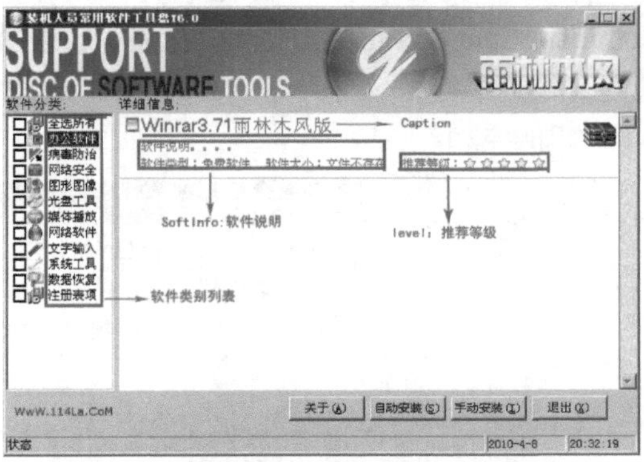

图1-30　软件安装管理器界面

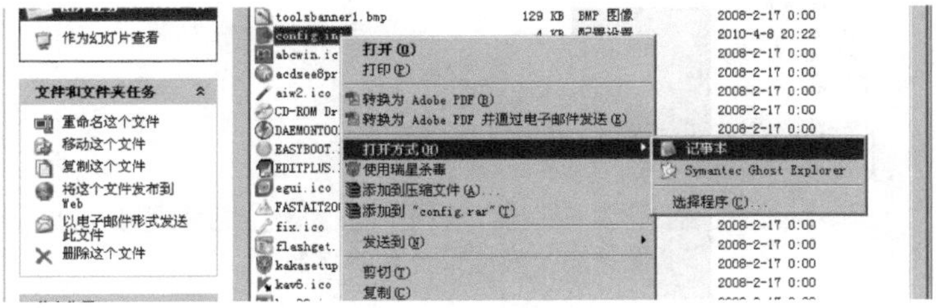

图1-31　打开安装配置文件界面

如图1-32所示，文件中[config]部分为软件系统设置，无须做任何修改，[SoftList]部分是安装软件的归类，可根据自己的需要定制类别。

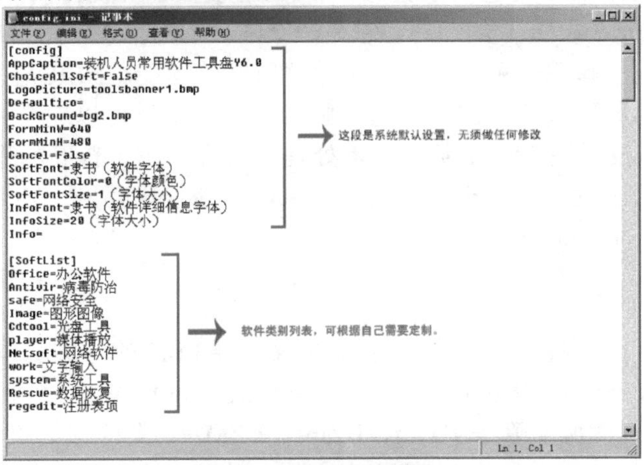

图1-32　软件系统设置界面

接着看下面部分设置（见图1-33），[office]为软件分类列表下的某一分类（方括号内的值必须与图1-32中软件分类对应类名字相同），[officesoftlist]下面为office类下的应用软件，可根据自己的需要添加，例如：

1=winrar

2=WPS

3=office2003

这样就在office类中增加了WinRAR、WPS、Office三个应用软件。

[winrar]为office类下应用软件winrar对应的参数设置，其中Caption为应用软件名称，CommandLine为WinRAR软件所在路径。设置好这些参数后，在雨林木风安装管理器根目录下新建文件夹“办公软件”—“WinRAR”，然后将WinRAR安装文件拷贝到该目录下即完成软件WinRAR的添加。

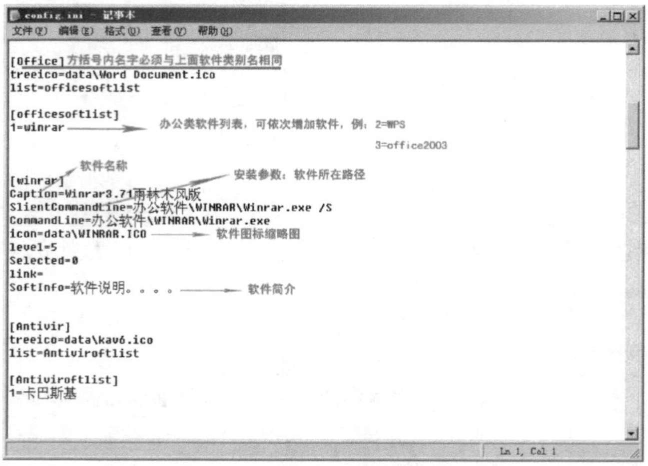

图1-33　内部部分设置界面

3. NSIS（打包安装程序）V2.48，定制安装集

雨林木风自制安装集存在对Windows 7以上操作系统兼容性差等问题，但好在简单易上手。在此，介绍NSIS（打包安装程序），NSIS 是“Nullsoft 脚本安装系统”（Nullsoft Scriptable Installation System）的缩写，它是一个Open Source的Windows系统下安装集制作程序。它提供了安装、卸载、系统设置、文件解压缩等功能。NSIS是通过它的脚本语言来描述安装程序的行为和逻辑的，因为它基于脚本文件，所以可以完全控制安装程序的每个部分。它的脚本语言支持变量、函数、字串处理，就像是一个普通的程序语言—— 但它是为安装程序这类应用所设计的。相对于雨林木风，它功能更强大，稳定性更强，计算机初学者也可以简单地进行定制安装。

NSIS有如下特点：

占用空间小，一个完整功能的安装程序仅需要34kB的空间。支持大多数Windows平台，包括：Windows 9.x、Windows NT、Windows 2000、Windows XP、Windows 2003、Windows 7。支持三大压缩算法：Zlig、BZips、LZMA。支持脚本和多语言。支持安装界面定制。提供可扩展的插件接口。支持网络安装、补丁。支持无人值守的安装模式。此外，

NSIS的license允许任何用途免费使用，如图1-34所示。

以下为NSIS的使用介绍：

第一步：启动NIS Edit，在“文件”菜单中选择“新建脚本：向导”，如图1-35所示。

第二步：设置应用程序信息，如程序名称、版本、出版人等，如图1-36所示。当然最后一栏“网站”可以留空，如果设置了，则安装包会生成一个对应网址的“Internet快捷方式”。然后单击下一步。

图1-34　NSIS介绍

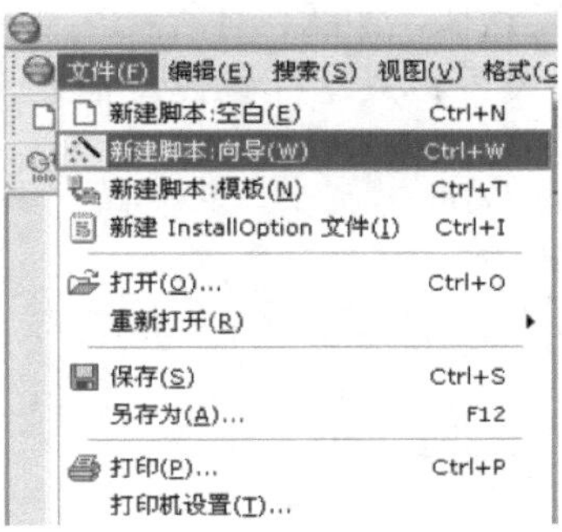

图1-35　启动NSIS

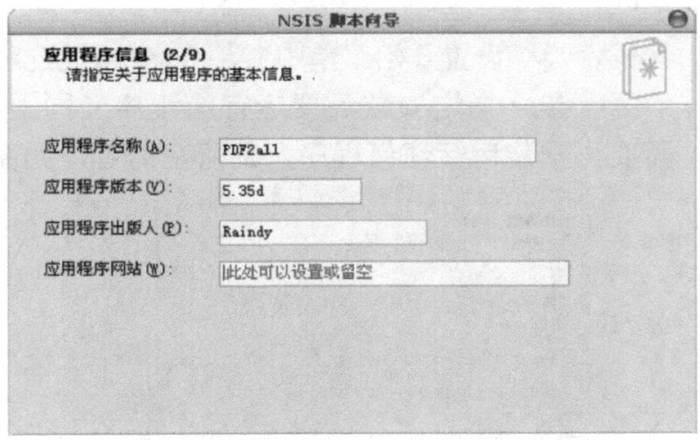

图1-36　设置信息

第三步：设置程序选项，如安装程序图标、安装程序文件、安装程序语言（这里选择“SimpChinese”）、用户图形界面及压缩方式等，可以选用默认值，也可以单击对应项目的按钮或下拉菜单更改设置，如图1-37所示。

第四步：设置安装目录及授权信息，如图1-38所示，然后单击“下一步”按钮。

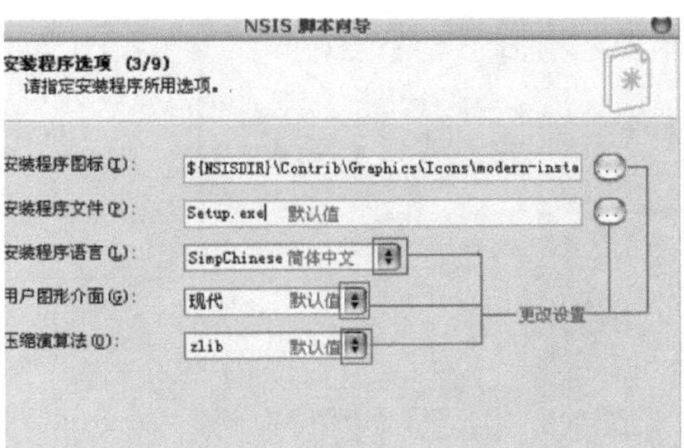

图1-37　设置程序选项

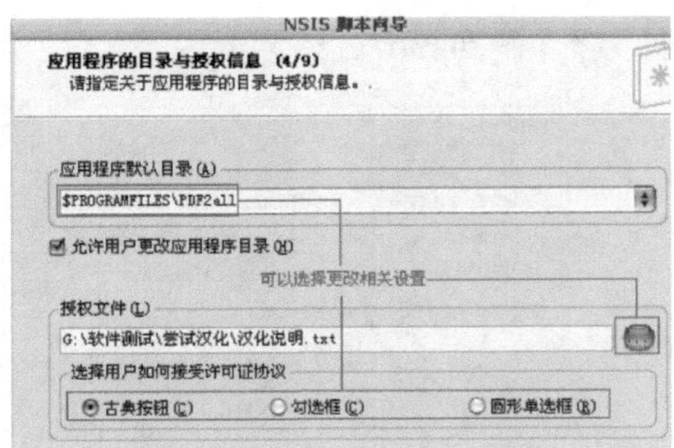

图1-38　设置安装目录和授权信息

第五步：选定程序文件，即要打包的文件，可以使用默认的“Mainsection”，也可以根据需要进行更改或新建组别，如果组比较多，也可以设置是否“允许用户选择要安装的组件”，如图1-39所示。

设置完毕后进行“添加文件”操作，选定要打包的文件，如图1-40所示。完成后自动返回图1-39所示界面，执行下一步操作。

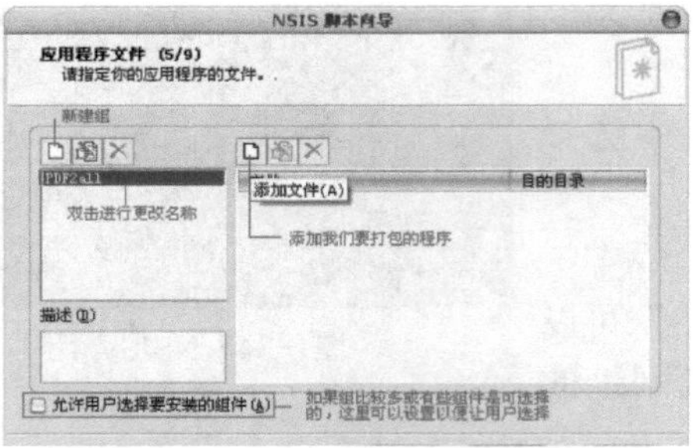

图1-39　选定程序文件

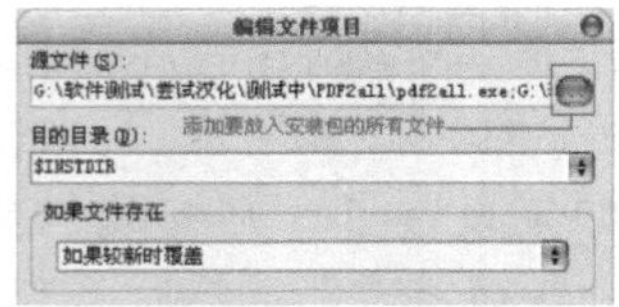

图1-40　完成“添加文件”操作

第六步：设置开始菜单中文件夹名称及快捷方式，这里使用默认值，如图1-41所示。

第七步：指定安装后要运行的程序（同上用默认值），并设置相关运行参数及描述，不需要再安装运行任何程序，则留空即可，如图1-42所示。

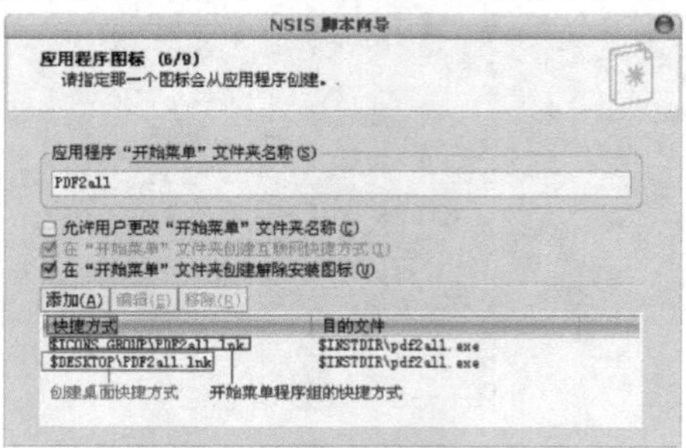

图1-41　设置开始菜单

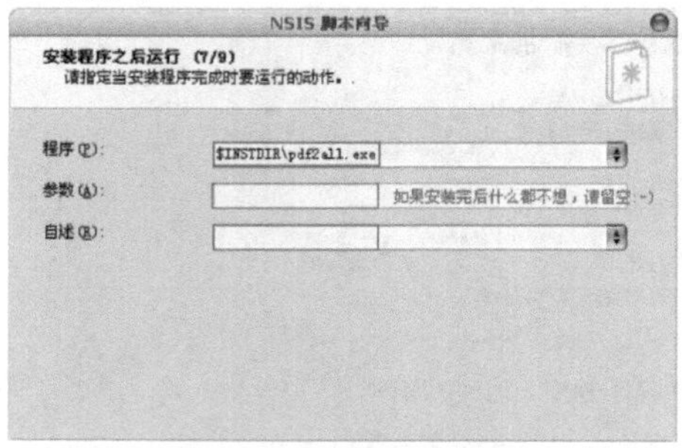

图1-42　设置运行参数

第八步：这步是有关卸载程序的相关信息，如解除安装提示、解除安装程序图标等，如图1-43所示。

第九步：至此完成向导，如图1-44所示，勾选“保存脚本”“转换文件路径到相关路径”及“编译脚本”。

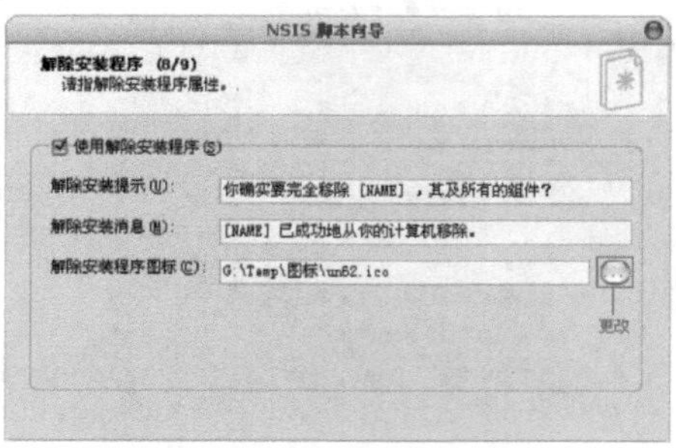

图1-43　设置卸载程序相关信息

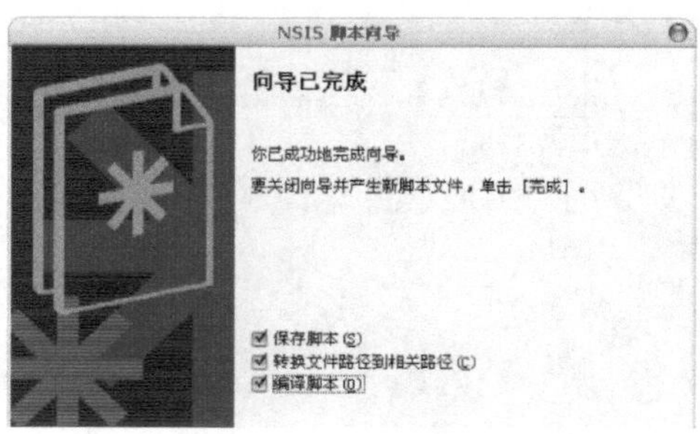

图1-44　完成设置

项目2　软件的卸载

项目情境

在计算机使用过程中经常会遇到软件的更新、网上下载的新软件安装后使用不了等情况，需要卸载，但是按照正常的途径卸载了某些程序，有些相关的程序仍然会顽固地残留在“添加或删除程序”列表中。遇到这种情况可以通过一些软件来帮忙，比如“完美卸载2009完全版”“Unlocker1.8.6绿色中文版”等。

项目分析

软件卸载通常可通过以下几种途径完成：

1）通过软件自带的卸载程序完成软件的卸载过程。

2）利用控制面板里的“添加或删除程序”来卸载软件。

3）利用专业的卸载工具完成软件的卸载。

下面分别从这三个方面来详细讲解软解的卸载。

项目实施

1. 通过软件自带的卸载程序卸载软件

我们以先前安装的腾讯的即时通信工具QQ为例，鼠标单击“开始”—“程序”—“腾讯软件”—“QQ”—“卸载腾讯QQ”，如图1-45所示。

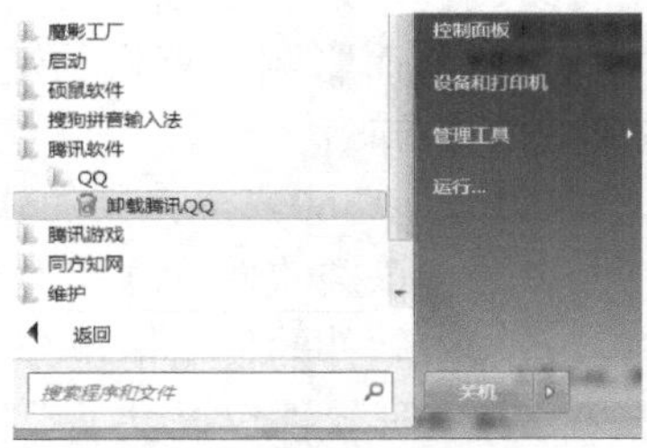

图1-45　找到卸载菜单界面

弹出询问窗口，单击“是”后，开始软件卸载过程。

至此，软件的卸载过程完成。某些软件卸载后还会提示重新启动计算机，然后完成卸载过程。

2. 利用控制面板里的“添加或删除程序”完成软件的卸载

以腾讯的即时通信软件QQ为例，首先单击“开始”—“设置”—“控制面板”，或者单击“开始”—“运行”—“control”，调出控制面板界面，如图1-46所示。

在控制面板中找到“添加或删除程序”组件（Windows 7以上版本为“程序和功能”），双击运行，如图1-47所示。

图1-46　调出控制面板界面

图1-47　添加或删除程序界面

在弹出的“添加或删除程序”/“程序和功能”对话框中，鼠标单击待删除的程序，然后单击“删除”按钮，呈现如图1-48所示界面。

图1-48　删除程序界面

3. 利用专业卸载工具完成软件的卸载

由于在安装软件时，安装到计算机上的文件和写入的注册表信息很多，而且有些软件在安装过程中还经常捆绑第三方软件，因此常常导致卸载不彻底，残留很多垃圾文件在计算机上，从而影响计算机的运行速度。这时候，就需要借助一些专业的卸载工具来完成对软件的彻底卸载。

在此，以360安全卫士的软件管家为例，进行讲解：

市面上该类软件管理软件有很多，这类软件功能集其他软件下载、软件升级、软件卸载以及系统内软件的使用情况分析等于一体。而且随着个人计算机与手机融合度的不断提升，很多这类管理软件也提供了手机软件的管理应用，对于软件管理来讲，十分全面到位。

下例为运行360软件管家卸载应用软件，其运行界面如图1-49所示。

单击“卸载软件”按钮，弹出计算机所安装的软件列表对话框，如图1-50所示。鼠标单击列表中要卸载软件名称后的“卸载”按钮，即开始软件的卸载过程。也可以选择多个要卸载的软件执行“一键卸载”。

图1-49　360软件管家界面

图1-50　弹出计算机所安装的软件列表对话框界面

项目评价

在卸载过程中，掌握自己常用的软件卸载方法。例如，U盘格式化也是通常卸载U盘中的软件和文件的方式。

触类旁通

1. 强制删除文件夹或文件

使用软件：Unlocker1.8.6绿色中文版

软件简介：当重命名或删除一个文件或文件夹时，如果Windows弹出对话框提示您“无法删除×××：它正在被其他用户/程序使用！”。在这种情况下使用Unlocker，就可以轻松、方便、有效地解决这个虽小但很烦人的问题。

安装使用过程：

首先，从网上下载Unlocker1.8.6绿色中文版，解压后得到如图1-51所示几个文件。

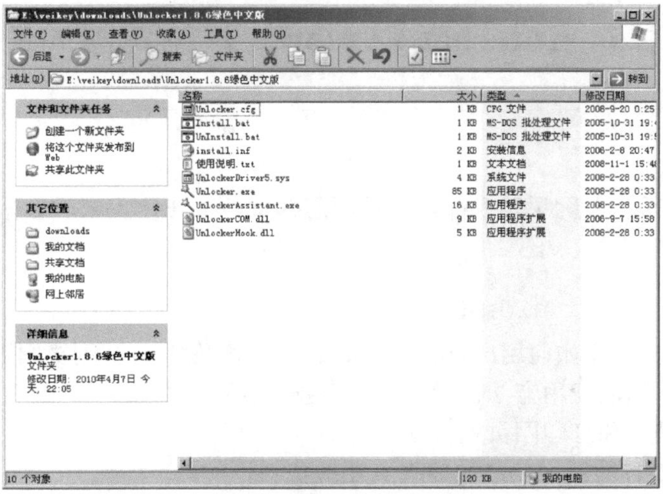

图1-51　解压后文件界面

双击“Install.bat”后，即完成软件的安装及右键关联，此时单击鼠标右键就可以看到“Unlocker”菜单。当你要删除顽固文件、文件夹时，只需右键单击待删除文件、文件夹，选择“Unlocker”菜单即可完成。

该软件的卸载也极其简单，只需要双击安装文件夹内的“UnInstall.bat”文件，右键关联就被取消，然后直接删除安装文件夹即可。

归 纳 总 结

使学生在安装、卸载软件的过程中，掌握常用软件的安装和卸载方法；通过对网络上下载软件的安装，让学生理解、掌握破解软件的通常安装方式。

课 后 练 习

一、操作题

1. 安装一个PDF文件阅读器。
2. 选用控制面板中的“添加或删除程序”卸载文件阅读器。
3. 利用工具定制一个适合自己系统的软件安装集。

二、简答题

4. 请简述操作系统、驱动程序和应用程序的关系。
5. 请思考如何更改软件的默认安装路径。

第 2 篇　各种浏览器的对比使用

随着社会的进步、信息技术的发展，互联网已经进入人们的生活，新技术层出不穷，新鲜玩意儿更是让人眼花缭乱。但不管是看新闻、查资料，还是网上购物、订机票订酒店，都离不开浏览器的帮助。

项目1　Internet Explorer 11浏览器的使用

项目情境

放大假我们到哪儿去玩呢？成都。不跟团怎么玩，现在让我来教你做“旅游功课”。

项目分析

这个项目主要教大家如何用Internet Explorer 11（简称IE 11）浏览网页。

1）掌握搜索引擎的使用方法，学会输入高搜索频率的关键词。

2）掌握保存网页和打印网页的方法。

3）学习使用IE 11的新增功能快捷查看相关资料。

4）为方便下次浏览，学会“添加收藏夹”并“导出收藏夹的网页”。

项目实施

请到官方网站下载并安装IE 11浏览器，官网如下：Http://windows.microsoft.com/zh-cn/internet-explorer/download-ie。

1. 使用搜索引擎找到适合的旅游网

1）打开IE 11浏览器：双击桌面Internet Explorer图标。

2）在地址栏输入搜索引擎www.baidu.com，如图2-1所示。

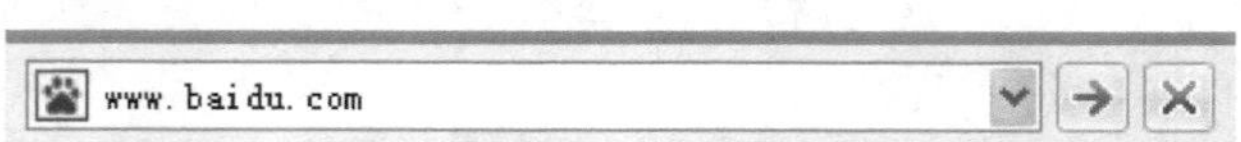

图2-1　地址栏

按回车键或直接按地址栏旁的箭头确定进入网页，打开百度页面后，请在文本框内输入关键词“中国旅游网”，如图2-2所示。

（注：输入一个关键词，系统会自动显示以这个关键词开头的更多关键词任用户选择，关键词越靠前搜索频率越高）

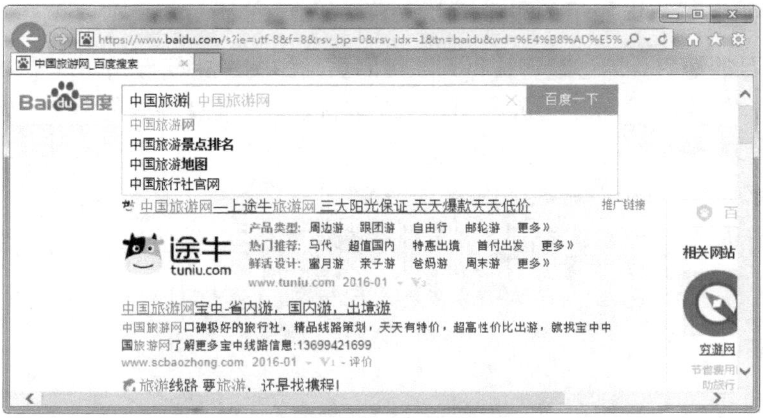

图2-2　百度搜索页面

3）选择中国旅游网官方网站打开搜索页面，如图2-3所示。

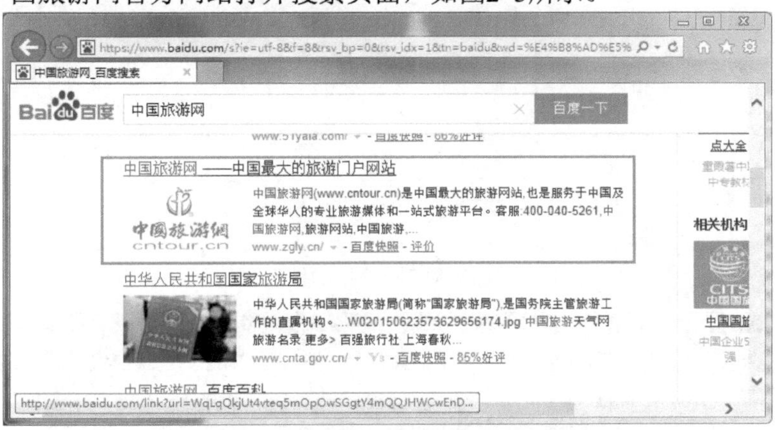

图2-3　百度搜索-中国旅游网

2．进入中国旅游网

在打开的搜索页面中单击“中国旅游网”，通过超链接打开中国旅游网主页面，如图2-4所示。

图2-4　中国旅游网官方网站

3. 查找四川省成都市的相关景点

1）单击“目的地”，通过超链接打开二级网页，如图2-5所示。单击“国内游”便会出现中国地图，单击“出境游”显示世界地图。在左边目录树中查找要去的地方，如图2-6所示。

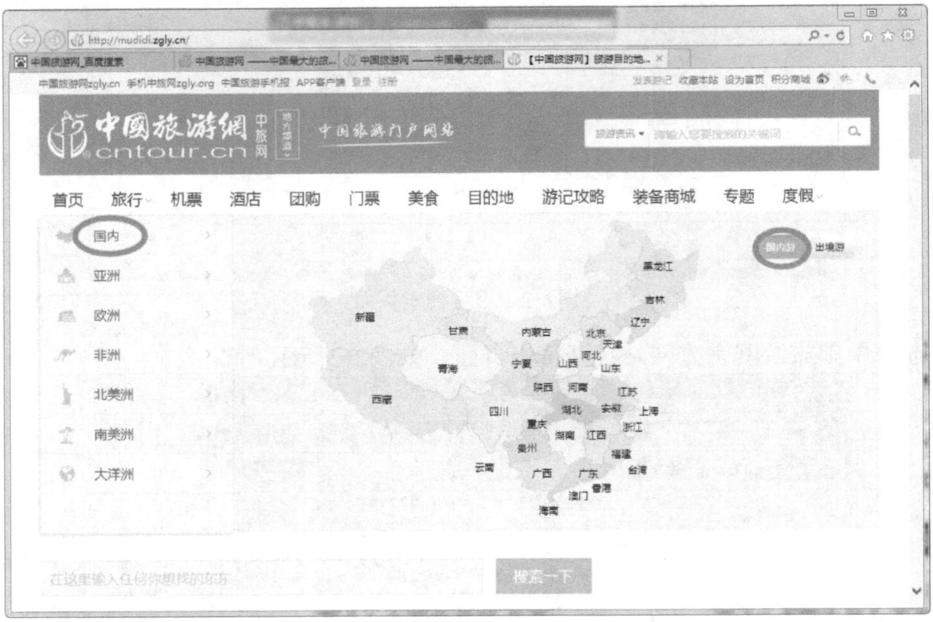

图2-5 中国旅游网“目的地”二级网

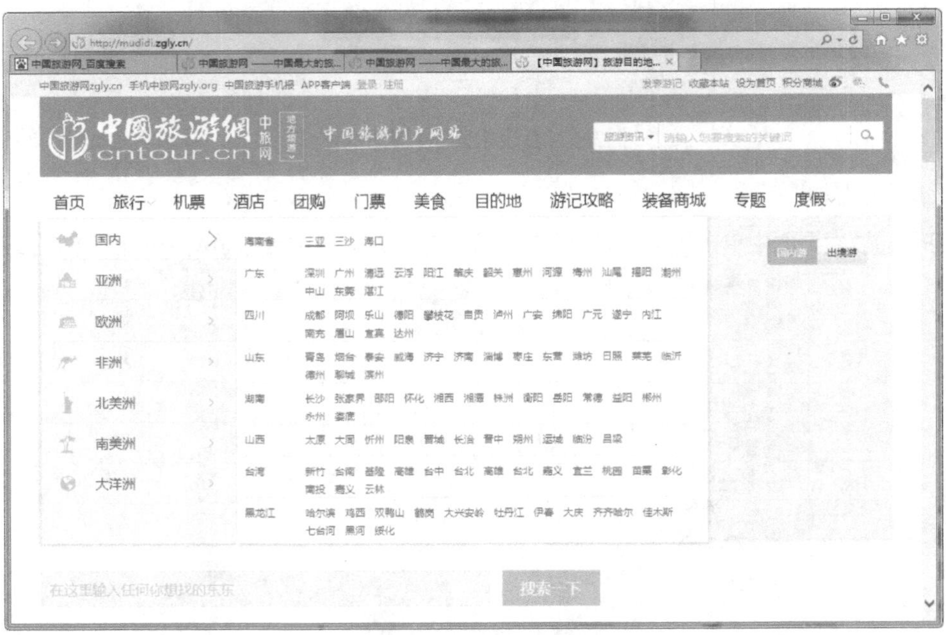

图2-6 “国内游”目的地

2）在地图上直接把鼠标放在“海南”上会弹出该省市二级旅游地址或在左边的“国内”省市中选择“海南”—“三亚”，进入三亚目的地指南，如图2-7所示。

图2-7　三亚目的地指南

4．与朋友共享我的资料

1）如果现在找到的内容想让朋友一起参考，给出意见，那可以将网页“另存为…”，就算下次在一个没有联网的计算机，同样可以打开，如图2-8～图2-10所示。

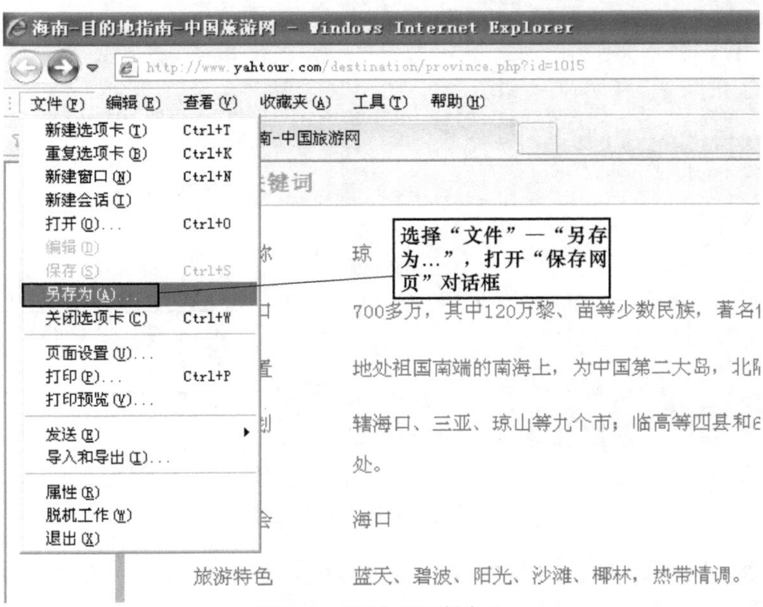

图2-8　网页“另存为”

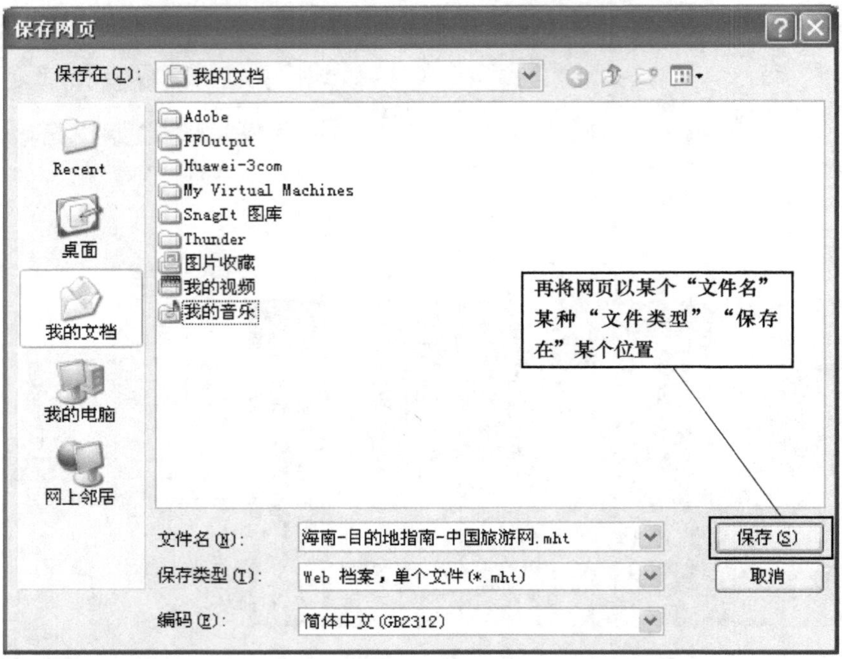

图2-9　保存设置

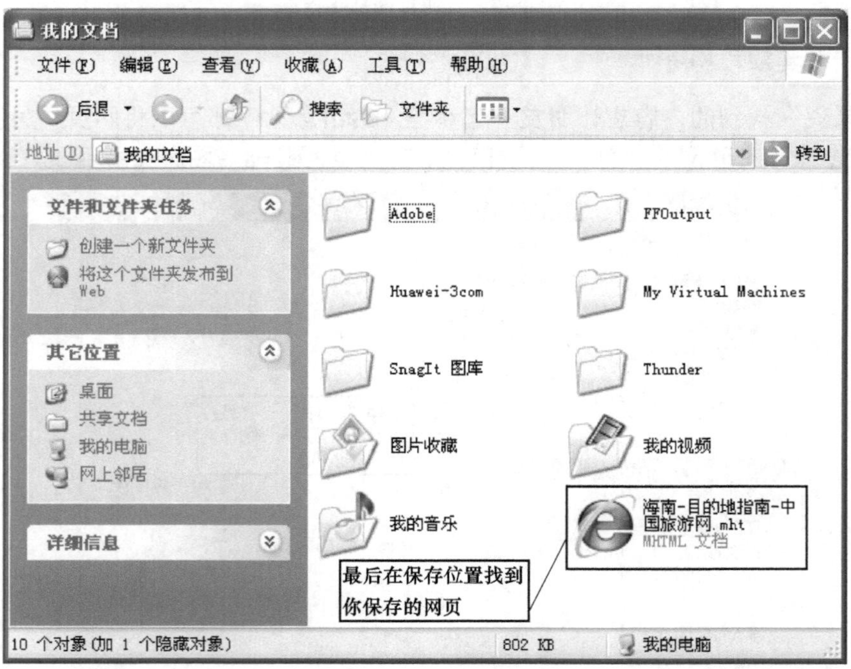

图2-10　查看保存的网页

2）如果觉得把资料打印出来与朋友交流更方便，也可以通过“打印”功能，将资料显示在纸上，如图2-11、图2-12所示。

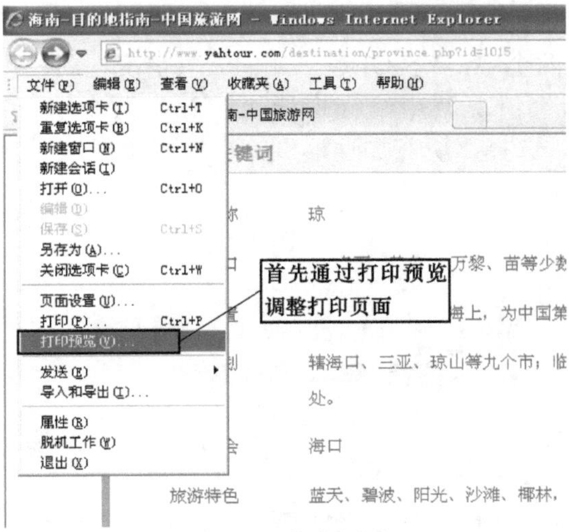

图2-11　打印网页

图2-12　打印预览

5．三亚的天气如何、怎么预订酒店

1）刚看到“三亚”两个字，就想知道三亚的天气情况，用户可以直接使用IE 11.0“加速器”功能快速查看天气情况。用鼠标拖选“三亚”两个字，在左边会出现一个“箭头”，用鼠标单击箭头，选择“所有加速器”，再单击“新浪天气查询”就可以很快看到当地天气情况，如图2-13所示。

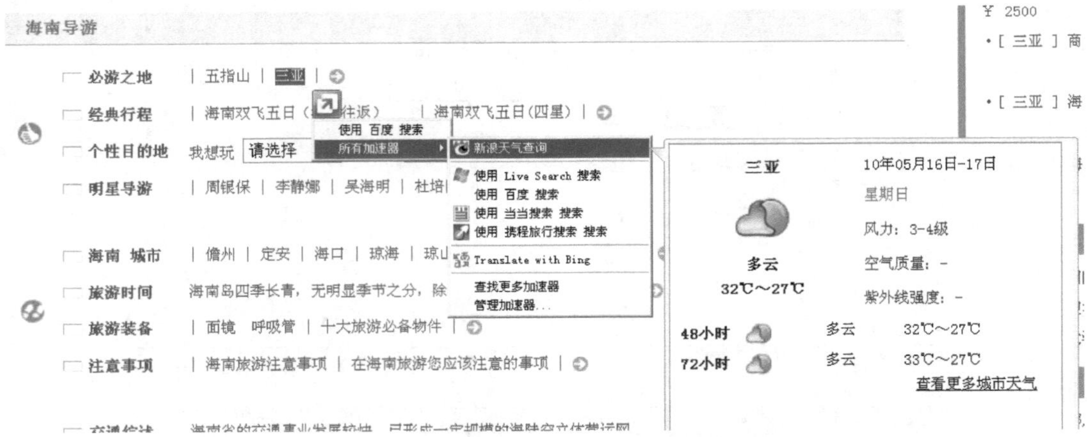

图2-13　加速器

2）通过“查找更多加速器”，打开“加载项资源库”，选择“旅行”，这里有更多选择为用户提供服务，如图2-14所示。

图2-14　加载项资源库

若加载“携程旅行搜索”，下次在“所有加速器”中就可以看见使用“携程旅行搜索”搜索，如图2-15所示，单击后可直接链接到“携程旅行网”主页，如图2-16所示。

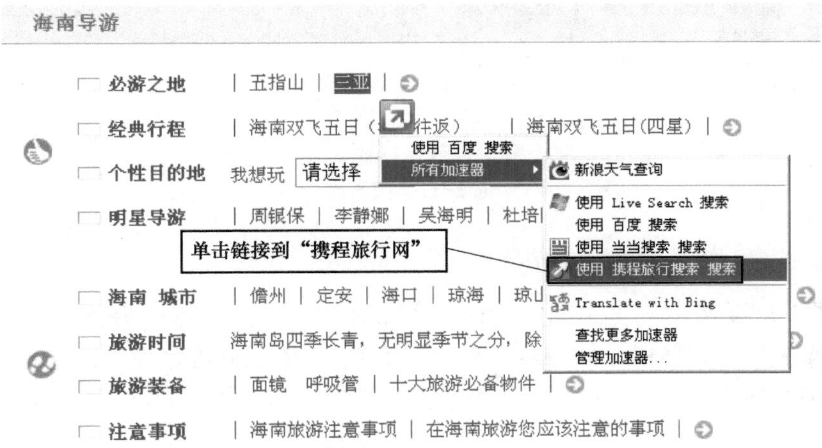

图2-15　使用“携程旅行搜索”

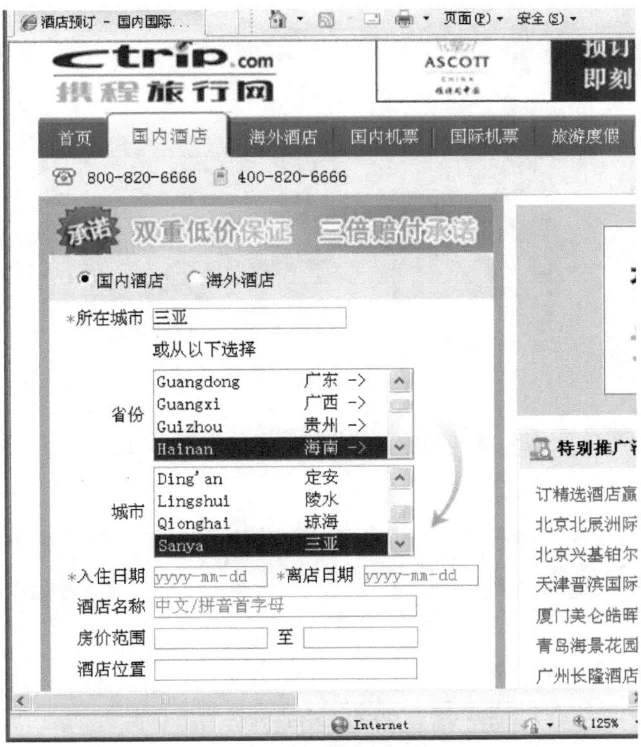

图2-16　进入携程旅行网

3）或者直接在“搜索框”中输入关键字，IE 11就会根据用户所选择的搜索提供商和浏览历史记录，实时显示出相关的“搜索建议”，甚至包含图像，让搜索更为直观和可视化，如图2-17所示。

图2-17　搜索框

6. 以后我要经常浏览中国旅游网

1）如果以后要经常浏览中国旅游网，那么每次都要用搜索引擎搜索会很麻烦，将它“添加到收藏夹”便可随时单击查看。单击“☆”－“添加到收藏夹”，打开“添加收藏”对话框，名称改为“中国旅游网”，再单击“添加”按钮即可，如图2-18、图2-19所示。

图2-18　添加收藏

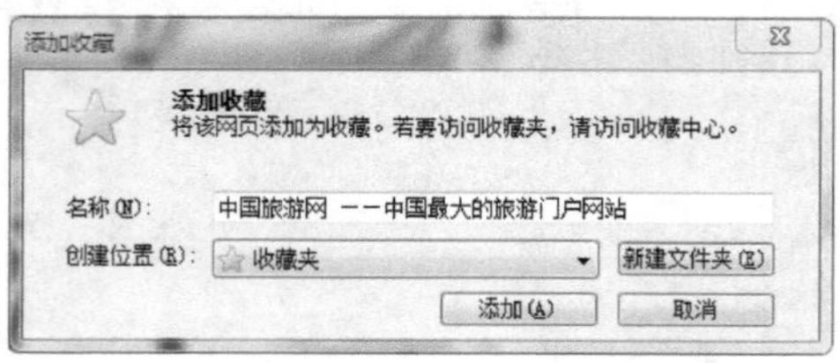

图2-19　“添加收藏”对话框

2）不管停留在哪个网页，随时单击“收藏夹”就可以查看“中国旅游网”了，如图2-20所示。

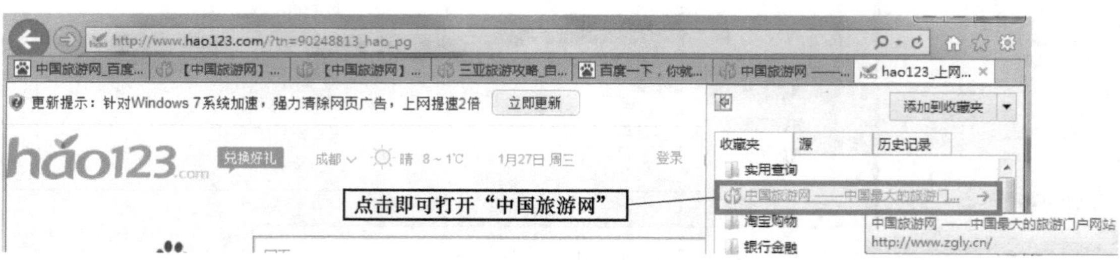

图2-20　收藏夹

3）我们还可以将它设为主页，只要打开IE浏览器就打开了“中国旅游网”，如图2-21、图2-22所示。

图2-21　Internet选项

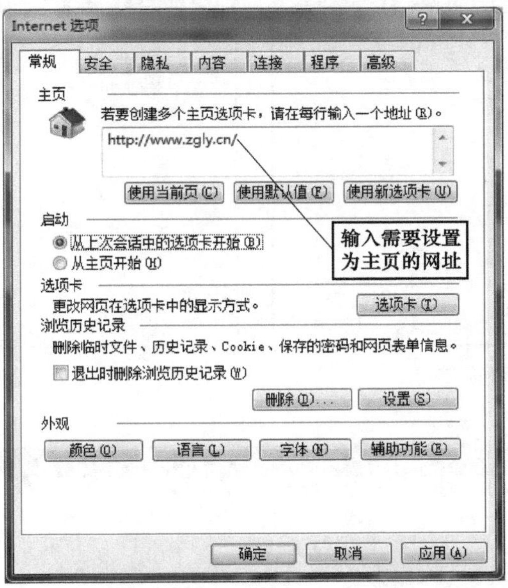

图2-22　设置主页

7．永久保存我的网页

如果要重装系统（这里说的重装系统就是重装Windows操作系统，一般都是把它安装在C盘，收藏夹里的所有网址也在其中，如果重装就会把C盘的内容覆盖掉，那样，原有网址将清除），收藏的网页怎么办？这里要教大家一个很重要的功能，就是如何导出收藏夹的网页。

步骤如图2-23～图2-28所示。

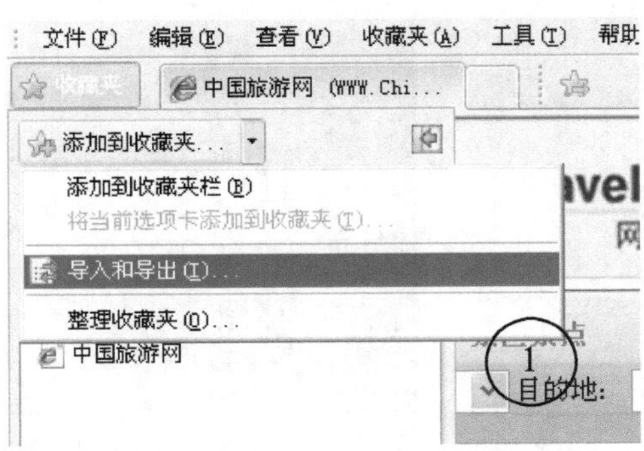

图2-23　导入和导出

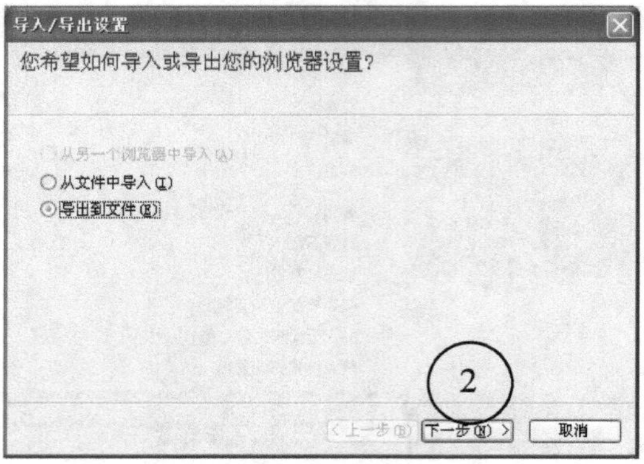

图2-24　导出到文件

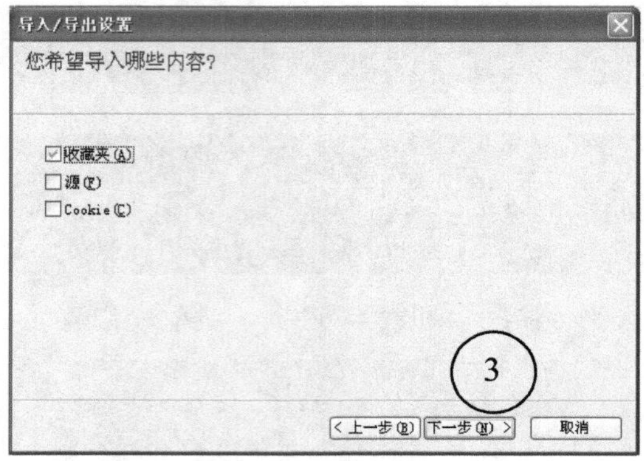

图2-25　导出收藏夹

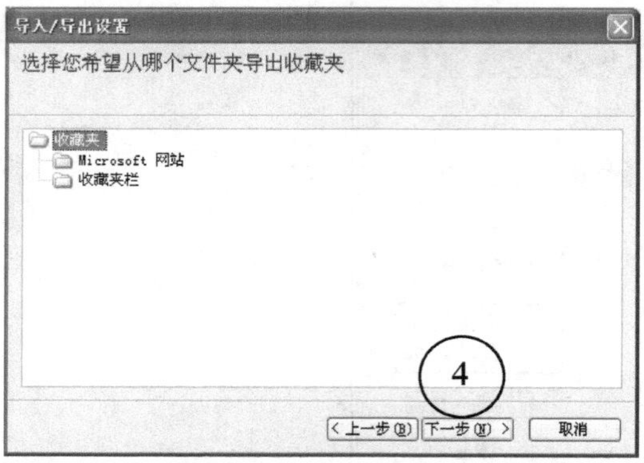

图2-26　选择文件夹导出

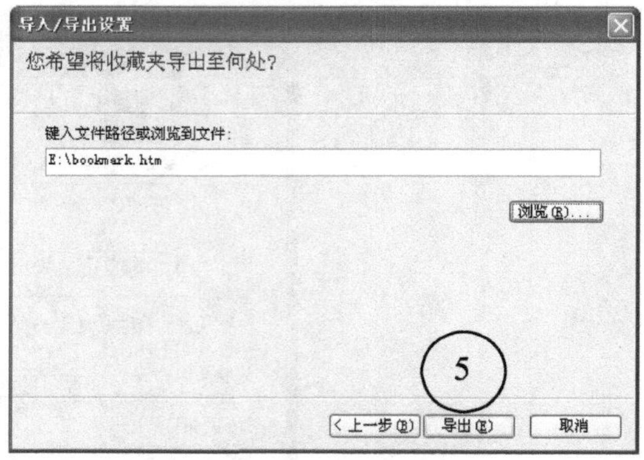

图2-27　键入导出的路径

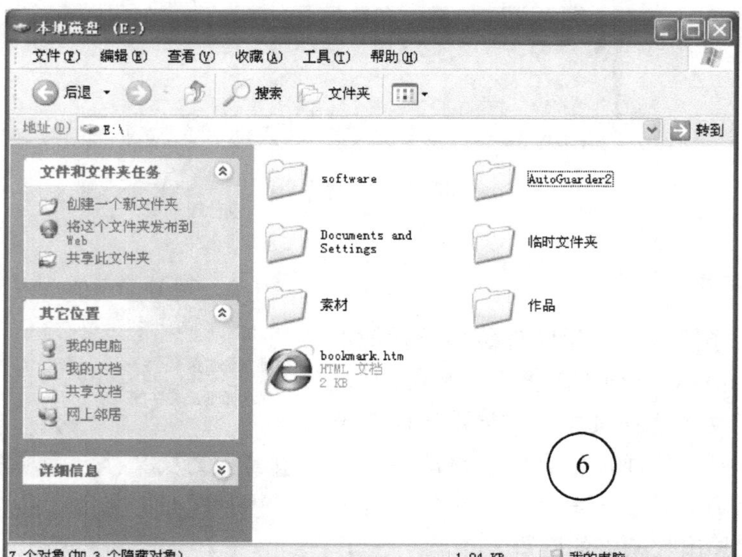

图2-28　导出完成查看导出的路径

任务评价

Internet Explorer 11（简称 IE 11）是微软开发的网页浏览器，是Internet Explorer 10的下一代，于2013年11月随Windows 8.1发行。来自Net Application的最新数据显示，IE11已经成为全球第二大桌面浏览器。

Internet Explorer 11浏览器看上去与IE 10十分相似，不过选项卡界面已经移至底部，并且新增了Windows 8.1设备与Windows Phone同步标签的功能。IE 11也开始支持WebGL，并允许网站创建单独的动态瓷砖模块，让用户可以将其添加到开始屏幕上，获得RSS更新。IE 11完美结合Windows 7，带来更快的访问速度，更流畅的触控体验；全面支持最新HTML5，体验身临其境的3D效果。

知识链接

1．搜索引擎

它是指根据一定的策略、运用特定的计算机程序搜集互联网上的信息，在对信息进行组织和处理后，将处理后的信息显示给用户，为用户提供检索服务的系统。简单地说，就是搜索引擎为用户查找信息提供了极大的方便，只需输入几个关键词，任何想要的资料都会从世界各个角落汇集到你的计算机前。常用的搜索引擎有：http://www.baidu.com/（百度）、http://www.yahoo.cn/（雅虎）、http://www.sogou.com/（搜狗）、http://www.iask.com/（新浪爱问）、http://www.soso.com/（搜搜）等。

2．超链接

所谓超链接是指从一个网页指向另一个目标的连接关系，这个目标可以是另一个网页，也可以是相同网页上的不同位置，还可以是一张图片、一个电子邮件地址、一个文件，甚至是一个应用程序。当浏览者单击已经链接的文字或图片后，链接目标将显示在浏览器上，并且根据目标的类型来打开或运行。超链接在本质上属于一个网页的一部分，它是一种允许我们同其他网页或站点之间进行连接的元素。各个网页链接在一起后，才能真正构成一个网站。

3．网络加速器

它是上网加速软件，由用户终端软件以及加速服务器构成，具有高性能的网络优化网关，通过改良 HTTP与文字、影像压缩技术，大幅改善网页浏览速度和访问速度。

项目2　360安全浏览器的使用

项目情境

买衣服不想出门，怎么办？上网购物！遇到木马网站怎么办？让我来教你使用安全浏览器选择安全的网站进行安全购物吧！

项目分析

该项目主要教大家如何采用360安全浏览器浏览网页。

1）通过“设置向导”，初步了解360安全浏览器的功能。

2）掌握使用360安全浏览器找到安全网站的方法。

3）学习360浏览器的新增功能，全面保证隐私不被泄露。

4）学习360浏览器的其他功能。

项目实施

请到官方网站下载并安装360安全浏览器http://se.360.cn/。

1．轻松几步设置，让浏览器更好用

1）登录设置，如图2-29所示。

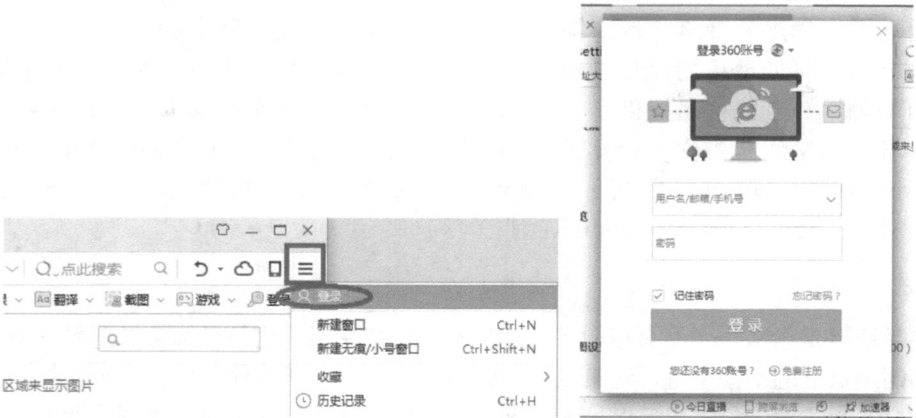

图2-29　登录设置

2）选项设置，如图2-30所示。

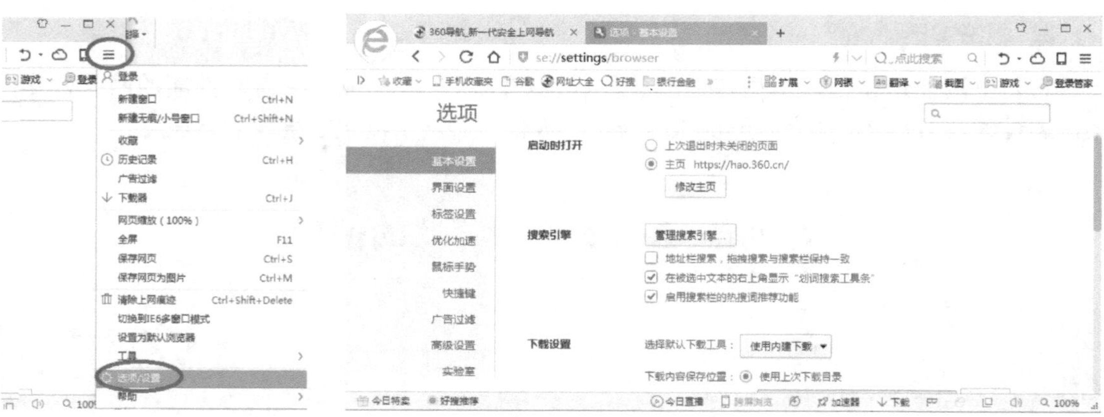

图2-30　选项设置

3）单击“下一步”选择个性皮肤，如图2-31所示。

图2-31　选择个性皮肤

4）单击“登录管家”功能，如图2-32所示。

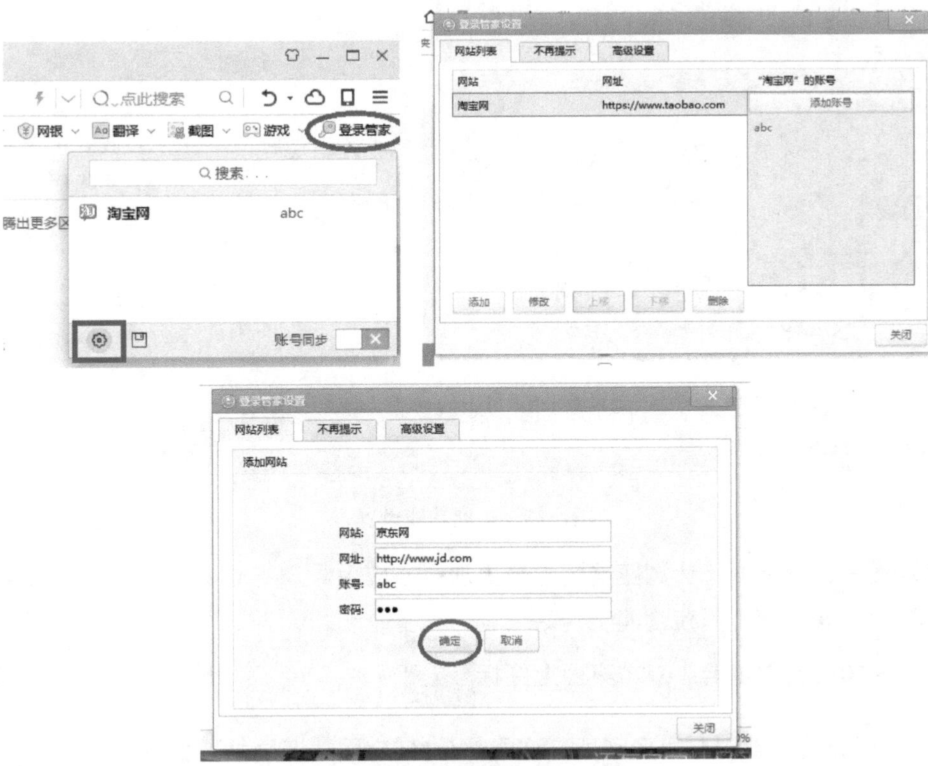

图2-32　登录管家功能设置

5）扩展功能设置，如图2-33所示。

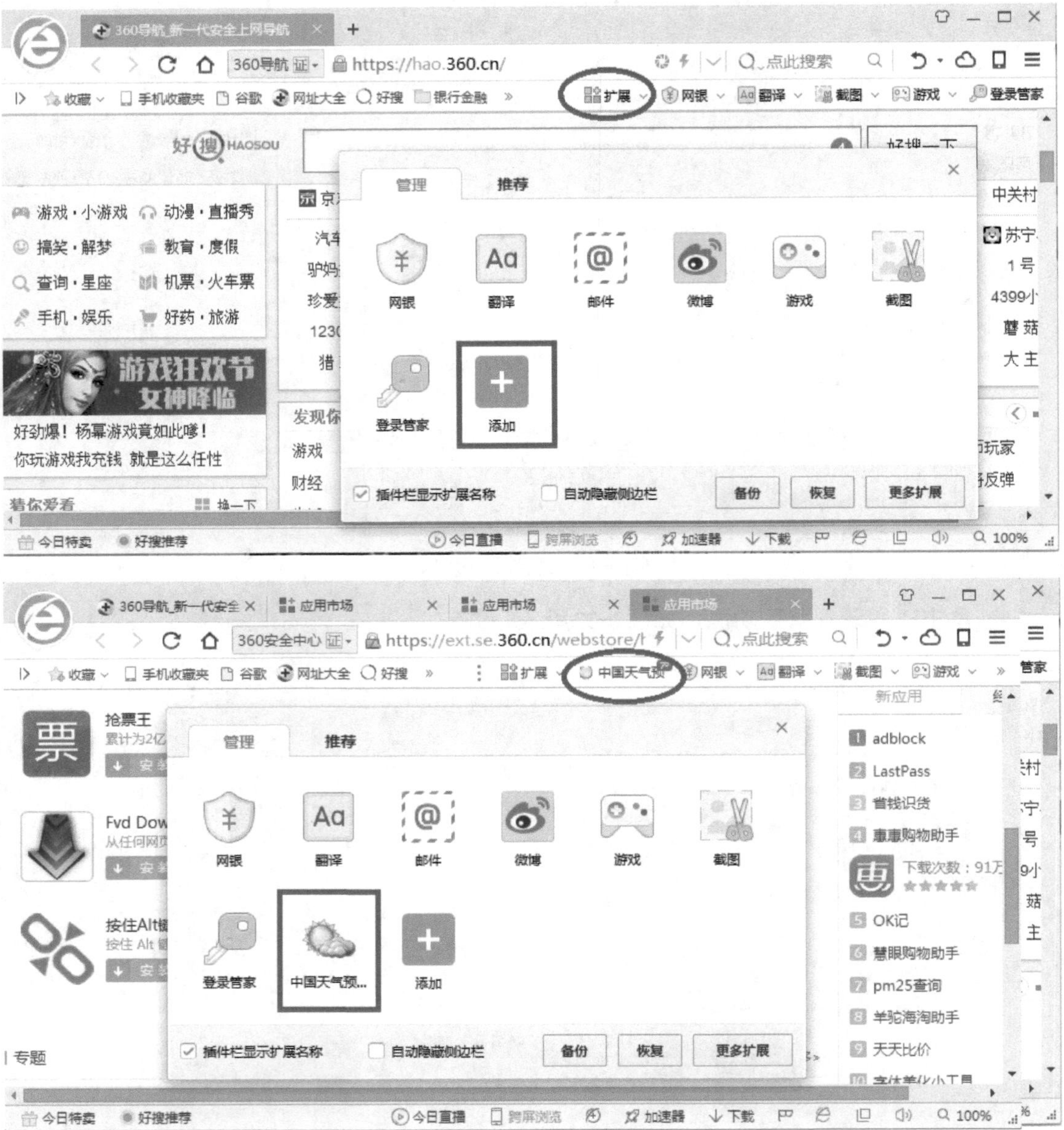

图2-33　扩展功能设置

几步设置完善浏览器，让浏览器用起来更加得心应手。

2．使用360安全浏览器找到购物网站

1）打开360安全浏览器：双击桌面上图标。

2）打开页面后，看到有很多网址，这些都是360官网认证网站，如图2-34所示。

3）单击找到的购物网站淘宝网，弹出淘宝网站的网页，这样就可以通过安全的网页进行购物了，如图2-35、2-36所示。

图2-34　360官网认证网站

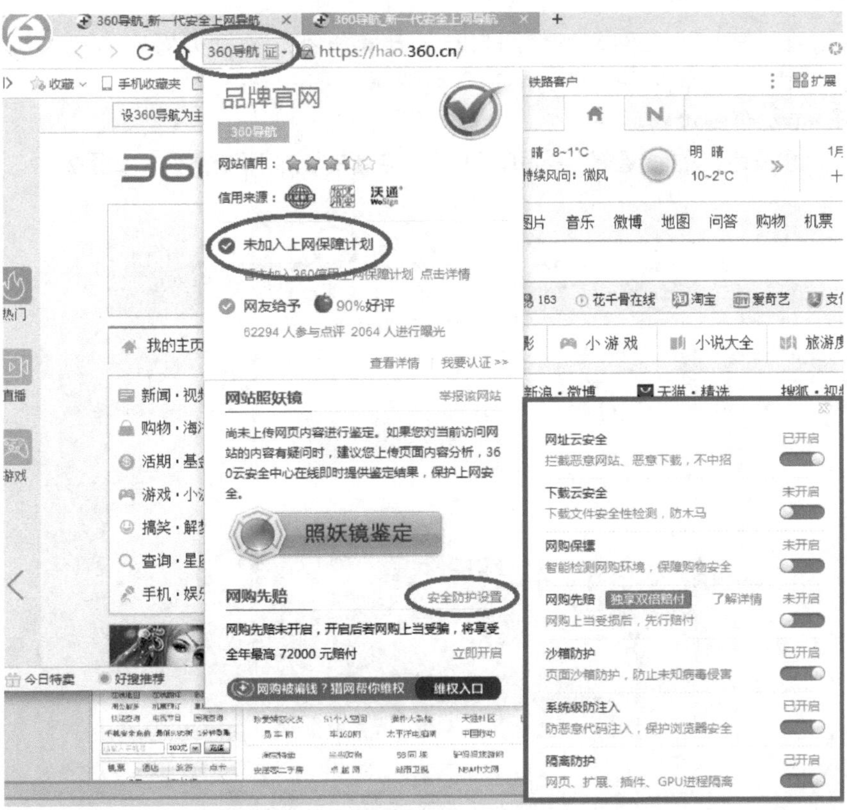

图2-35　选择安全“淘宝网”

图2-36　淘宝网页面

3．保证隐私不被泄露

当你在公用计算机上上网或者使用自己的计算机不愿被别人看到自己的浏览记录时，怎么办？无痕浏览可以全面保证您的隐私不被泄露。

1）打开360安全浏览器。

2）单击标准按钮栏的“无痕”按钮，即可开启新的无痕浏览窗口，如图2-37、2-38所示。

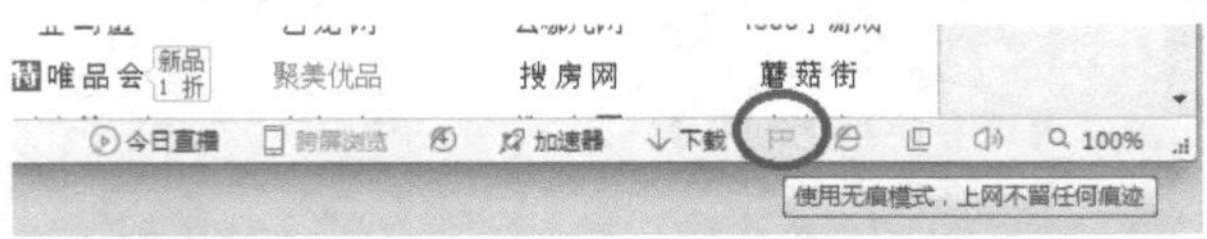

图2-37　无痕功能

图2-38　无痕浏览模式

3）在无痕浏览窗口再次单击“无痕”按钮，或者直接关闭无痕浏览窗口，即可退出无痕浏览。

项目评价

360安全浏览器8.1是互联网上好用和安全的新一代浏览器，和360安全卫士、360杀毒等软件产品一同构成360安全中心的系列产品。木马已经取代病毒成为当前互联网上最大的威胁，90%的木马用挂马网站通过普通浏览器入侵，平均每天有200万用户因访问挂马网站中毒。360安全浏览器拥有全国最大的恶意网址库，采用恶意网址拦截技术，可自动拦截挂马、欺诈、网银仿冒等恶意网址。它独创沙箱技术，计算机处在隔离模式时即使访问木马也不会被感染病毒。

知识链接

木马：在计算机领域中，木马是一类有隐藏性的、自发性的，可被用来进行恶意行为的程序，多数不会直接对计算机产生危害，而是以控制为主。木马的传播方式主要有两种：一种是通过电子邮件传播，控制端将木马程序以附件的形式夹在邮件中发送出去，收信人只要打开附件系统就会感染木马；另一种是通过软件下载传播，一些非正规的网站以提供软件下载为名义，将木马捆绑在软件安装程序上，下载后，只要一运行这些程序，木马就会自动安装。

触类旁通

1. 为什么通过360网络浏览器直接打开的网页就是安全的

因为360安全浏览器的官网认证功能可以识别交易类、银行支付类网站的官方网站，并会在地址栏显示该网站的铭牌。此功能可以使用户清楚、方便地辨别该网站是否官方网站，从而避免因为访问假冒的欺诈网站受骗。

另外，当用户访问的网站是木马网站或者欺诈网站时，该地址栏会变红、铭牌显示“危险”，避免因为访问这类网站造成损失。

1）访问交易类网站举例，如图2-39所示。

图2-39 360认证官网

2）访问银行支付类网站举例，如图2-40所示。

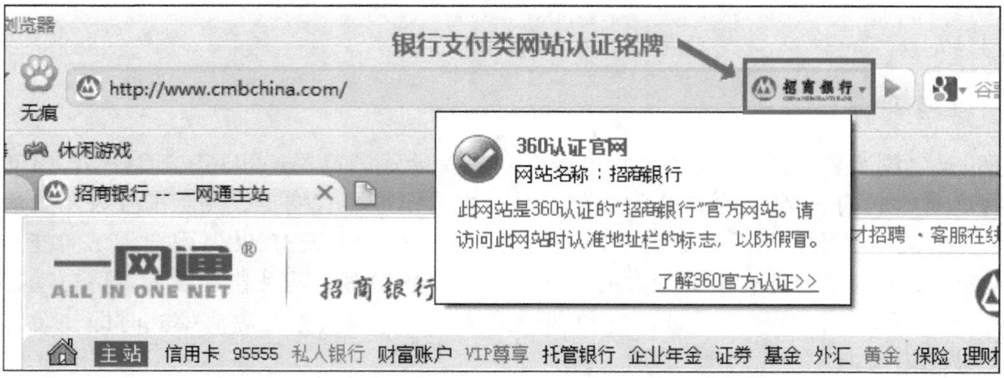

图2-40　360认证官网

3）遇到危险的网站时，如图2-41所示。

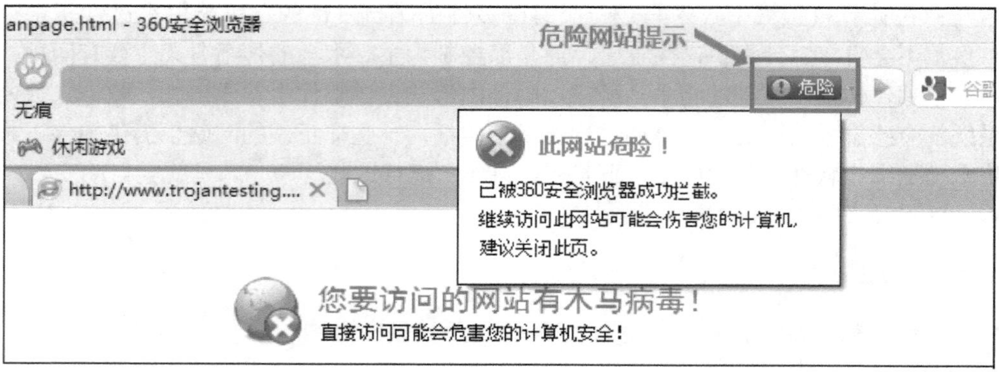

图2-41　危险网站

2. 怎样判断网页的安全性

360安全红绿灯采用恶意网址拦截技术，在用户浏览网页时，状态栏上的红绿灯会监测所有的网络请求，全面拦截挂马请求并给以醒目提示，保护用户的上网安全。用户可以单击“暂停监测”关闭此功能（不推荐关闭）。

3. 无意登录了含有木马的网站怎么办

挂马网站并不可怕，可怕的是木马的泛滥成灾。目前，90%以上的木马、病毒都是利用挂马网页传播的，被挂马的网站既是被黑客攻击的受害者，客观上也充当了黑客传播木马的“帮凶”。在我们尽情享受网络给生活带来的便利之处时，也不得不承受被木马病毒侵袭的风险。

360安全浏览器独创的隔离模式，在全球范围内首次实现了浏览器与沙箱技术、恶意网址库的完美结合，能让您非常安全地浏览任何挂马网页。

隔离模式可以真正做到防护木马和病毒，会上网用户解除后顾之忧。

4. 什么是隔离模式

隔离模式就是在计算机里建立一个虚拟空间，将带有木马病毒的网页封闭在这个环境中进行浏览，使网页中的木马病毒无法接触真实的计算机系统，从而避免对计算机系统的攻击。

这就好比是在医院建立了一个完全隔绝的无菌操作室，在里面的所有带菌操作，都不会对外界产生任何影响。其中隔离模式的标示有程序图标、标题栏后缀、工具栏图标，如图2-42所示。

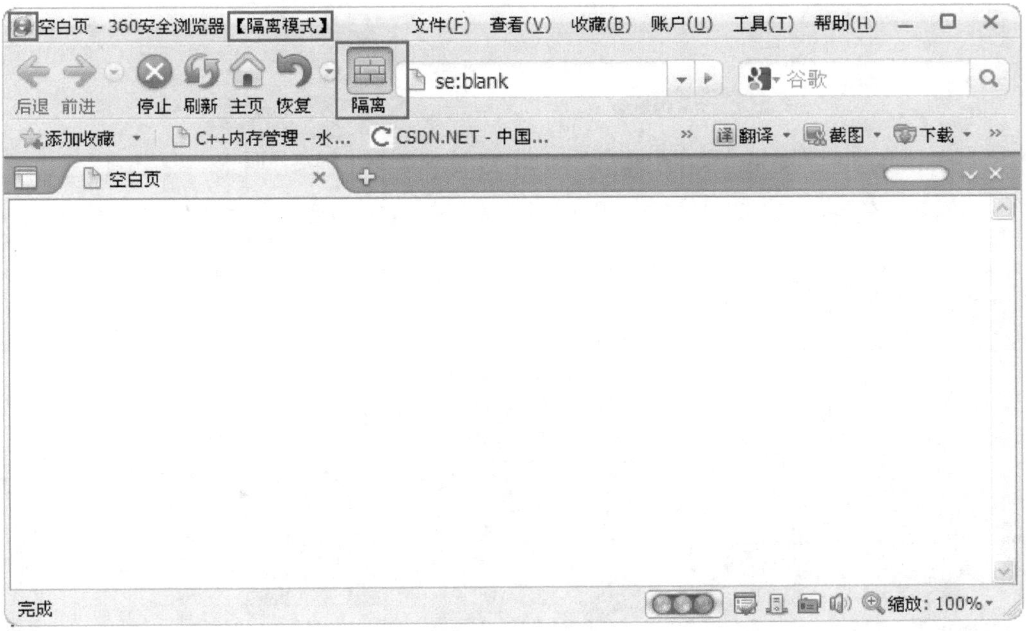

图2-42 隔离模式

5. 在隔离模式下输入账号、密码信息安全吗

如果在隔离模式下访问过挂马网站，有可能会感染木马病毒，那么这个隔离模式的环境就被污染了，也就是说目前这个虚拟的计算机环境不安全了，这时候建议用户不要输入账号、密码信息，以防被盗。

如果确实需要输入账号密码信息，请先关闭所有隔离模式的浏览器窗口，这样整个虚拟环境就消失了，里面的木马病毒也随之消失了。然后重新启动隔离模式，进入到需要输入账号信息的网站，就可以安全访问了。

跨屏浏览，仅需邦定一次即可发送图片、文字、网址到手机，让计算机与手机之间切换自如。

1）首先，在计算机和手机上都要安装360浏览器，如图2-43所示。

2）安装完后用鼠标单击左上角图标即出现如图2-44所示界面。

3）单击“立即绑定”即出现如图2-45窗口，用手机扫描二维码，方法如图2-46所示。

4）“绑定”完成，手机即出现如图2-47所示界面，计算机上则出现如图2-48所示窗口。

图2-43　安装界面

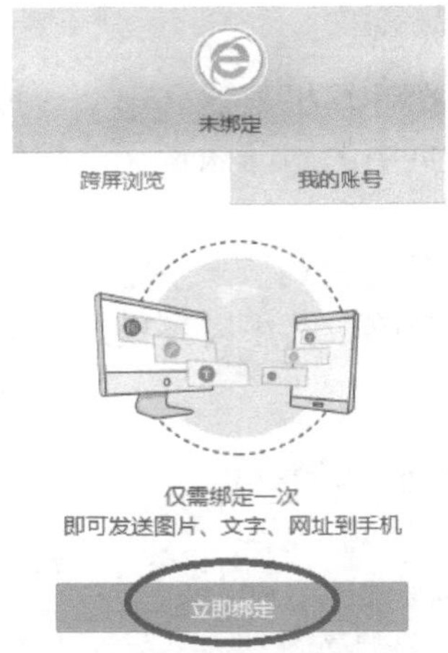

图2-44　绑定界面

图2-45　用手机扫描二维码

图2-46　扫描绑定

图2-47　绑定完成

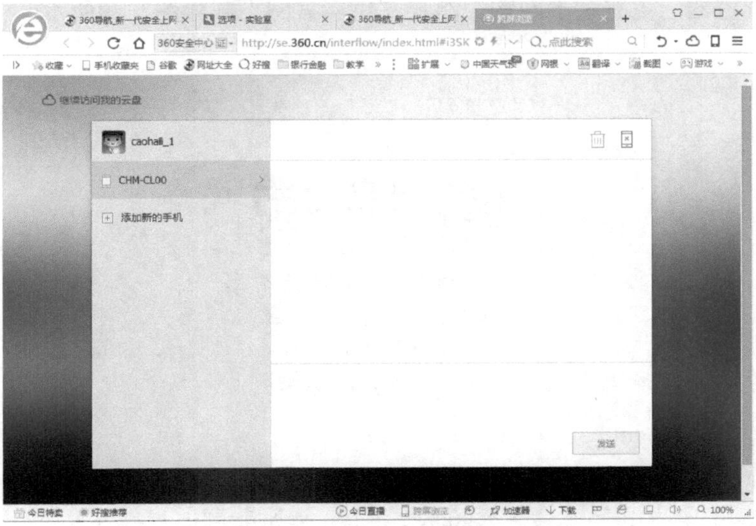

图2-48　绑定后的计算机界面

知识拓展

浏览器的原理学习

网页浏览器主要通过HTTP与网页服务器交互并获取网页，这些网页由URL指定，文件格式通常为HTML，并由MIME在HTTP中指明。

注释：

1）MIME：英文全称是“Multipurpose Internet Mail Extensions”多功能互联网邮件扩充服务，它是一种多用途网际邮件扩充协议，在1992年最早应用于电子邮件系统，但后来也应用到浏览器上。服务器会将它们发送的多媒体数据的类型告诉浏览器，而通知手段就是说明该多媒体数据的MIME类型，从而让浏览器知道接收到的信息哪些是MP3文件，哪些是Shockwave文件等。服务器将MIME标志符放入传送的数据中来告诉浏览器使用哪种插件读取相关文件。

2）HTTP：超文本传输协议（HyperText Transfer Protocol），是互联网上应用最为广泛的一种网络协议。所有的WWW文件都必须遵守这个标准。设计HTTP最初的目的是为了提供一种发布和接收HTML页面的方法。在浏览器的地址栏里输入网站地址，浏览器通过HTTP将Web服务器上站点的网页代码提取出来，并打开漂亮的网页。

3）URL：统一资源定位符，是用于完整地描述互联网上网页和其他资源的地址的一种标识方法。互联网上的每一个网页都具有一个唯一的名称标识，通常称之为URL地址，这种地址可以是本地磁盘，也可以是局域网上的某一台计算机，更多的是互联网上的站点。简单地说，URL就是Web地址，俗称“网址”。

其他常用浏览器简介

1．QQ浏览器

腾讯QQ拥有很多网民，所以QQ浏览器也有较多人使用，现在QQ是一款集多线程、黑白名单、智能屏蔽、鼠标手势等功能于一体的多页面浏览器，具有快速、稳定、安全的特点。QQ浏览器9.0从里到外都进行了全新的设计，核心基于业界最新的Google Chromium 42正式版，完美支持HTML5和各种新的Web标准，同时为了保持兼容性，它也同时支持IE渲染核心的双核浏览器，更有利于网购、网银支付。官网下载如图2-49所示。

图2-49　QQ浏览器窗口

2．搜狗浏览器（sogou_explorer_6.1_0112）

搜狗高速浏览器是目前互联网上最快速最流畅的新型浏览器，与搜狗拼音输入法、搜狗五笔输入法等产品一同成为用户高速上网的必备工具，它拥有国内首款“真双核”引擎，采用多级加速机制，能大幅提高用户的上网速度。搜狗网页搜索作为搜狗最核心的产品，经过两年半持续不断的优化改进，于2007年1月1日正式推出3.0版本。全面升级的搜狗网页搜索3.0凭借自主研发的服务器集群并行抓取技术，成为全球首个中文网页收录量达到100亿的搜索引擎；加上每天5亿网页的更新速度、独一无二的搜狗网页评级体系，确保了搜狗网页搜索在海量、及时、精准三大基本指标上的全面领先。搜狗的其他搜索产品也各有特色。音乐搜索小于2%的死链率，图片搜索独特的组图浏览功能，新闻搜索及时反映互联网热点事件的看热闹首页，地图搜索的全国无缝漫游功能，使得搜狗的搜索产品线极大地满足了用户的需求，如图2-50所示。

图2-50　搜狗浏览器窗口

3．世界之窗浏览器（TheWorld6.2）

世界之窗浏览器是一款小巧快速、安全稳定、功能贴心的绿色浏览器，它完全免费，没有任何功能限制。它是一款以IE为内核的浏览器，其凭借免费、小巧、快速、安全、功能强大获得众多用户的喜爱。继IE浏览器7.0版之后，它成为世界上第二款采用多线程窗口框架的浏览器。世界之窗区别于其他采用单线程的多窗口浏览器，多线程框架可以大幅减少由于某个网页假死导致的整个浏览器假死情况，并且可以在一定程度上提高网页打开速度。世界之窗浏览器默认皮肤界面如图2-51所示。

图2-51　世界之窗浏览器窗口

归 纳 总 结

本篇主要介绍了IE 11浏览器、360安全浏览器和遨游浏览器的使用，它们的主要特点如下：

（1）IE 11的特点　IE是Windows自带的浏览器，这就扩大了IE的使用范围，而且它也是较早的浏览器，很多人已经习惯了它的界面和使用方法，IE 11的新增功能又给它添加了不少方便之处。

（2）360安全浏览器的特点　正如它的名字一样，360安全浏览器充分体现了“安全”，它拥有全国最大的恶意网址库，可自动拦截挂马、欺诈、网银仿冒等恶意网址。除了安全方面外，360安全浏览器还可以下载很多插件，在网页上就能使用快捷工具查资料。

课 后 练 习

一、填空题

1．网页浏览器主要通过______________协议与网页服务器交互并获取网页，这些网页由____________指定，文件格式通常为____________，并由MIME在HTTP协议中指明。

2．HTTP中文全称是____________，它是互联网上应用最为广泛的一种网络协议。

3．互联网上的每一个网页都具有一个唯一的名称标识，通常称之为____________地址，也就是我们常说的网址。

4．当你在使用计算机不愿被别人看到自己的浏览记录时，可以使用____________浏览器的____________功能，它会全面保证您的隐私不被泄露。

5．360浏览器中设置了隔离模式后在程序图标、____________和工具栏图标上都有标示。

6．将浏览器窗口一分为二，可以在遨游浏览器中使用____________模式。

二、简答题

1．常用的浏览器有哪些？

2．若在网页上有“成都”两个字，简述它是可以用哪种浏览器打开的，使用它什么功能快速查看当地天气。

3．屏幕截图有哪些方法？

4．简述如何设置主页为“www.baidu.com”。

5．360安全红绿灯技术可以全面拦截挂马请求并给以醒目提示，请说明红灯、黄灯和绿灯各表示哪个状态。

第3篇　网络下载与播放

随着网络的飞速发展，互联网对人们来说不再陌生，免费的网络资源也越来越多，从网上下载成为一种获取所需资料的常用手段。在互联网上获取信息的主要形式是下载，在Windows内置的IE浏览器中附有下载功能，但它的单线程且不支持断点继传功能，往往令人难以接受。除此之外，下载时大家最关注的是速度，随着网络的迅速发展，为了解决以上下载功能上的不足，先后出现了很多非常优秀的下载软件，如etAnts（网络蚂蚁）、FlashGet（网际快车）、迅雷等，本节将以迅雷为例进行相关知识的讲解。

项目　组建个人视听空间

项目情境

老王特别喜欢经典影视作品，他的儿子10岁了，也对这方面表现出浓厚兴趣，他想培养一下儿子这方面的鉴赏能力以期向这方面发展，顺便弥补一下自己的遗憾，于是他想组建一个“个人视听空间”，希望花钱不多而且还使用方便。

项目分析

此项目的知识点覆盖主要有以下几个方面：

1）对计算机的各组件有一个总体的认知，学会怎样购机。

2）计算机的入门操作，可以简单安装所需软件。

3）了解常用下载方法，掌握两种以上下载方式。

4）了解常用影音播放器，掌握两种以上的影音播放器的操作。

要组建“个人视听空间”，首先必须有很多的视听作品。欣赏影视作品方式很多，可以是到影音商店购买，也可以是到影院观看，但这些方式要么价格高、耗费时间，要么就是不一定能找到自己真正想要的，而通过互联网来欣赏影视作品就十分方便，从互联网下载自己需要的影视作品或在线欣赏不仅费用低而且应有尽有、且十分方便。但完成这项任务的关键在于老王在计算机方面属于门外汉，让我们来教教他吧！

项目实施

要想随心所欲地下载自己想要的影视作品，首先必须要能熟练地操作一款下载软件，作为“宽带时期的下载工具”当然首推迅雷。

一、组建“个人视听空间”前准备

1）一台适合看高清电影配置的计算机（根据当前的计算机行情到计算机城配置）。
2）一个超大容量硬盘。
3）申请宽带接入互联网。
4）安装适合自己的下载软件和影音播放器。

二、下载及播放工具软件的学习

（一）下载软件——迅雷（Thunder）

迅雷使用先进的超线程技术，基于网格原理能够将存在于第三方服务器和计算机上的数据文件进行有效整合，通过这种先进的超线程技术，用户能够以更快的速度从第三方服务器和计算机获取所需的数据文件。这种超线程技术还具有互联网下载负载均衡功能，在不降低用户体验的前提下，迅雷网络可以对服务器资源进行均衡，有效降低服务器负载。（迅雷软件中心网址：http://dl.xunlei.com）

1. 迅雷的安装

我们以迅雷7.9为例，双击运行下载的安装程序，在安装向导提示下即可完成安装。安装完成后桌面上方会出现迅雷的悬浮窗口，如图3-1所示，双击该悬浮窗口图标或者双击任务栏上的迅雷图标都可以打开迅雷的主窗口，如图3-2所示。需要注意的是，迅雷安装完成后，IE要重启一次软件才能正常使用。

图3-1　双击任务栏上图标或悬浮窗口图标打开迅雷主窗口

图3-2　迅雷主窗口

2．巧用“系统设置”让下载得心应手

（1）更改默认文件的存放目录

迅雷安装完成后，会自动在C盘建立一个“C:\TDOWNLOAD”目录，如果用户希望把文件的存放目录改成“E:\迅雷下载”，那么就需要在窗口的右上角找到“倒三角形”单击弹出下拉菜单，这里选择“配置中心”，或直接单击工具栏⚙按钮，弹出“系统设置”窗口，将弹出一个如图3-3所示的对话框，单击“使用指定的迅雷下载目录”，单击“选择目录”即可，如图3-3所示。

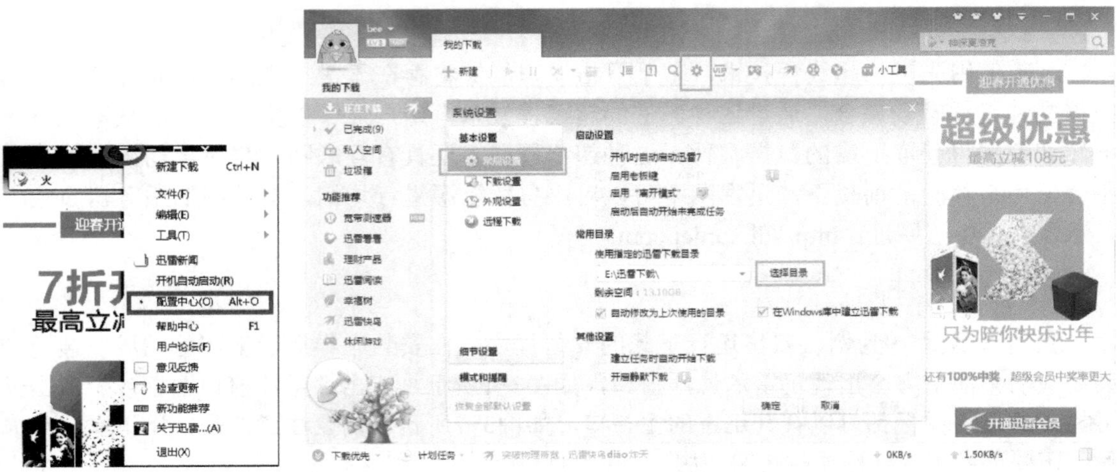

图3-3　任务类别属性窗口

（2）设置迅雷为默认下载工具

当安装迅雷之后，它会默认设置为下载工具，当需要下载时，单击一个下载地址时就会自动弹跳到迅雷进行下载。但是当系统中安装了多个下载工具时，就需要设置默认下载工具，那么怎么来将迅雷设置为默认下载工具呢？

打开迅雷，直接单击工具栏⚙按钮，将弹出“系统设置”窗口，选择“细节设置”。在右侧将监视对象和监视下载类型都勾选上，这样只要在浏览过程中点击了相关的链接即会被检测到。单击“恢复浏览器关联”即可将迅雷设置为默认下载工具了，如图3-4所示。

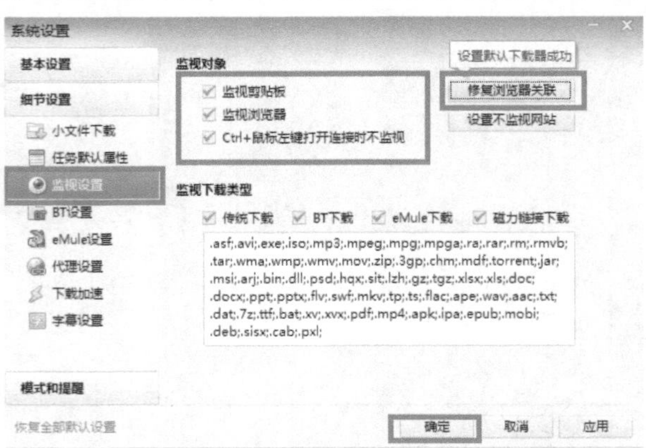

图3-4　设置默认下载器

(3) 迅雷多任务下载设置

迅雷多任务下载怎么设置？迅雷是一个下载工具，下载速度极快，大部分的用户会选择用迅雷下载东西。当我们需要同时下载多个任务时，可以使用迅雷的多任务下载功能，最大限度利用带宽，节省下载时间，那迅雷多任务下载要怎么设置呢？具体请看下面：

打开迅雷，在工具栏单击“设置”按钮，进入系统配置，单击“基本设置”→“下载设置”→“同时下载的最大任务数”，可以将其修改为1～50的任意数，最后单击“确定”即可，如图3-5所示。

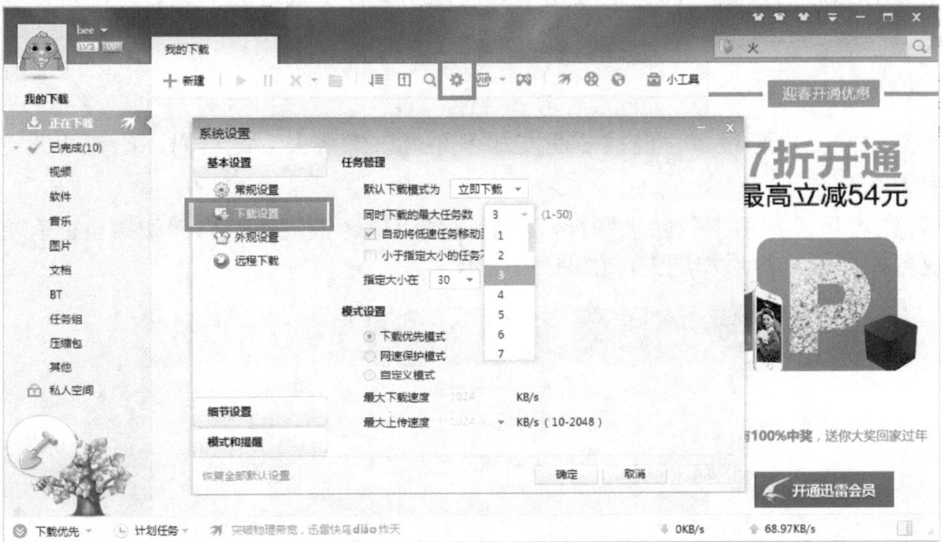

图3-5　系统设置同时下载任务数

(4) 小文件下载功能使用

大文件用迅雷，小文件用浏览器，这几乎已经成为全世界网友“默认”的一个选择。但是从迅雷7.9.8开始添加了小文件下载功能改变了这一切，迅雷小文件下载功能怎么用？

进入“系统设置”→“细节设置”→“小文件下载”开启情景即可，如图3-6所示。

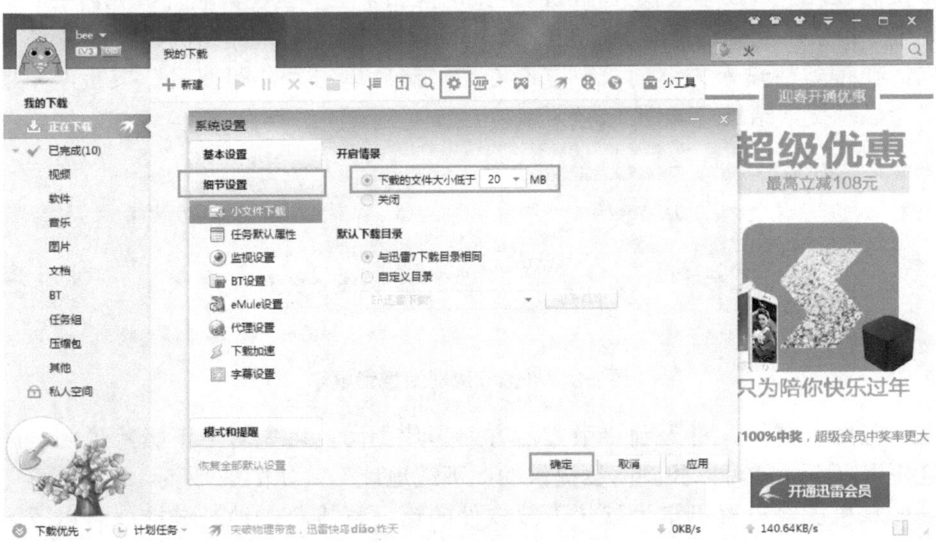

图3-6　开启小文件下载功能

进行小文件下载时，单击“下载”按钮后，一个右下角弹窗便会替代新建面板，上面清楚地标明了当前下载任务、下载进度（进度条）、已下载大小/总大小和实时下载速度。当然和以往有所不同的是，整个下载过程无须点击，自动开始下载，完毕自动结束，最后会在右下角生成一个结束通知，在这里你可以选择快速打开或者一键开启下载目录。其便利程度基本上已经能和浏览器下载持平，但速度却仍然是不折不扣的迅雷速度。

选项提供了文件大小控制，也就是说用户可以任意决定多大的文件才算“小文件”。而且一个很有意思的设置是，甚至可以单独决定小文件下载时的下载目录，可以和标准下载相同，也可以不相同。

3. 迅雷下载影音资源

现在互联网上电影很多，但很多朋友却不知道该怎么去下载它们，如何才能下载自己想看的电影呢？

1）首先点开常用下载站点图标，然后选择“电影天堂”。当然如果自己有更好的电影网站也可以在编辑内添加进去，如图3-7所示。

图3-7 资源搜索

然后会自动弹出默认的浏览器，跳转到相应的网页界面。进入“电影天堂”网站，如是新近电影我们直接就可在首页找到相应的链接，但如果是一些经典老片，就需要我们自己输入关键词进行搜索。此处选择冯小刚的经典影片《甲方乙方》来作为例子进行讲解。

首先，在搜索栏输入关键词“甲方乙方”，然后单击“立即搜索”按钮，如果站内有此电影将会显示搜索结果，如图3-8所示。

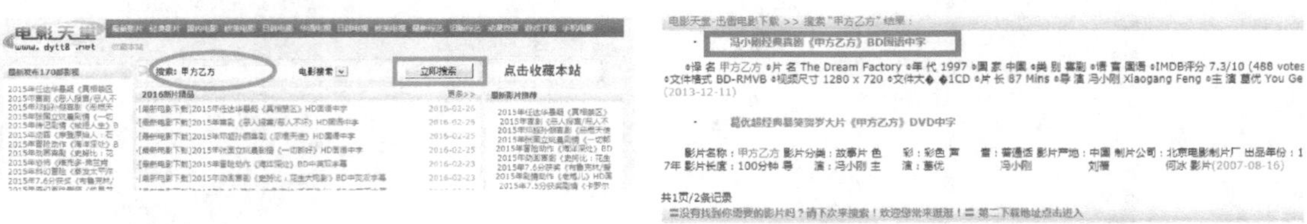

图3-8 电影下载网站搜索电影

单击相应影片链接，进入到“甲方乙方”影片页面，可先看一下影片说明、剧情简介等，在这些内容下面就可以找到网页提供的“下载地址”，如图3-9所示。

如果计算机已经设置迅雷为默认下载软件的话，直接单击地址链接就可以了。如果没有的话，就复制链接地址，然后到迅雷软件上选择“新建”，把刚复制的链接粘贴到URL

栏，选择好存放的地方单击“立即下载”就可以了，如图3-10所示。

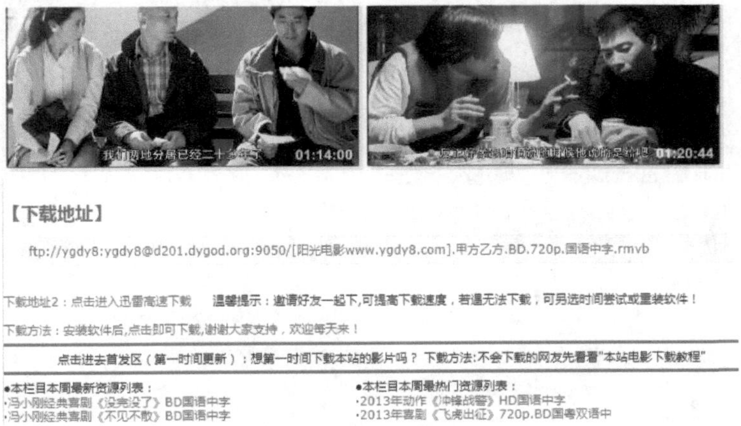

图3-9　得到电影下载地址

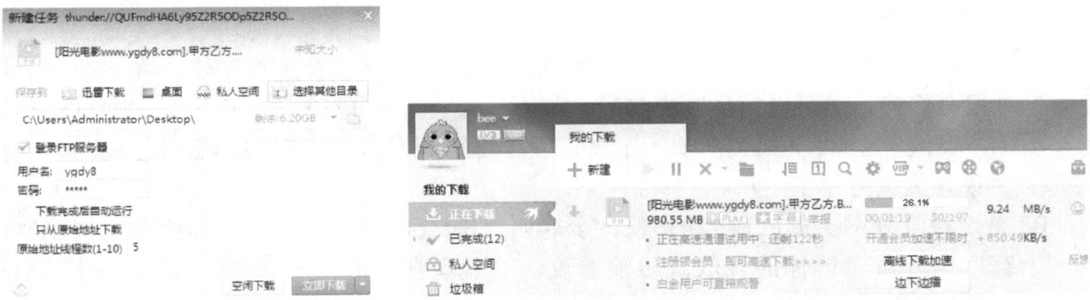

图3-10　完成电影下载

4．批量下载任务之高效应用

有时在网上会发现很多有规律的下载地址，如遇到成批的MP3、图片、动画等，比如某个有很多集的动画片，如果按照常规的方法需要一集一集地添加下载地址，非常麻烦，其实这时可以利用迅雷的批量下载功能，只添加一次下载任务，就能让迅雷将它们批量下载下来。

1）单击“新建任务”，在弹出的“新建任务”窗口中单击“按规则添加批量任务”，如图3-11所示。批量下载功能可以方便地创建多个包含共同特征的下载任务。例如，网站A提供了10个这样的文件地址：http://www.a.com/01.zip、http://www.a.com/02.zip ……http://www.a.com/10.zip。

这10个地址只有数字部分不同，如果用（*）表示不同的部分，这些地址可以写成：http://www.a.com/（*）.zip。

同时，通配符长度指的是这些地址不同部分数字的长度，例如：从01.zip～10.zip，那通配符长度就是2；从001.zip～010.zip，那通配符长度就是3。

注意在填写从×××到×××的时候，虽然是从01～10或者是001～010，但是，当用户设定了通配符长度以后，就只需要填写成1～10。填写完成后，在示意窗口会显示第一个和最后一个任务的具体地址，可以在此检查是否正确。

2）按以上说明在“批量任务”窗口，如图3-11加框区域填写相应字符，单击“确定”按钮，即可开始批量下载。

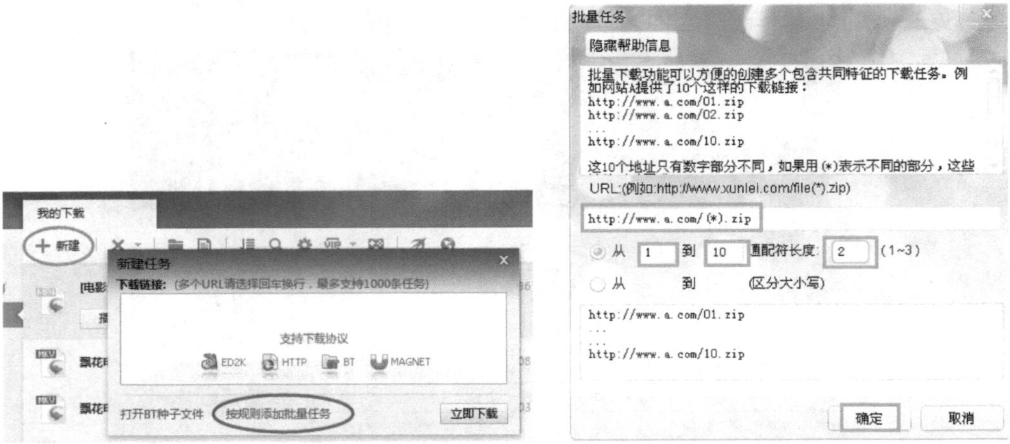

图3-11　批量任务下载

5．迅雷BT下载

很多人都安装有迅雷，其内置的P2SP加速技术，使得其下载速度很快，在下载“大块资源”时很有优势。但可惜的是，先前版本并不能够支持BT协议，为了下载一些BT资源，用户不得不安装一个BT下载客户端。不过，经过迅雷开发人员的努力，迅雷已经完全支持BT下载协议，大大方便了用户。

BT是一种互联网上的P2P传输协议，全名叫“BitTorrent”，中文全称为“比特流”，是一个有广大开发者群体的开放式传输协议。下载者要下载文件内容，需要先得到相应的.torrent文件（种子文件），然后使用迅雷进行下载。即使完成了下载，一般也不会立即关闭下载软件或者让BT软件停止上传，BT网络持一定的上传者人数以使BT健康运行。

1）用百度搜寻BT种子链接，以永远的经典86版《西游记》为例进行讲解。在百度搜索栏输入关键词“西游记 86版bt下载”然后按回车键，将出现如图3-12所示搜索结果。

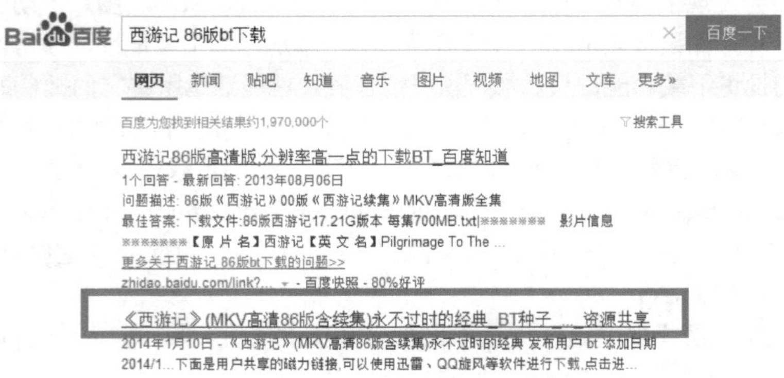

图3-12　百度搜索86版《西游记》

2）单击如图3-12所选链接，进入图3-13所示86版《西游记》BT下载页面，单击图3-13中相应部分下载种子文件，如图3-14所示。

安装完迅雷后，BT文件已经被迅雷关联，从网上下载到BT种子文件后迅雷将自已启动进入“新建BT任务”。如果种子文件是以其他方式获得（如别处复制），那直接双击种子文件同样可启动迅雷的“新建BT任务”，如图3-15、图3-16所示。

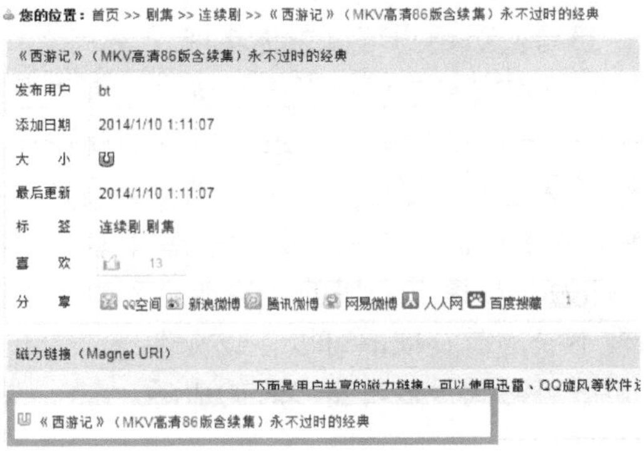

图3-13　种子文件链接

图3-14　BT下载种子文件

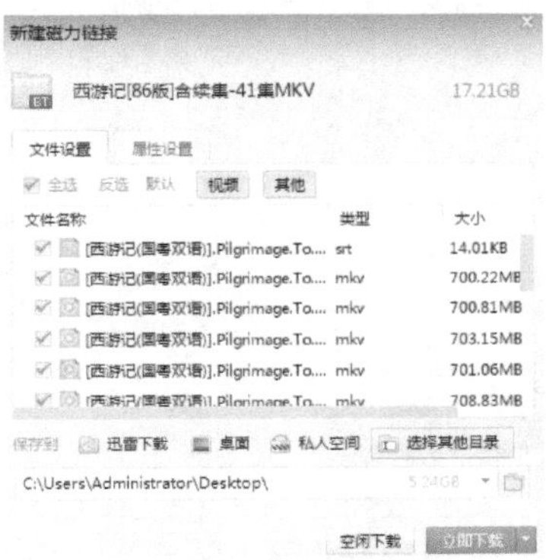

图3-15　新建BT任务

图3-16　BT文件下载

种子文件里会有多个文件链接，用户可以选择所需的下载资源，并选择要下载到哪个文件夹，之后即可正常下载。

下载完成之后，在没有关闭迅雷之前，默认情况下BT下载任务将一直处于上传状态，可手动关闭上传，或在“系统设置”的“细节设置”里的“BT设置”中设置上传的时间，如图3-17、图3-18所示。

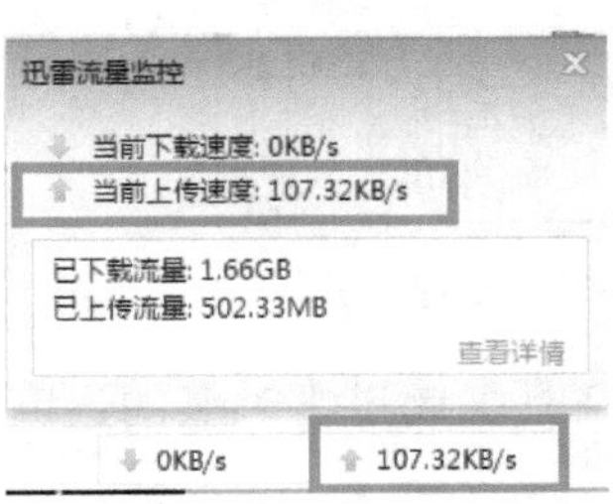

图3-17　流量监控显示

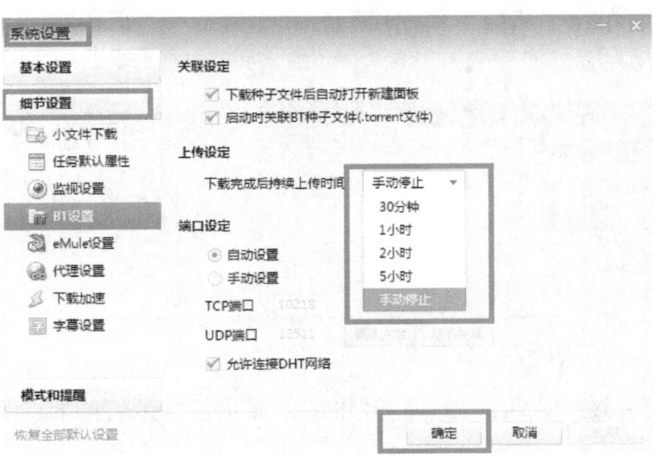

图3-18　BT设置

6．雷区、雷友和会员

要想做到随时随地地观赏喜欢的影视作品，迅雷会员用户可以帮你实现。

迅雷7推出了雷友会员专区，在下载了最新的版本安装之后在页面左侧会出现“登录或注册”提示，如果你已注册直接输入用户名和密码就可以登录，登录之后我们就可进入雷区成为雷友（见图3-19），如果成为VIP会员即可享受更多更好的服务。迅雷会员是互联网影音娱乐的贵族象征，它的存在覆盖了迅雷旗下各个产品，无论是在“影音下载”“在线点播”，还是“网络游戏”和“生活周边”，都为会员提供专属的传输通道和尊贵的生活体验！没有注册为雷友的用户也不用担心，即使不成为雷友依旧可以下载文件。

雷区，就是迅雷互动社区。迅雷用户进入雷区可得到很多丰富多彩的服务。

图3-19　雷友注册

7．迅雷离线下载

迅雷离线下载是迅雷会员才有的一项特权，这项特权是用户在离线后无须挂机下载。迅雷会自动下载用户所需的文件到服务器上，完成之后，用户从迅雷服务器上取用就可以了，那么迅雷离线下载具体怎么使用呢？

1）首先登录会员账号，如图3-20所示。

2）单击“新建”，资源连接上之后，在下载页面单击任务，会有“离线下载加速”选项。单击“离线下载加速”之后，当显示“正在取回本地”时就可以退出迅雷了，如图3-21所示。

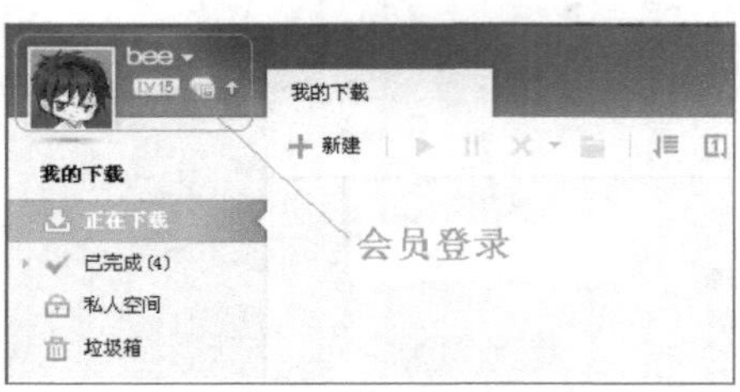

图3-20　会员登录

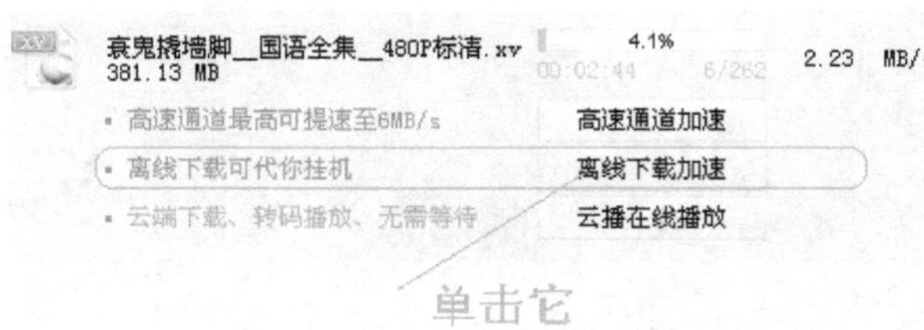

图3-21　离线下载

3）过一段时间后，打开迅雷，显示任务是暂停的（进度还是关闭迅雷时候的进度），单击离线空间。

4）在离线空间里面可以看到所有离线下载的内容。

5）可单击“取回本地”，也可以单击“快速播放”，下载完成后，“单击”删除，离线下载内容即从离线空间删除，如图3-22、图3-23所示。

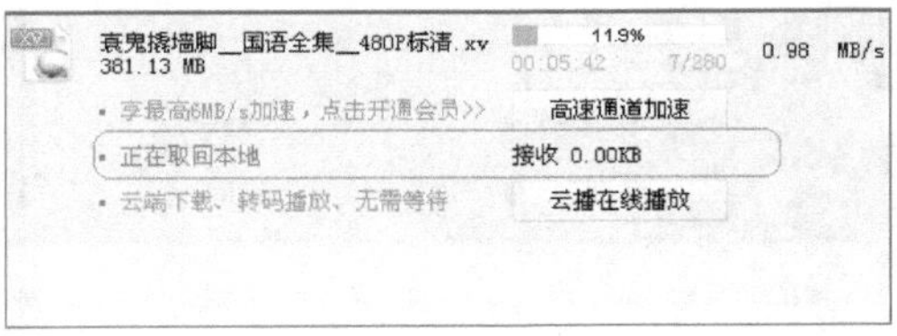

图3-22　取回本地

图3-23　在离线空间删除文件

知识链接

离线下载充分利用了云的优势，用户提交下载请求后，服务器首先判断服务器中是否已经保存了这个文件，如果有则直接返回下载许可；如果没有，则进入下载队列，等待下载完成。因此，在不考虑下载带宽的情况下，服务器存放的文件数量决定了服务的质量。

离线下载真是很好，很多冷门资源，挂上去，不久就可以下载到服务器上了；而对于热门资源，更是方便，可以高速地直接从服务器上下载。目前国内提供离线下载服务的软件主要是迅雷、QQ旋风等。

（二）下载软件——浏览器的下载

（1）IE浏览器下载

IE浏览器自带下载功能，其介面比较简洁，操作方法为：右击下载链接时，弹出快捷菜单（见图3-24），选择“目标另存为”，弹出“另存为”对话框，如图3-25所示。设置好下载路径即开始下载，如图3-26。此种下载只适用于小文件，且不支持断点续传。

（2）猎豹浏览器下载

猎豹安全浏览器，是由金山网络技术有限公司推出的一款浏览器，主打安全与极速特性，采用Trident和WebKit双渲染引擎，并整合金山自家的BIPS进行安全防护。猎豹浏览器对Chrome的Webkit内核进行了超过100项的技术优化，访问网页速度更快。其具有首创的智能切换引擎，动态选择内核匹配不同网页，并且支持HTML5新国际网页标准，在极速浏览的同时也保证兼容性。2012年12月，猎豹浏览器获得“2012年度最佳创新产品奖”。为了保护用户的网购财产安全，猎豹独家推出了网购敢赔服务。“你敢用，我敢赔！”——强大的信心，专业的安全防护能力，用户至上的理念，这就是猎豹安全浏览器，全球首个敢赔浏览器。

猎豹浏览器官网：http://www.liebao.cn。

有些浏览器自带下载内核，如猎豹浏览器本身就自带猎豹下载和迅雷下载。一般使用下载前应该先对其下载进行设置。打开猎豹浏览器安装界面，如图3-27所示。单击工具栏内的“下载”按钮，在弹出的小窗口中先进行下载设置。在弹出的设置页面中，一般可设置下载工具，可选猎豹下载或迅雷下载，然后设置保存位置，最后回到主页。这里以下载猎豹浏览器为例给大家演示一下。

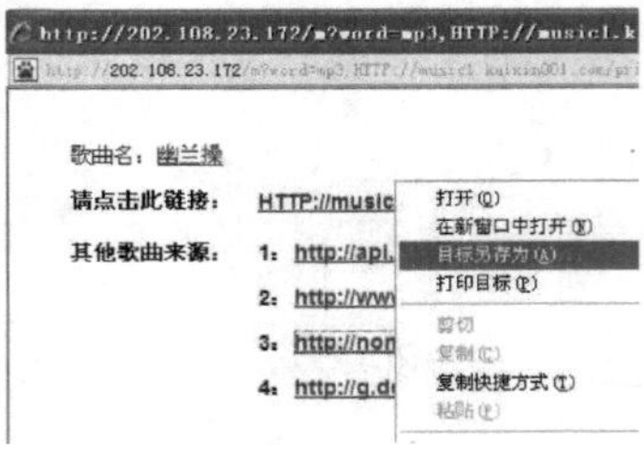

图3-24　选择快捷菜单

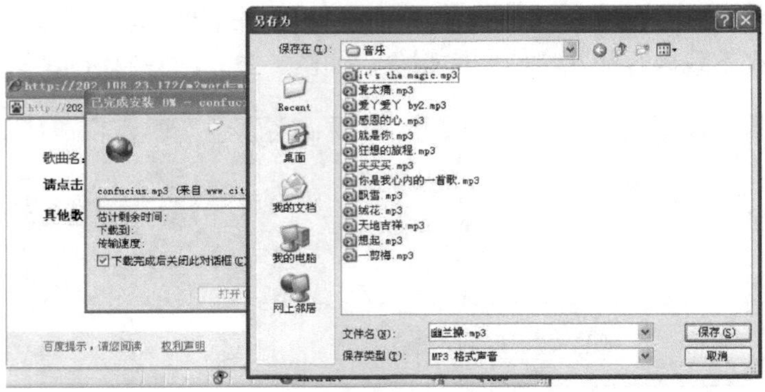

图3-25　“另存为”对话框

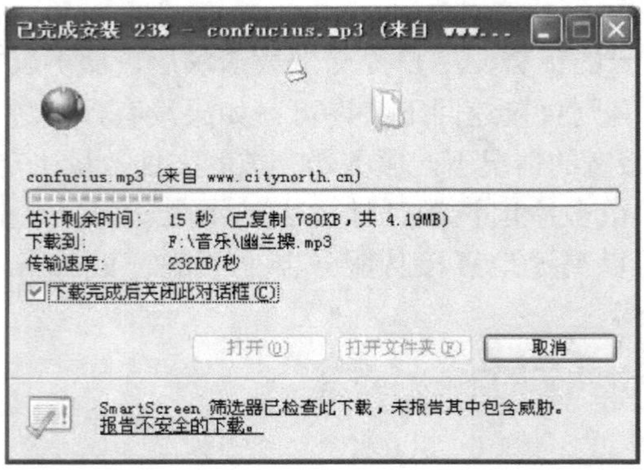

图3-26　下载窗口

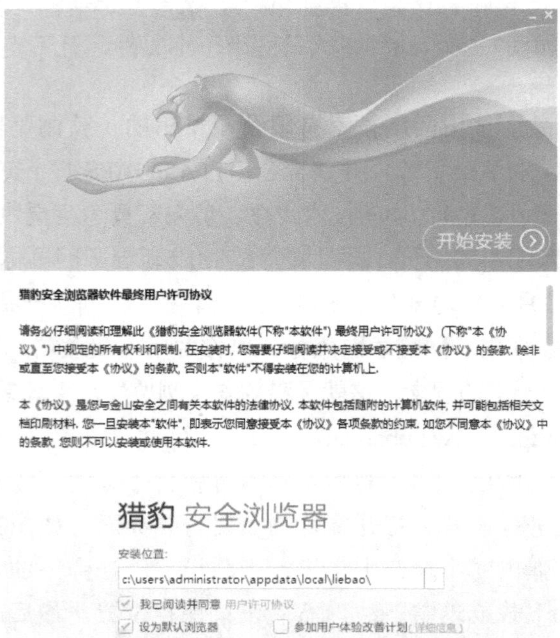

图3-27　猎豹浏览器安装界面

还是先利用百度搜索引擎找到“猎豹浏览器”下载链接。然后单击“立即下载”按钮，弹出如图3-28所示窗口，单击“下载”按钮，出现如图3-29下载进度条，完成下载进度条消失，再单击图3-30窗口中的“打开/打开文件夹”便可运行或打开下载文件所在目录了。

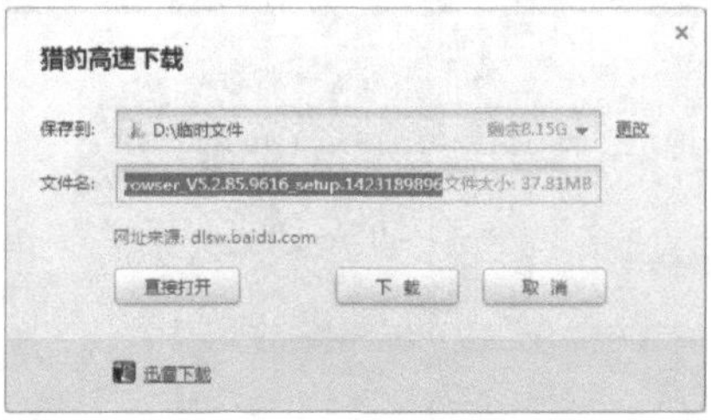

图3-28　下载设置

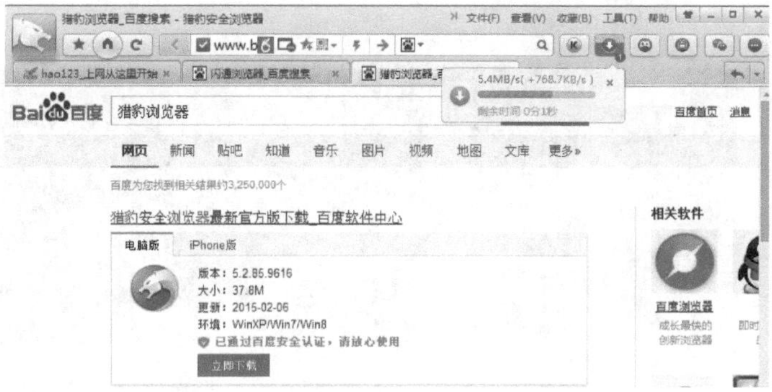

图3-29　开始下载

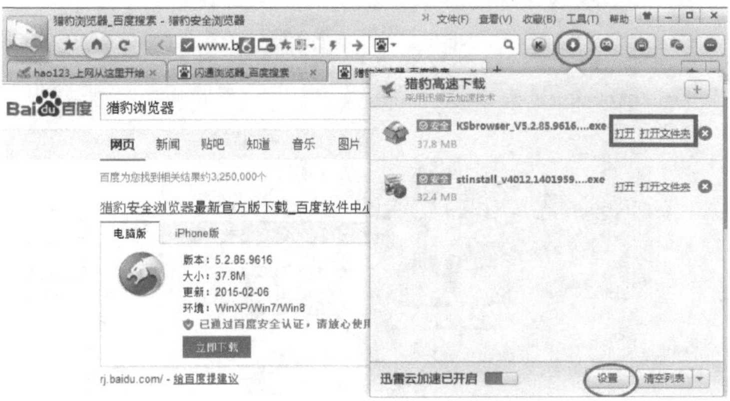

图3-30　“打开/打开文件夹”

（三）播放软件——暴风影音

1．暴风影音2012简介

暴风影音是暴风网际科技有限公司推出的一款视频播放器，该播放器兼容大多数的视频和音频格式。

2010年4月20日中国网络电视台（CNTV）与暴风影音在京举行签约仪式，双方宣布进行战略合作，联手推出中国网络电视台暴风台。本篇以暴风影音5为例进行讲解。官方下载网址：http://www.baofeng.com/。

暴风影音号称万能视频播放器，它已支持664种格式，提供1080P高清视频，新增免打扰模式，全屏程序运行时不受影响。它涵盖了互联网用户观看视频的所有服务形式，包括本地播放、在线直播、在线点播、高清播放等。

2．暴风影音5安装

1）打开浏览器，在地址栏输入http://www.baofeng.com/，进入暴风影音官方网址首页（见图3-31），单击下载即可。

2）下载完毕，双击图标，进入安装向导，在它的提示下进行安装，如图3-32所示。

图3-31　暴风影音官方网址首页

图3-32　进入安装向导页面

3．暴风影音5的影音播放

（1）本地播放

打开暴风影音主界面，单击播放器中间的“打开文件”，弹出打开窗口，在“查找范围”处选择本地电影所在文件夹，最后选择要播放的影音文件，就可以播放了，如图3-33所示。

（2）网络在线播放

网络在线播放主要有两种：

一是在播放器主界面中的“在线影视”如图3-34所示，在主界面的右侧选择自己要观看的视频，也可以在搜索栏输入想要看的视频的关键词进行搜索。

二就是暴风影音的中国网络电视暴风台，在这个窗口中有影视、电视剧、资讯等，不管是哪种，只要用鼠标轻轻一点，就可以轻松观看了。当然也可以在视频搜索栏中输入想要看的视频的关键词进行搜索。长期用户还可以进行会员注册，享受更多优质服务。

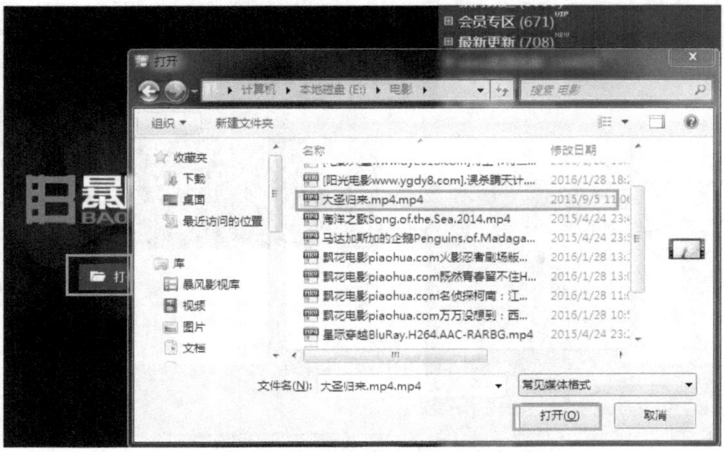

图3-33　选择本地影音文件

图3-34　暴风影音“在线影视”

4．暴风影音5的小应用

（1）暴风影音怎么截取视频片段

第一步，通过暴风影音播放需要截取的视频内容，然后在播放界面右击选择“视频转码/截取——片段截取”。

第二步，在打开的“暴风转码”界面中，通过拖动界面右侧两个类似三角形的滑块，来选择开始点和结束点，然后单击界面左侧的“输出设置/详细参数”项目下的下拉箭头，对输出类型与格式以及参数进行设置。

它可以转换为手机、MP4播放器、PSP、平板电脑、MP3播放器、计算机等设备所能播放的视频文件。

第三步，因为截取的是视频片段，这里选择计算机，然后根据自己的需要，选择输出文件的类型，可以是AVI、WMV、MP4、3GP、FLV、RM、MOV这些常用文件的格式。如果要存入手机方便随时观看，也可以选择手机，或其他设备，如图3-35所示。

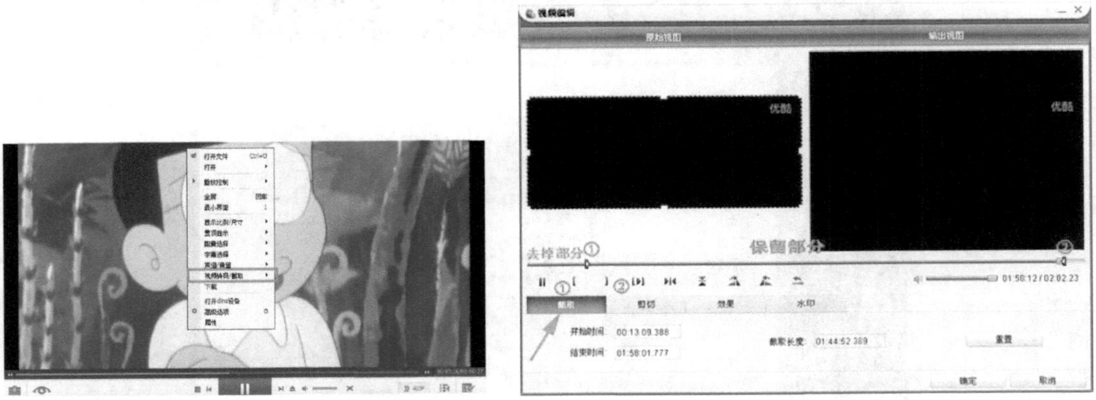

图3-35　暴风影音视频截取

（2）暴风影音电影下载

在下载电影之前需要登录暴风影音5的账号，如果没有就先注册再登录。登录之后单击暴风盒子界面中的“电影”，找到自己想要下载的电影，单击“详情”（见图3-36），进入“详情介绍”界面，单击里面的“下载”图标（见图3-37），弹出如图3-38所示窗口，选择所需的清晰度版本即可下载，如图3-39所示。

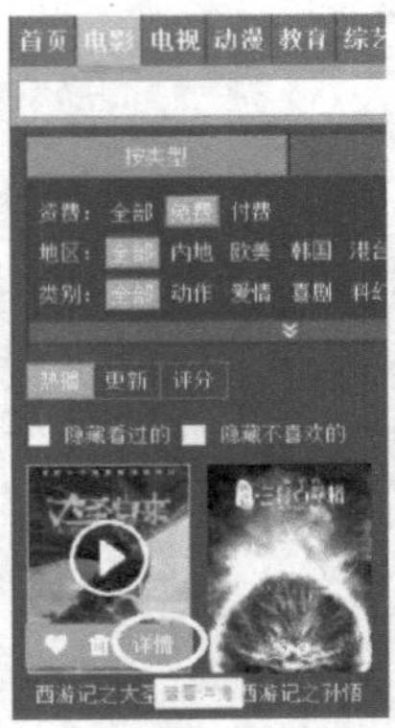

图3-36　暴风盒子界面

图3-37　电影详情介绍

图3-38　下载格式选择

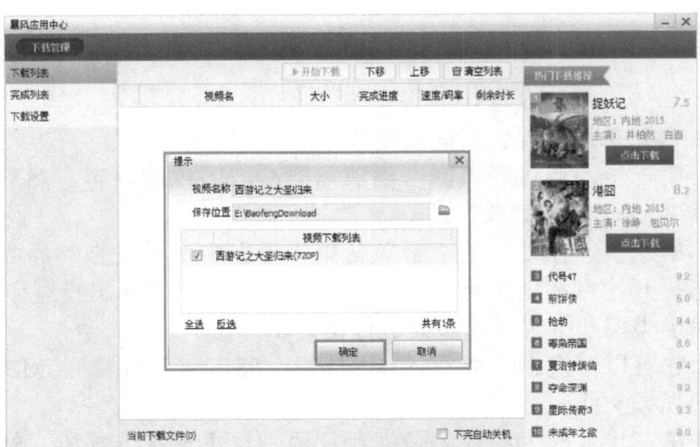

图3-39　下载任务窗口

三、组建“个人视听空间”

1. 购机

根据需要，所购计算机的配置要适合看高清电影。购买计算机时，一般都会对CPU、主板、内存条予以特别注意，除此之外要适合看高清电影的计算机还要特别注意一下显卡、声卡和硬盘。当然还要货比三家，找一个性价比高的进行购买。

2. 装机

分成两种：一种是买配件自己组装计算机，自行安装软件系统；另一种就是买成品机或商家现场组装。一般买这种计算机时，商家会预装常用软件在上面，还可以根据我们自己的需要另行安装硬件和软件，当然也可以委托商家代为安装，但最好是能够自己安装。

3. 互联网接入

上网的方式有多种，如电信宽带、网通宽带、无线上网卡等，选择一个性价比最高的。

4. 用下载工具下载喜欢的经典影视作品珍藏

5. 在线观看热门影视作品，或搜索自己喜欢的作品在网上预看

项目评价

此项目的知识点覆盖范围较大、难度适中，主要涉及以下几个方面：

1）自己购机可让计算机入门人员较快地熟悉计算机各组件的功能，对计算机有一个比较直观的认识。

2）要自己组建“个人影音空间”必须学会自己安装常用软件。这是对第1章中学习的软件安装知识的加强和应用。

3）本项目的一个重点是灵活地使用下载工具，根据不同的网络资源、不同的时段，用相应的方法进行下载，将网络下载效率发挥到极致。

4）本项目的另一个重点是影音播放器。这是一个最直观的操作点，可以立刻看到它的成效，这也是本项目的最终目的，美轮美奂的影音画面是对我们整个项目工作的最好呈现。

知识拓展

一、BT是什么

BT是一种互联网上新兴的传输协议，全名叫“BitTorrent”，中文全称“比特流”，最初的创造者是布拉姆·科恩（Bram Cohen），现在则独立发展成一个有广大开发者群体的开放式传输协议。

BT已经被很多个人和企业用来在互联网上发布各种资源，其好处是不需要资源发布者拥有高性能服务器就能迅速有效地把发布的资源传向其他的BT客户软件使用者，而且大多数的BT软件都是免费的。

整个BT发布体系包括：发布资源信息的torrent文件，作为BT客户软件中介者的tracker服务器，遍布各地的BT软件使用者（通常称作peer）。发布者只需使用BT软件为自己的发布资源制作torrent文件，将torrent提供给人们下载，并保证自己的BT软件正常工作，就能轻松完成发布。下载者只要用BT软件打开torrent文件，软件就会根据在torrent文件中提供的数据分块、校验信息

和tracker服务器地址等内容及其他运行着BT软件的计算机取得联系，并完成传输。

二、什么是离线下载

离线下载，即利用服务器“替”用户的计算机下载的方式。它因具高速、不用挂机的优点而颇受欢迎，多用于冷门资源的下载。

通俗来讲就是，计算机用户不用开机上网，服务器先把文件下载到服务器上，下载完成后，计算机用户再从服务器上转到硬盘里。这个功能只适合下载资源少的文件，一些资源少的文件下载速度很慢，这就要下很久，因此先离线下载好后，再转下速度就快得多。而一般的文件资源都很多，直接下载很快，先离线下载跟直接下载速度差不多，而且还要付费，就得不偿失了。

目前提供离线下载服务的软件主要有迅雷下载、QQ旋风下载、百度云网盘、360云盘等。

三、常见视频格式

1. MPEG/MPG/DAT

MPEG（运动图像专家组）是Motion Picture Experts Group的缩写。这类格式包括MPEG-1、MPEG-2和MPEG-4在内的多种视频格式。MPEG-1应该是大家接触得最多的了，因为其正在被广泛地应用在VCD的制作和一些视频片段下载的网络应用上。大部分的VCD都是用MPEG-1格式压缩的（刻录软件自动将MPEG-1转换为DAT格式），使用MPEG-1的压缩算法，可以把一部120min的电影压缩到1.2GB左右大小。MPEG-2则多应用在DVD 的制作上，同时在一些HDTV（高清晰电视广播）和一些高要求视频编辑、处理上面也有相当多的应用。使用MPEG-2的压缩算法压缩一部120分钟长的电影可以压缩到5～8GB的大小。MPEG系列标准已成为国际上影响最大的多媒体技术标准，其中MPEG-1和MPEG-2是采用相同原理为基础的预测编码、变换编码、熵编码及运动补偿等第一代数据压缩编码技术；MPEG-4（ISO/IEC 14496）则是基于第二代压缩编码技术制定的国际标准，它以视听媒体对象为基本单元，采用基于内容的压缩编码，以实现数字视音频、图形合成应用及交互式多媒体的集成。MPEG系列标准对VCD、DVD等视听消费电子及数字电视和高清晰度电视、多媒体通信等信息产业的发展产生了巨大而深远的影响。

2. AVI

AVI是Audio Video Interleaved（音频视频交错）的英文缩写。AVI这个由微软公司发表的视频格式，在视频领域可以说是最悠久的格式之一。AVI格式调用方便、图像质量好，压缩标准可任意选择，是应用最广泛、也是应用时间最长的格式之一。

3. WMV

一种独立于编码方式的在互联网上实时传播多媒体的技术标准，微软公司希望用其取代QuickTime之类的技术标准以及WAV、AVI之类的文件扩展名。WMV的主要优点在于：可扩充的媒体类型、本地或网络回放、可伸缩的媒体类型、流的优先级化、多语言支持、扩展性等。

4. MOV

使用过Mac机的朋友应该多少接触过QuickTime。QuickTime原本是苹果公司用于Mac计算机上的一种图像视频处理软件。Quick Time提供了两种标准图像和数字视频格式，即可以支持静态的*.pic和*.jpg图像格式，动态的基于Indeo压缩法的*.mov和基于MPEG压缩法的

*.mpg视频格式。

5. ASF

ASF（Advanced Streaming Format，高级流格式）。ASF是微软公司为了和Real Player竞争而发展出来的一种可以直接在网上观看视频节目的文件压缩格式。ASF使用了MPEG-4的压缩算法，压缩率和图像的质量都很不错。因为ASF是以一个可以在网上即时观赏的视频"流"格式存在的，所以它的图像质量比VCD差一点并不奇怪，但比同是视频"流"格式的RAM格式要好。

6. NAVI

如果发现原来的播放软件突然打不开此类格式的AVI文件，那就要考虑是不是碰到了NAVI。NAVI是New AVI的缩写，是一个名为Shadow Realm的地下组织发展起来的一种新视频格式。它是由Microsoft ASF压缩算法修改而来的（并不是想象中的AVI），视频格式追求的无非是压缩率和图像质量，所以NAVI为了追求这个目标，改善了原始的ASF格式的一些不足，让NAVI可以拥有更高的帧率。可以这样说，NAVI是一种去掉视频流特性的改良型ASF格式。

7. 3GP

3GP是一种3G流媒体的视频编码格式，主要是为了配合3G网络的高传输速度而开发的，也是目前手机中最为常见的一种视频格式。

简单地说，该格式是"第三代合作伙伴项目"（3GPP）制定的一种多媒体标准，使用户能使用手机享受高质量的视频、音频等多媒体内容。其核心由高级音频编码（AAC）、自适应多速率（AMR）和MPEG-4 和H.263视频编码解码器等组成，目前大部分支持视频拍摄的手机都支持3GP格式的视频播放。其特点是对网速要求不高，但画质较差。

8. REAL VIDEO

REAL VIDEO（RA、RAM）格式一开始就是定位在视频流应用方面的，也可以说是视频流技术的始创者。它可以在用56K MODEM拨号上网的条件实现不间断的视频播放，当然，其图像质量和MPEG-2、DIVX等比是不敢恭维的。毕竟要实现在网上传输不间断的视频是需要很大的频宽的，在这方面它是ASF的有力竞争者。

9. MKV

一种后缀为MKV的视频文件频频出现在网络上，它可在一个文件中集成多条不同类型的音轨和字幕轨，而且其视频编码的自由度也非常大，可以是常见的DivX、XviD、3IVX，甚至可以是RealVideo、QuickTime、WMV这类流式视频。实际上，它是一种全称为Matroska的新型多媒体封装格式，这种先进的、开放的封装格式已经给我们展示出非常好的应用前景。

10. FLV

FLV是FLASH VIDEO的简称，FLV流媒体格式是一种新的视频格式。由于它形成的文件极小、加载速度极快，使得网络观看视频文件成为可能，它的出现有效地解决了视频文件导入Flash后，使导出的SWF文件体积庞大，不能在网络上很好地使用等问题。

11. F4V

作为一种更小更清晰，更利于在网络传播的格式，F4V已经逐渐取代了传统FLV，也已经被大多数主流播放器兼容播放，而不需要通过转换等复杂的方式。F4V是Adobe公司为了迎接高清时代而推出继FLV格式后的支持H.264的F4V流媒体格式。它和FLV主要的区别在于，FLV格式采用的是H263编码，而F4V则支持H.264编码的高清晰视频，比特率最高可达50m bit/s。也就是说F4V和FLV在同等体积的前提下，能够实现更高的分辨率，并支持更高比特率，就是我们所说的更清晰更流畅。在很多主流媒体网站上下载的F4V文件后缀却为FLV，这是F4V格式的另一个特点，属正常现象，观看时可明显感觉到这种实为F4V的FLV有明显更高的清晰度和流畅度。

12．RMVB

RMVB的前身为RM格式，它们是Real Networks公司制定的音频视频压缩规范，根据不同的网络传输速率，而制定出不同的压缩比率，从而实现在低速率的网络上进行影像数据实时传送和播放，具有体积小、画质也还不错的优点。

早期的RM格式是为了能够实现在有限带宽的情况下进行视频在线播放而被研发出来，并一度红遍整个互联网。而为了实现更优化的体积与画面质量，Real Networks公司不久又在RM的基础上，推出了可变比特率编码的RMVB格式。RMVB的诞生，打破了原先RM格式那种平均压缩采样的方式，在保证平均压缩比的基础上，采用浮动比特率编码的方式，将较高的比特率用于复杂的动态画面（如歌舞、飞车、战争等），而在静态画面中则灵活地转为较低的采样率，从而合理地利用了比特率资源，使RMVB最大限度地压缩了影片的大小，最终拥有了近乎完美的接近于DVD品质的视听效果。我们可以做个简单对比，一般而言一部120min的DVD体积为4GB，而用RMVB格式来压缩，仅400MB左右，而且清晰度、流畅度并不比原DVD差太远。

人们为了缩短视频文件在网络进行传播的下载时间，为了节约用户计算机硬盘宝贵的空间容量，将更多的视频压制成RMVB格式，并广为流传。到如今，可能每一位计算机使用者计算机中的视频文件，超过80%都会是RMVB格式。

触类旁通

一、QQ影音3.8

1．QQ影音3.8简介

QQ影音3.8是由腾讯公司最新推出的一款支持任何格式影片和音乐文件的本地播放器。QQ影音首创轻量级多播放内核技术，深入挖掘和发挥新一代显卡的硬件加速能力，软件追求更小、更快、更流畅，让用户在没有任何插件和广告的专属空间里，真正拥有五星级的视听享受！

2．QQ影音3.8安装

打开浏览器，进入QQ影音官方主页 http://player.qq.com下载最新版本的QQ影音，单击“下载”按钮即可安装，如图3-40所示。

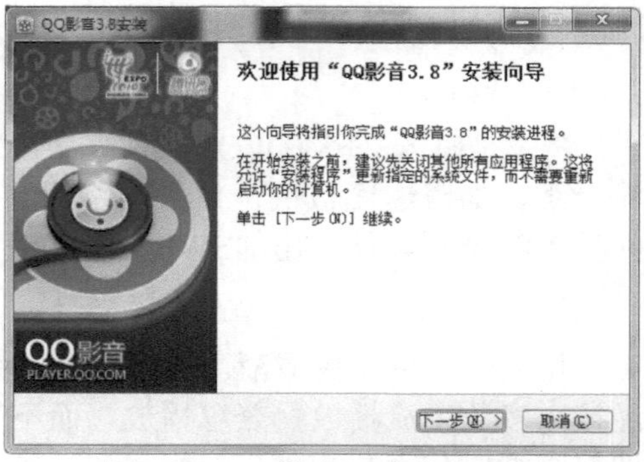

图3-40　QQ影音3.8安装界面

3．QQ影音3.8使用

可以通过以下方式打开媒体文件：

（1）从资源管理器打开

1）有文件关联时，鼠标左键双击已经关联的媒体文件。

2）有文件关联时，鼠标右键单击已经关联的媒体文件，选择右键菜单中的“使用QQ影音播放”。

3）有文件关联时，鼠标右键单击已经关联的媒体文件，选择右键菜单中的“添加到QQ影音播放列表”；在QQ影音主界面单击【】图标或鼠标左键双击列表中的媒体文件。

4）鼠标右键单击媒体文件，选择右键菜单中的“打开方式”选择“QQ影音”。

（2）从系统资源管理器浏览文件打开并直接播放

第1步：打开系统资源管理器浏览文件。有以下方式：

1）单击视频区中间的【打开文件…】。

2）单击主界面右下角的【】。

3）双击视频区的空白区域。

4）当没有文件正在播放或暂停时，单击【】。

5）单击右上角【】下主菜单的“打开”中的“打开文件...”。

6）鼠标右键单击视频区，打开右键菜单，选择“打开文件...”。

第2步：选择一个或多个媒体文件后，单击【打开（O）】。

（3）从系统资源管理器浏览文件打开（不直接播放）

第1步：打开系统资源管理器浏览文件。有以下方式：

1）单击播放列表上方的【】。

2）鼠标右键单击播放列表，选择右键菜单中的“添加文件...”。

第2步：选择一个或多个媒体文件后，点击【打开（O）】。

第3步：在QQ影音主界面点击【】或鼠标左键双击列表中的媒体文件。

（4）文件夹方式打开

1）单击主界面右上角【】打开主菜单，选择“打开文件夹...”。

2）鼠标右键单击视频区，打开右键菜单，选择“打开文件夹...”。

3）鼠标右键单击播放列表，选择右键菜单中的“添加文件夹...”，在QQ影音主界面单击【】或鼠标左键双击列表中的媒体文件。

（5）拖曳

1）拖曳媒体文件到QQ影音图标。

2）拖曳媒体文件或包含媒体文件的文件夹到主界面视频区。

3）拖曳媒体文件或包含媒体文件的文件夹到播放列表，在QQ影音主界面单击【】或鼠标左键双击列表中的媒体文件，如图3-41所示。

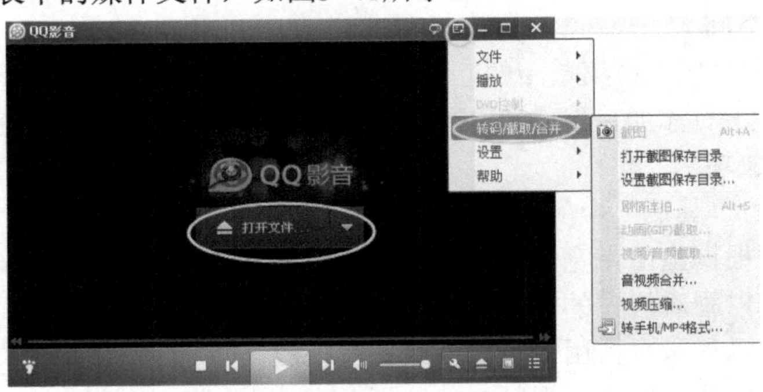

图3-41　QQ影音3.8主界面及打开窗口

4. QQ影音3.8的在线功能

（1）查看离线空间文件

在影音工具箱中单击“云播放”按钮后，在弹出的窗口中登录后，即可查看离线空间中的视频文件，目前支持MP4、RMVb、AVI、MKV、RM、MOV、3GP格式文件的查看和在线播放。一般首次运用此功能时需下载云播放组件，还要有“QQ旋风”离线下载特权，满足这两个条件后打开窗口登录，即可查看离线空间的视频文件，如图3-42所示。

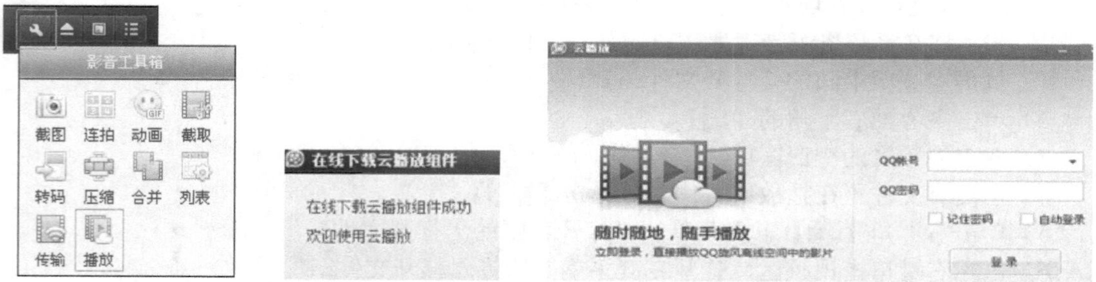

图3-42　登录“云播放”

（2）在线播放视频文件

直接双击离线空间中的视频文件，即可开始在线播放。

（3）添加视频文件

单击右上角用户名后下拉菜单中的，“添加更多视频文件”，可以跳转到旋风离线分享话题下，选择喜欢的视频添加到离线空间。添加后在右键菜单中“刷新”即可见到新添的文件，如图3-43所示。

图3-43　“添加更多视频文件”

（4）管理离线空间

单击右上角用户名后下拉菜单中的，“管理我的离线空间”，可以跳转到QQ旋风Web离线，对离线空间视频进行添加、删除等操作。也可以在QQ旋风客户端中对文件进行管理操作。

（5）云播放设置项

在播放器设置的“其他”中的“云播放”的设置项，如图3-44所示。

1）智能选择：根据当前带宽条件，智能地对当前播放文件进行画质/流畅度的优化。

2）画质优先：以画质优先的模式进行播放。

3）流畅优先：以尽量少占用带宽的模式进行播放。

4）不优化：直接播放原离线视频文件，不对文件进行任何优化。

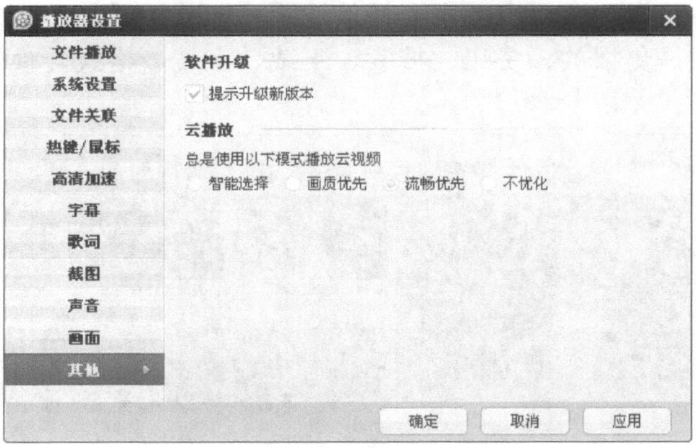

图3-44　播放器设置

二、优酷客户端5.3

1．优酷一般指优酷网

优酷是中国领先的视频分享网站，由古永锵在2006年6月21日创立，优酷网以“快者为王”为产品理念，注重用户体验，不断完善服务策略，其卓尔不群的“快速播放，快速发布，快速搜索”的产品特性，充分满足用户日益增长的多元化互动需求，使之成为中国视频网站中的领军势力。优酷网现已成为互联网拍客聚集的阵营。美国东部时间2010年12月8日，优酷网成功在纽约证券交易所正式挂牌上市，如图3-45所示。

图3-45　优酷界面

2．优酷客户端即优酷桌面播放器

优酷网推出的优酷计算机客户端视频软件，可以推荐更多精选热门视频，还能通过多条件进行视频筛选定位，多种画质选择，多种语言切换，让用户边下载边观看，登录账号还拥有云同步功能，可以记录用户的观看播放记录，即使换了另一台计算机也能继续按照原记录继续观看。它是集播放、资讯、搜索、下载、上传、格式转换于一身的软件，如图3-46、图3-47所示。

图3-46　视频库

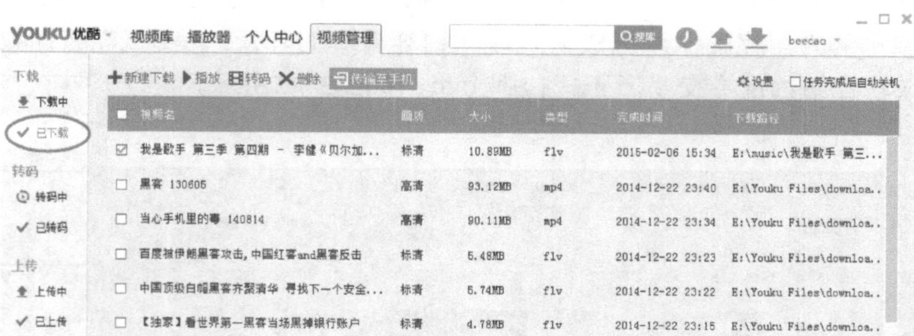

图3-47　视频管理

归 纳 总 结

在网络中有各种各样的资源，不同的资源、不同的时段，采用相应的方法进行下载，才会将网络的效率发挥到极致。

课 后 练 习

1．图片下载。为了解“九寨沟”而下载相关图片。

2．如果要欣赏中国经典动作电影李连杰的成名作《少林寺》理论上应选择哪种方式下载影片，至少说出两种以上下载方式，并说明每种方式的优缺点。如果要下载的是目前正热播的电影又该如何操作呢？

3．通过自己上网实际操作，试说明迅雷影音与迅雷看看的区别与联系。

第 4 篇　电子书的阅读与制作

网络电子阅读是一种有别于传统纸张阅读的新型阅读方式，此种阅读方式的兴起、发展有赖于互联网的发展。网络阅读的特点是无纸张限制、无携带保存障碍、方便、节约资源。图书保存于网络，一点即可阅读，不用案头堆积如山，耗费巨大木材资源，就学习来说更为快捷、方便、高效。

项目　组建个人图书馆

项目情境

张玟从小就喜欢读书，是一个不折不扣的书虫，只要有点多余的零花钱，就会拿来买书才18岁的她买的书把家里的整个书房都摆得满满的。这不，今年她考上了外省的一所大学，全家都在喜气洋洋的时候她犯愁了，我的那些书怎么办呢？

有人给她出了一个主意，买台便携式计算机，组建一个“个人图书馆”，这样她走到哪里“图书馆”就可以跟她到哪里，她很是心动，于是在爸妈的支持下开始张罗起来。

项目分析

此项目的最终目的是为张玟同学建立一个“个人图书馆”，要实现这个目的主要应从以下几个方面着手：

1）对便携式计算机要有一个大体的认知，了解便携式计算机的品牌和型号，选择适合自己的便携式计算机，并学会购买便携式计算机。

2）学习计算机的入门操作，可以简单安装所需软件。（详见第1篇）

3）了解常用下载方法，掌握两种以上下载方法。（详见第3篇）

4）了解常用电子书格式，并掌握阅读各种格式电子书的阅读工具。

5）学会自己制作电子图书。

6）学会使用网络在线图书，并掌握一种在线阅读器的使用方法。

要组建“个人图书馆”，就必须有很多的电子图书。电子图书来源很多，可以自己制作（太费时了），可以到书店购买（费时又费钱），当然最直接最有效的还是在线阅读或从网上下载到本机再阅读。可在线阅读对环境要求较高，当网站维护无法登录或网速太慢以及网络出现故障时我们的阅读都无法实现，所以最好是发现比较好的书下载到本机，以实现随时阅读。可从网上下载也有问题，网络上电子图书格式太多，有好多书下载下来了，却不知道怎么阅读。这项任务的关键在于张玟虽然是个书虫，但由于这些年都努力学习课本知识，她的计算机水平只有入门水平，对于电子书来说是个地道门外汉，她还需要对电子图书进行一下系统的学习。

项目实施

一、组建“个人图书馆”前准备

1）一台中上配置的便携式计算机。
2）买一张无线上网卡，接入互联网。
3）安装适合自己的下载软件（详见第3篇）。
4）学习常用电子图书格式以及阅读该格式图书的相应阅读器。

二、电子图书系统学习

（一）电子图书概况

1. 电子图书特点

电子图书作为一种新形式的书籍，拥有许多与传统书籍不同的或者是传统书籍不具备的特点：必须通过电子计算机设备读取并通过屏幕显示出来；具备图文声像结合的优点；可检索；可复制；有更高的性价比；有更大的信息含量；有更多样的发行渠道等。

其优点表现为以下几方面：

1）无纸化：电子书不再依赖于纸张，以磁性储存介质取而代之。得益于磁性介质储存的高性能，一张700MB的光盘可以代替传统的3亿字的纸质图书。这大大减少了木材的消耗和空间的占用。

2）多媒体化：电子书一般都不仅仅是纯文字，而添加有许多多媒体元素，诸如图像、声音、影像。在一定程度上丰富了知识的载体。

3）内容更丰富：互联网快速发展，致使传统知识电子化加快，现在基本上除了比较专业的古代典籍，大部分传统书籍都搬上了互联网，这使电子图书读者有近乎无限的知识来源。

2. 阅读方式

（1）计算机阅读

电子书形式多样，常见的有TXT、EXE、HTML、CHM、PDF等格式。这些格式大部分可以利用微软Windows操作系统自带的软件打开阅读。至于PDF等格式则需要使用其他公司出品的一些专用软件打开，其中有使用普遍的免费软件Adobe Reader。

（2）其他形式

可供阅读电子书的平台将越来越多样化，除了现有的计算机、PDA（掌上电脑）、手机、电子书阅读机外，电视、手表也都有可能成为其平台。

3. 免费电子图书的制作工具

1）PDF格式电子书免费制作工具。
2）FlashPaper制作工具。
3）SuperCHM可以把网页撷取后制作成电子书。
4）ZineMaker电子杂志制作工具。

4. 电子图书格式一览

电子读物及电子图书存在的格式有很多种，下面简单地介绍一下当前比较流行和比较常见的几种电子读物文件格式。

（1）TXT格式

TXT格式又叫纯文本格式，TXT电子书是指TXT文本格式小说或文件，现在一般手机、MP3、MP4等可移动设备上面都能够阅览TXT格式文件。

使用TXT格式的原因：由于微软的记事本软件是每个Windows系统都具备的，所以TXT格式就作为最普遍的格式流传下来，因此现在的移动设备都提供最基本的TXT格式支持。TXT格式的优势：体积小、存储简单方便；格式比较简单，不会中网络病毒；这种格式是计算机和很多移动设备的通用格式，兼容性良好。

（2）EXE格式

这是目前比较流行也是被许多人青睐的一种电子读物文件格式，这种格式的制作工具是最多的。它最大的特点就是阅读方便，制作简单，制作出来的电子读物相当精美，无须专门的阅读器支持就可以阅读。这种格式的电子读物对运行环境并无很高的要求。

但是这种格式的电子图书也有一些不足之处，如多数相关制作软件制作出来的EXE文件都不支持Flash和Java及常见的音频视频文件，需要IE浏览器支持等。而且多数此格式的电子图书均无法直接获取其中的文字图像资料。

（3）CHM格式

CHM文件格式是微软1998年推出的基于HTML文件特性的帮助文件系统，以替代早先的WinHelp帮助系统，在Windows 98中把CHM类型文件称为“已编译的HTML帮助文件”。被IE浏览器支持的JavaScript、VBScript、ActiveX、Java Applet、Flash、常见图形文件（GIF、JPEG、PNG）、音频视频文件（MID、WAV、AVI）等，CHM同样支持，并可以通过URL与互联网联系在一起。

这种格式的电子读物的缺点是：要求使用者的操作系统必须是Windows 98或NT及以上版本。如果读者的操作系统还是Windows 95，还需要安装一个被称作CHM的文件阅读升级包。

（4）PDF格式

PDF文件格式是美国Adobe公司开发的电子读物文件格式。这种文件格式的电子读物需要该公司的PDF文件阅读器Adobe Acrobat Reader来阅读，所以要求读者的计算机安装有这个阅读器。该阅读器完全免费，可以到Adobe的站点下载。PDF的优点在于这种格式的电子读物美观、便于浏览、安全性很高。但是这种格式不支持CSS、Flash、Java、JavaScript等基于

HTML的各种技术，所以它只适合用于浏览静态的电子图书。PDF格式的电子图书可以使用Adobe Acrobat来制作和编辑。

（5）PDG格式

PDG格式文件是用超星数字图书馆技术制作的数字图书，要用超星图书阅览器（SSReader）进行阅读。可在超星数字图书馆网站http://www.SSReader.com免费下载，是国内外用户数量最多的专用图书阅览器之一。对于PDG信息资料的保存，主要用到文字识别功能及剪贴图像功能。

（二）PDF格式阅读器

PDF（Portable Document Format）文件就是“便携式文档格式”文件。PDF文件格式可以将文字、字型、格式、颜色及独立于设备和分辨率的图形图像等封装在一个文件中。该格式文件还可以包含超文本链接、声音和动态影像等电子信息，支持特长文件，集成度和安全可靠性都较高。它最大的特点就是在不同的操作系统之间传送时能保证信息的完整性和准确性。越来越多的电子图书、产品说明、公司文告、网络资料、电子邮件开始使用PDF格式文件。PDF格式文件目前已成为数字化信息事实上的一个工业标准。

1. 福昕PDF阅读器

（1）Foxit Reader简 介

使用Adobe Reader进行PDF文档阅读效果虽然很好，但其占用内存过多、体积太大。福昕PDF阅读器（Foxit Reader）是一个小巧的PDF文档阅读器，完全免费。有了它，便无须仅仅为阅读PDF文档而下载和安装庞大的Adobe Reader，它启动快速，无须安装，能很好地支持中文。

Foxit Reader是美国Foxit软件公司出品的PDF文档专用阅读器。其中文版现在的最新版是3.1.4简体中文版（见图4-1），文件与Adobe Reader相比很小，只有4056 KB（仅占Acrobat Reader 20MB容量的一小部分），而且有安装版和绿色版两种供选择，其中绿色版是压缩文件，只要解压即可运行。

Foxit Reader支持在PDF文档上画图、高亮文本、输入文字，并且对批注的文档进行打印或保存，而且可以将整份PDF文档转换为文本文件。Foxit Reader 3.0版本中添加了多媒体设计功能、页面缩略图面板、附件列表面板和层面板等，增加了福昕在线内容管理系统，同时支持Firefox浏览器。

当阅读PDF文档时，是否曾想过对文档进行批注呢？有了Foxit Reader，完全可以在文档上画图、高亮文本、输入文字，并且对批注的文档进行打印或保存。

（2）福昕PDF阅读器用户界面

福昕阅读器是一款支持多窗口阅读的软件，其主要的工作区域分成两个区域，即可视区和功能区。可视区包括文档面板和书签面板，功能区包括菜单栏、工具栏和状态栏。通过<ALT+1>组合键用户可以选择显示或隐藏书签区域，通过<F8>快捷键可以选择显示或隐藏工具栏区域。

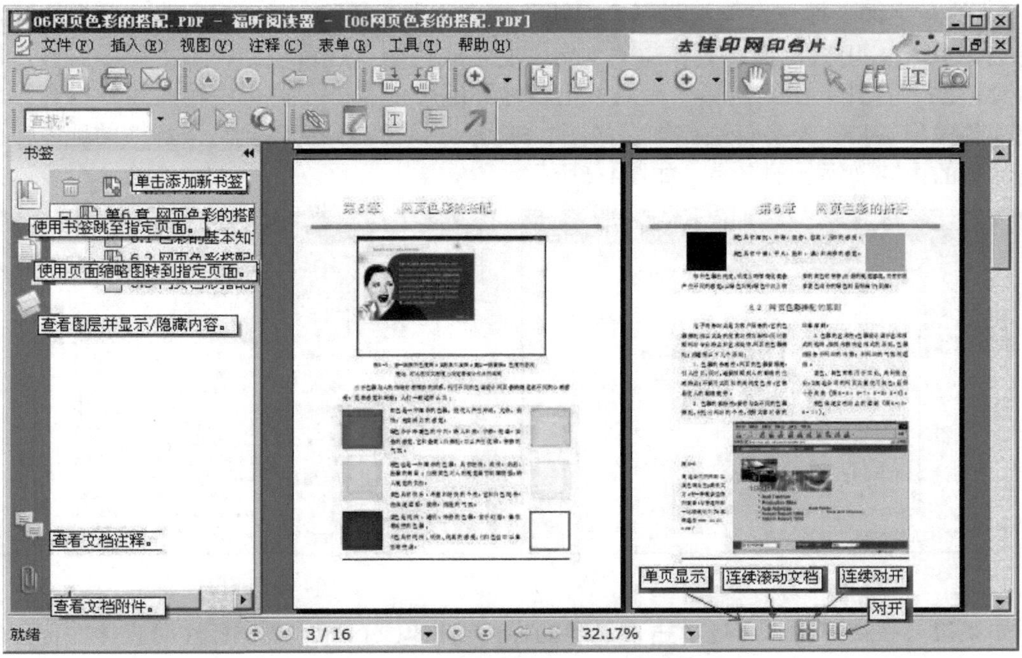

图4-1 Foxit Reader 3.1.4工作界面

菜单栏和工具栏位于可视区域的顶部。通过菜单栏可以使用福昕阅读器的所有功能，通过工具栏可以选择常用的工具。

书签区域可以帮助浏览当前PDF文档或者跳转至某一特定页，如图4-2所示。

状态栏在福昕阅读器的最底部。用户不仅可以使用导航控制迅速地浏览文档，而且可以使用页面布局图标改变查看状态，如图4-3所示。

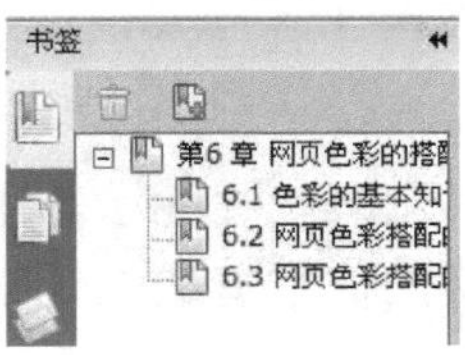

图4-2 书签

图4-3 状态栏

(3) 福昕PDF阅读器实例操作

1）常用工具图标，如图4-4所示。

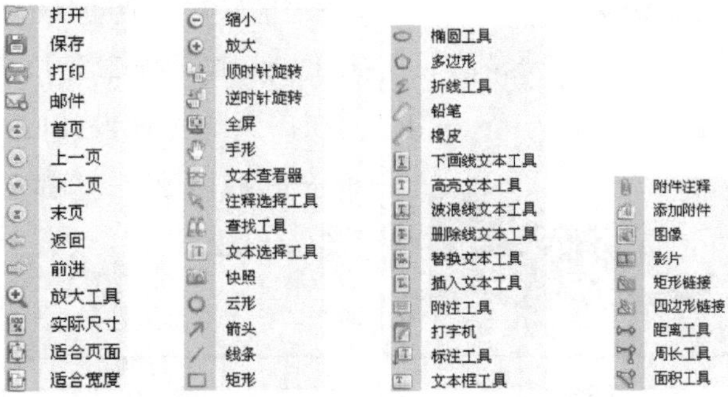

图4-4 Foxit Reader 3.1.4常用工具图标

2）给文字加上标注。单击菜单“工具”→“标注工具”→“高亮文本工具”命令，鼠标变成⌶形状。用鼠标拖过要标注的文字，文字底色会变成黄色。再单击鼠标右键，选择弹出菜单的“打开弹出式注释”命名，出现注释编辑窗口。在窗口中输入注释内容，最后关闭注释编辑窗口，高亮标注完毕，如图4-5所示。以后当鼠标移到加了标注的地方，就会弹出注释的内容及添加的名字，如图4-6所示。

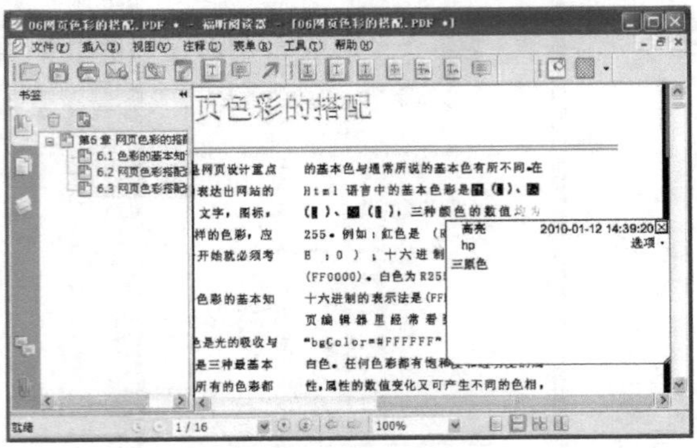

图4-5　添加标注

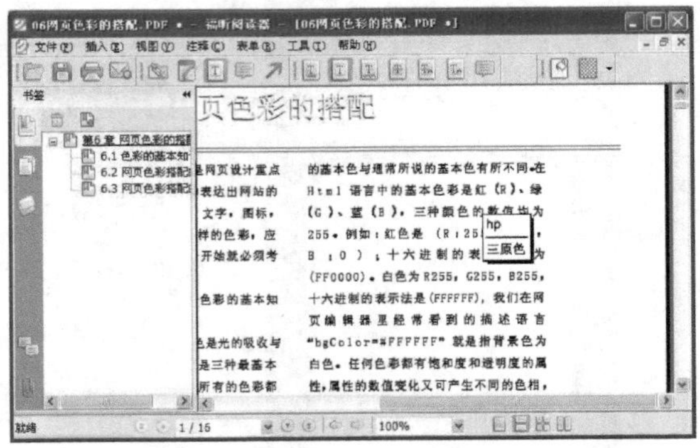

图4-6　弹出标注

如果想要去掉标注，可以单击要清除的标注，按<Del>键，或在标注时直接在标注窗口右键单击“删除”，就可以把标注去掉了。

用户只需要选择“文本选择”工具，然后选择PDF中需要标记的文本就可以通过右键菜单轻松添加其他删除线、下画线、曲线、替换等标记。也可以把选择的文本作为一个新的书签添加到书签目录中，如图4-7所示。

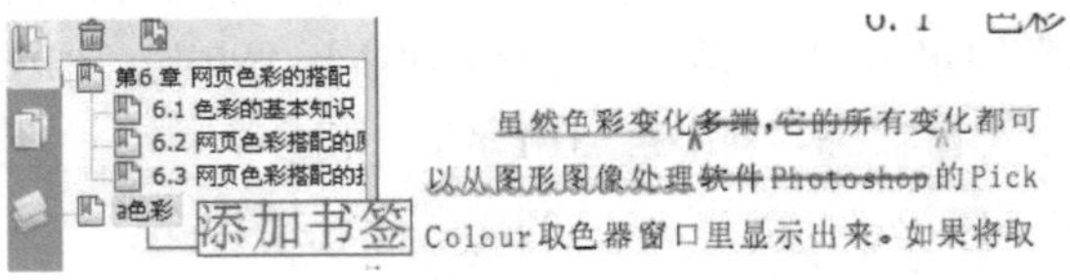

图4-7　添加其他标注、书签

3）“放大镜”与“显微镜”功能。同时为了方便某些人群，福昕阅读器3中除了基本的放大缩小功能外，还增加了“放大镜”与“显微镜”功能，其效果真的像拿着放大镜在阅读文档一样，如图4-8、图4-9所示。

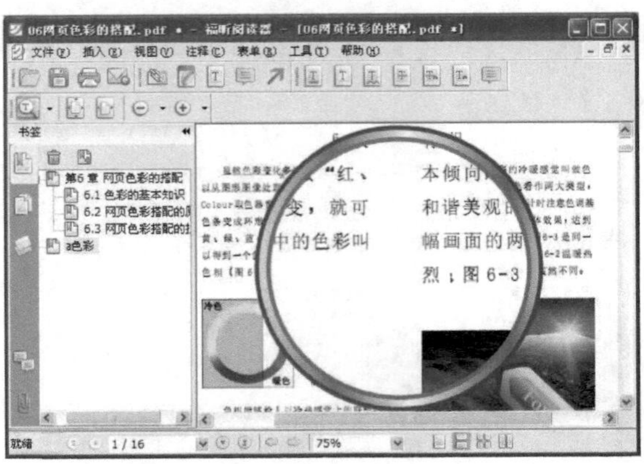

图4-8　“放大镜”功能

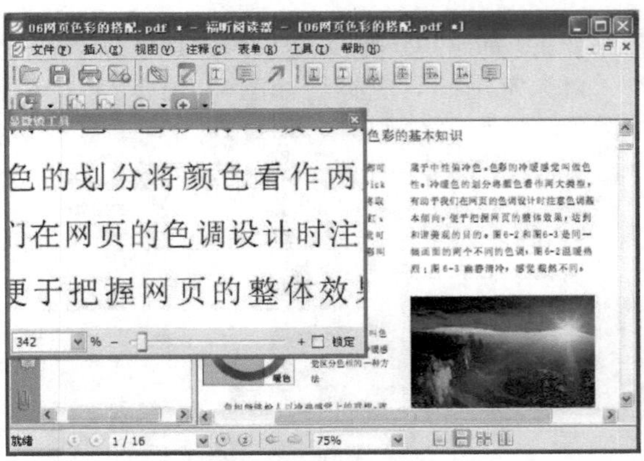

图4-9　“显微镜”功能

小提示

在福昕阅读器3中用户只需在福昕阅读器更新工具中选择“Firefox插件”并安装更新后，就可以直接在Firefox浏览器中阅读网络上的PDF文档了。顺便说一下，使用福昕阅读器更新工具可以获得一些免费又好用的附加功能，不过有一部分还是需要收费的。

4）高级编辑工具。单击相应的编辑工具后，福昕阅读器会有个注册提示，提示如果没有将PDF注册为专业版，可以正常试用这些功能，但是在生成的新PDF文件中会自动加入使用福昕阅读器编辑的标记，如图4-10、图4-11所示。

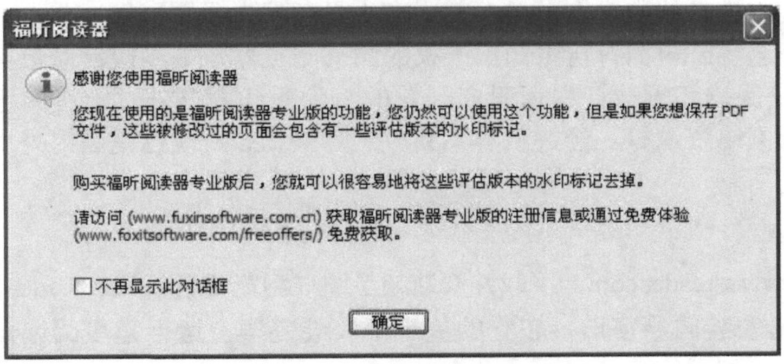

图4-10　信息提示窗口

图4-11　其他编辑工具

（4）Foxit Reader Pro 3.0中文增强版（图4-12）

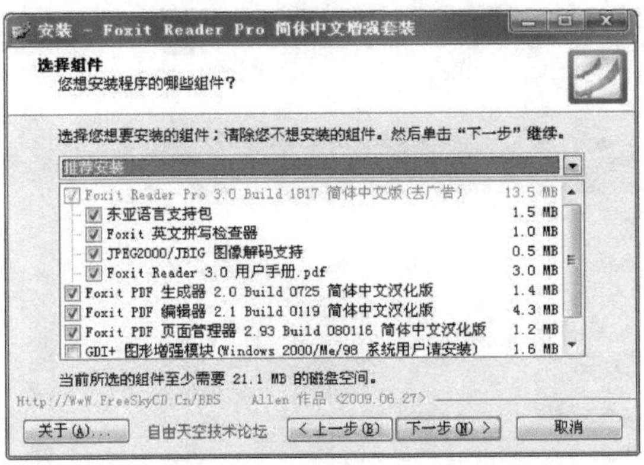

图4-12　Foxit Reader Pro 3.0中文增强版

Foxit Reader Pro 3.0中文增强版基于Foxit Reader Pro 3.0 Build 1817官方简体中文版制作，没有语言切换选项；集成了必需的插件，关闭了自动更新，去除了Foxit Reader阅读窗上的广告，界面更简洁清爽；安装结束时自动关联PDF格式文件，安装后就是注册版（非破解），没有任何功能限制。

这个软件的核心程序Foxit Reader.exe本身是绿色软件，做成增强套装是为了能顺利安装PDF虚拟打印机，方便利用Foxit PDF生成器直接生成PDF文件，以及利用Foxit PDF编辑器等软件来操作PDF文档。如果你不需要用到Foxit PDF生成器，在安装本套装后直接将安装目录复制出来，就是Foxit Reader绿色注册版了。

（三）PDG格式阅读器——超星阅读器

PDG文件是超星数字图书馆专用图书格式，可用超星数字图书阅读软件打开。

1．超星数字图书馆简介

超星数字图书馆（http://www.ssreader.com）成立于1993年，是国内专业的数字图书馆解决方案提供商和数字图书资源供应商。超星数字图书馆，是国家“863”计划中国数字图书馆示范工程项目，2000年1月，在互联网上正式开通。它由北京世纪超星信息技术发展有限责任公司投资兴建，目前拥有数字图书80多万种。

有丰富的电子图书资源供阅读，其中包括文学、经济、计算机等50余大类，数十万册电子图书、300万篇论文，全文总量4亿余页，数据总量30000GB，并且每天仍在不断的增加与更新，为目前世界最大的中文在线数字图书馆。其中有大量免费电子图书。

阅览器（SSReader）是超星公司拥有自主知识产权的图书阅览器，是专门针对数字图书的阅览、下载、打印、版权保护和下载计费而研究开发的，除阅读图书外，超星阅览器还可用于扫描资料、采集整理网络资源等。经过多年不断改进，SSReader现已是国内外用户数量最多的专用图书阅览器之一。

2．超星阅读器的下载安装

先登录超星主页http://www.ssreader.com，下载并安装超星图书浏览器最新版SSreader4.01。

双击 SSreader4.01 图标，弹出安装向导窗口，在它的提示下安装完毕，运行超星阅读器，其操作界面如图4-13所示，资源列表如图4-14所示。

图4-13　SSReader4.01工作界面-超星数字图书馆

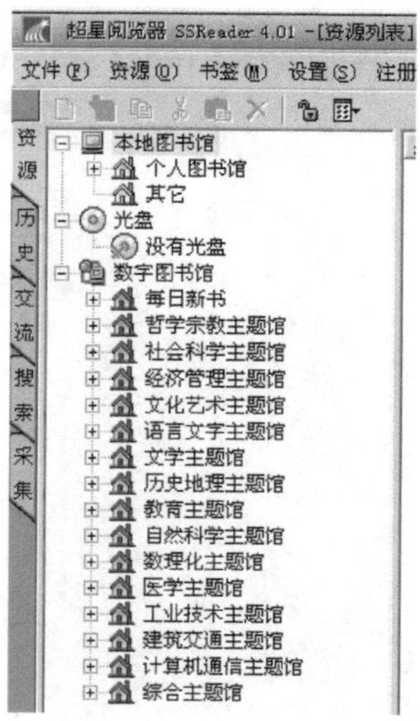

图4-14　资源列表

3．在线操作实例

（1）怎么阅读图书

1）会员图书馆阅读步骤：进入会员图书馆→订阅会员服务→登录成功→查找所需图书→单击“阅览器阅读”或“IE阅读”浏览图书。

2）电子书店阅读步骤：进入电子书店→查找图书→付费购买成功→单击“阅览器阅读”或“IE阅读”浏览图书。

（2）**如何下载会员图书馆的图书**

成为网站的读书卡会员后，阅读图书时选择“阅览器阅读”（电信）或“阅览器阅读”（网通），在图书的阅读页面，单击鼠标右键选择“下载”即可下载所需的图书，如图4-15所示。

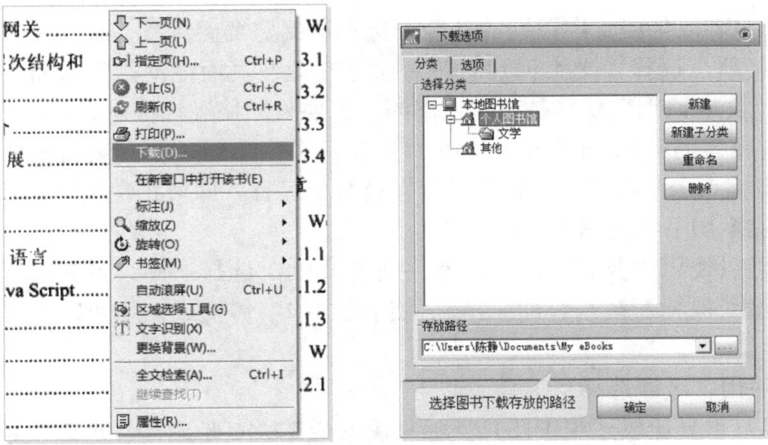

图4-15　图书下载

（3）**用户订阅会员成功无法读书的原因**

1）订阅成功，如果无法阅读会员图书馆的图书，请先点击示范图书看能否正常阅读，如果示范图书可以正常阅读，请按第二种方法重新登录尝试一下。

2）刚订阅的用户，需要使用用户名重新登录一下，才可正常阅读图书，重新登录的方法是：选择超星阅览器上方的“注册”—“用户登录”，在打开的页面输入用户名和密码登录即可，登录成功，在显示器的右下角会弹出对话框，提示“您的用户名会员验证成功”。

（4）**下载、打印图书时，提示“用户没有此资源的操作权限”的原因**

1）读书卡会员每天可以下载20本图书，普通会员每个自然月可以下载50本图书，VIP会员每个自然月可以下载150本图书。如果用户下载图书本数达到上限，就会出现“用户没有此资源的操作权限”，如果出现此种情况，请到下个月再进行操作即可。

2）读书卡会员每个自然月可以打印1000页图书，如果用户打印图书页数达到上限，就会出现“用户没有此资源的操作权限”，如果出现此种情况，请到下个月再进行打印的操作即可。

（5）**阅读图书时提示“此页无效”或“有错误发生”的原因**

阅读图书时提示“此页无效”或“有错误发生”请先检查是否登录成功，查看超星阅览器右上角指示灯是什么颜色？（正常登录状态是绿色），如果是其他颜色，证明没有登录成功，请重新登录再尝试。

（6）**从其他网站下载的图书在超星阅读器无法阅读的原因**

每个网站都会对自己网站的图书进行加密操作，超星阅览器是专门为超星数字图书馆研发的一种阅览软件。如果从其他网站下载的图书进行加密操作了，超星阅览器无法阅读，则需与下载图书的网站联系。

（7）**阅读图书时，提示“只有用下载这本书时的用户名[****]注册后才能阅读此页，是否现在注册？”**

图书阅读规则：读书卡会员阅读自己下载的图书资料，必须使用下载这本图书的用户名进行在线登录或离线登录后才可以阅读。如果登录后还是无法阅读，请将无法阅读的图书页发给我们，邮箱：card@ssreader.net，附带上用户名，工作人员会对其进行测试。

4．编辑操作实例

（1）使用“文字识别”功能

1）图像图书可以使用文字识别的功能，选择“阅览器阅读”，在图书的阅读页面单击鼠标右键弹出菜单，选择“文字识别”按着鼠标左键在页面拖动，即可将选中的文字识别出来。（注：“文字识别”功能是有错误率的，需要与原稿进行核对）

2）计算机安装的是Vista系统，使用“文字识别”功能，去安装阅览器的路径下查询ssreader.exe，右键点击此程序，选择“以管理员身份运行”即可正常使用文字识别功能。

（2）使用文本图书“复制”功能

文本图书可以使用“复制”功能对文字进行复制，选择“阅读器阅读”，单击阅览器工具栏按钮，按着鼠标左键在页面上拖动，当选中的字体变成蓝颜色时，单击鼠标右键选择“复制”即可。

（3）如何使用“区域选择”工具

“区域选择”工具比较适用于图片，如果图书的某一页是图片，可以使用“区域选择”工具，将图片复制到剪贴板或将图片另存为保存下来，方法如下：选择“阅读器阅读”，单击阅览器工具栏按钮，按着鼠标左键在页面上拖动，当松开左键时在弹出的菜单中选择需要的功能即可。

（4）“标注”功能的使用

网站的图书分为图像图书和文本图书两种格式，目前图像图书可以使用标注功能，文本图书暂时不支持标注功能。使用“标注”功能的方法是：选择“阅览器阅读”，在图书的阅读页面上单击鼠标右键选择“标注”→“显示标注工具”，在标注工具中选择铅笔工具，即可在页面上进行标注了，如图4-16所示。

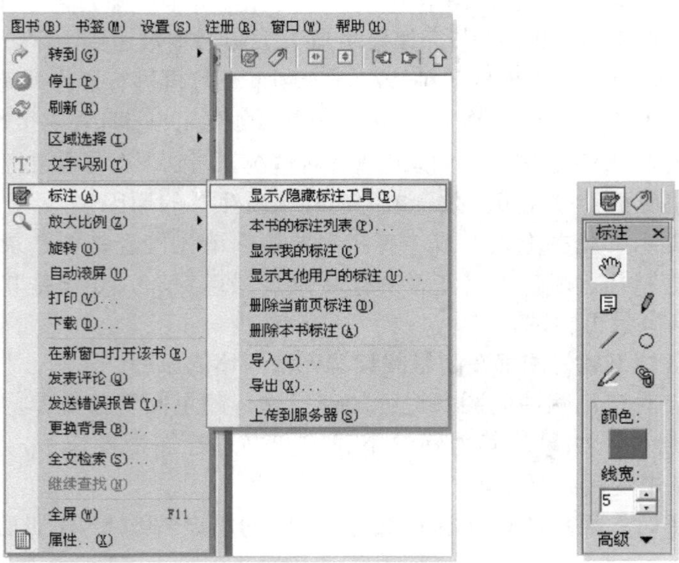

图4-16　标注菜单，工具

5. 浏览本地图书馆图书

浏览本地图书馆图书即浏览用户计算机上已经下载或收藏的图书，用户可以离线阅读。首先，我们先下载并创建“本地图书馆”的“个人图书馆”。

(1) PDG数字图书下载

在资源窗口、镜像站点选择图书下载，或者在阅读过程中单击右键选择下载，都会启动超星浏览器下载窗口，如图4-17所示。SSReader的下载是多任务、多线程的下载，图书主要按页存储。

文件存放路径包括虚拟路径和物理路径两个，虚拟路径按照资源窗口本地资源分类进行存储，文件最终下载到浏览器根目录下；物理路径则是由用户直接选择指定。下载的资料可以被刻成光盘或拷贝到其他计算机上阅读使用，如图4-17所示。

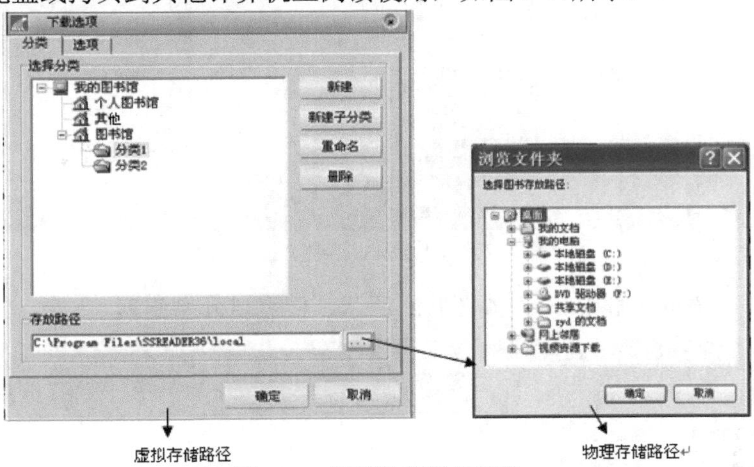

图4-17 超星数字图书下载

(2) 创建“个人图书馆分类”

运行超星阅读器，单击该窗口左边“资源”选项卡，单击资源列表左侧的“+”号，展开“本地图书馆”，选择“个人图书馆”。鼠标右键单击“个人图书馆”，在弹出的快捷菜单中选择“新建子分类”，输入“计算机”。在新建的分类“计算机”上右键单击，在弹出的快捷菜单中选择“导入”|“文件夹”命令，弹出浏览文件夹对话框，选择已下载好的要加入个人图书馆的图书所在的文件夹。如此这样，就可以把分布在不同路径的电子图书分门别类地组建成自己的个人图书馆，阅读起来很是方便，如图4-18、图4-19所示。

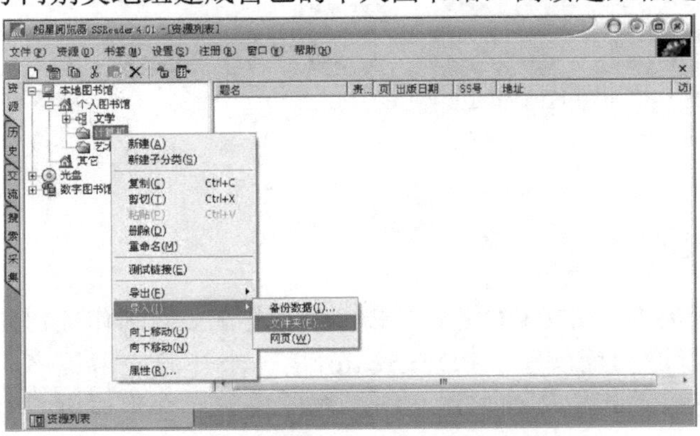

图4-18 添加个人图书馆子分类

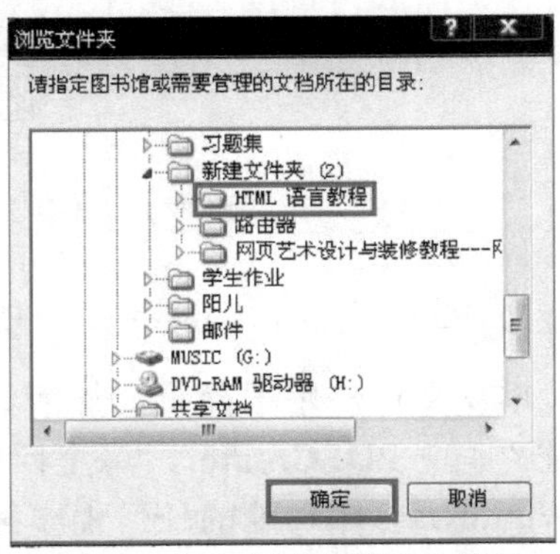

图4-19 指定阅读文档所在目录

(3）浏览本地图书馆图书

运行超星阅读器，单击该窗口左边“资源”选项卡，单击资源列表左侧的“+”号，展开“本地图书馆”，选择“个人图书馆”，打开“文学”子分类，如图4-20所示。

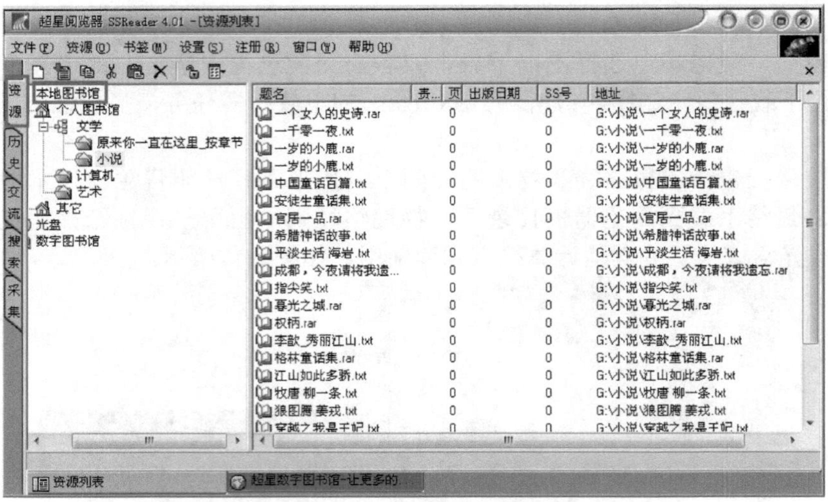

图4-20　浏览图书馆中文档目录

单击阅读“一岁的小鹿.txt”，如图4-21所示，便可以开始阅读。

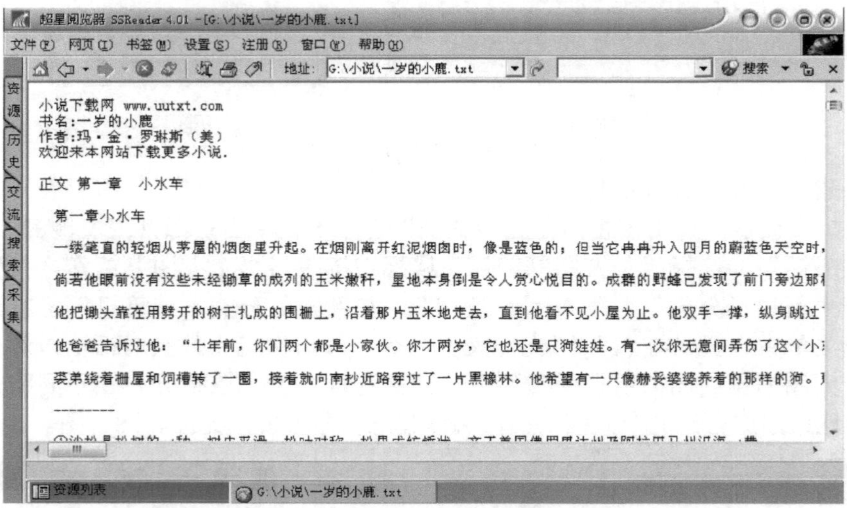

图4-21　个人图书馆的阅读界面

（四）电子图书的二次编辑工具

1．PDF文件制作利器——PDFCreator

PDF文档使用很简单，然而如何将常用的DOC格式、Excel格式等文档制作成PDF格式呢？有了PDFCreator，这个问题就迎刃而解了。PDFCreator是一个开源应用程序，支持Windows打印功能的任何程序都可以使用它创建PDF文档。软件安装后会生成虚拟打印机，任何支持Windows打印功能的程序生成的文件，在打印时只要选择生成的PDFCreator

虚拟打印机，就可轻轻松松地转换为PDF文档，并且可以生成PostScript文档、Encapsulated PostScript文件等格式。此外，用户也可以将文件转换为PNG、BMP、JPEG、PCX、TIFF等图形格式文件。以PDFCreator2.2.2简体中文版为例。

（1）**软件安装**

1）在软件安装过程中需要注意，软件提供了两种安装方式，即标准安装和服务器安装，如图4-22、图4-23所示。

标准安装方式可以在本机上安装此软件，并生成虚拟打印机，它可以将所有可打印的文件转换为PDF、BMP或者PostScript格式的文件。

服务器安装模式可以生成一个虚拟的打印服务器，处于局域网的其他计算机可以通过它在本地计算机上轻松制作PDF文件，这种安装方式对于处在局域网环境中的用户非常适合，相当于一台PDF生成的服务器。不过，对于一般用户来说，标准安装方式还是最适合的。

2）软件安装后会自动生成虚拟打印机，可通过“设置→打印机和传真”选项查看。

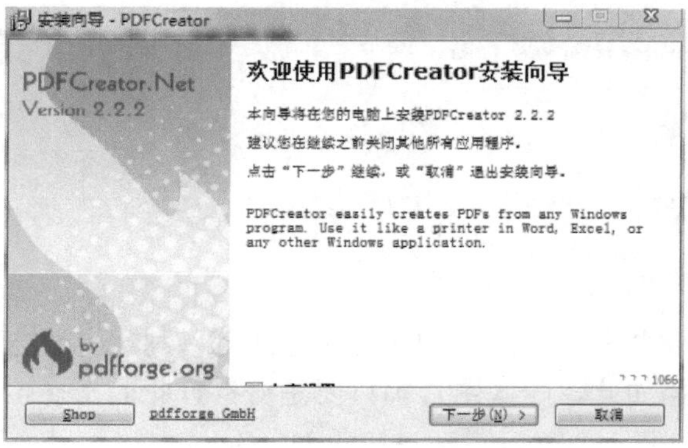

图4-22　PDFCreator安装界面

图4-23　PDFCreator安装完成

（2）**PDF文件的制作**

1）PDF文档的制作非常简单，打开Word文档，选择“文件→打印”选项打开“打印”对话框，从打印机下拉列表中选择“PDFCreator”，其他选项的设置跟真实的打印机相似，可以根据需要进行更改，也可以保持默认，最后单击“确定”按钮，如图4-24所示。

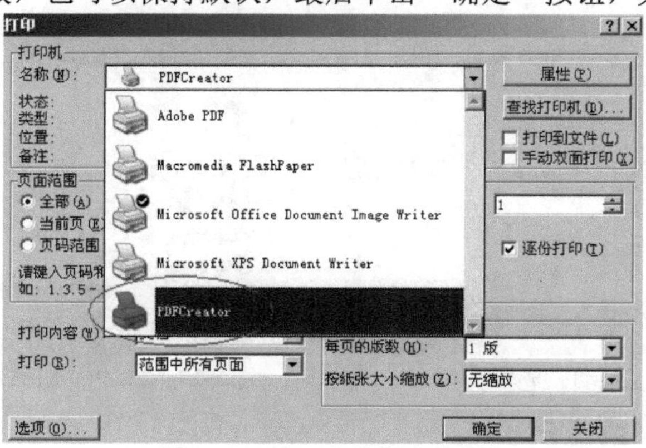

图4-24　Word文档打印窗口

2）单击完“确定”按钮后，软件即在后台对文件进行分析，并自动弹出“设置选项”对话框。在这里，可以对文章的标题、创建修改日期、作者、主题、关键词等进行设置，最后单击“保存”按钮，选择保存路径，即可轻松生成PDF文档。单击该设置页面的“选项”按钮，还可以对更多的参数进行设置，这里不再赘述，如图4-25所示。

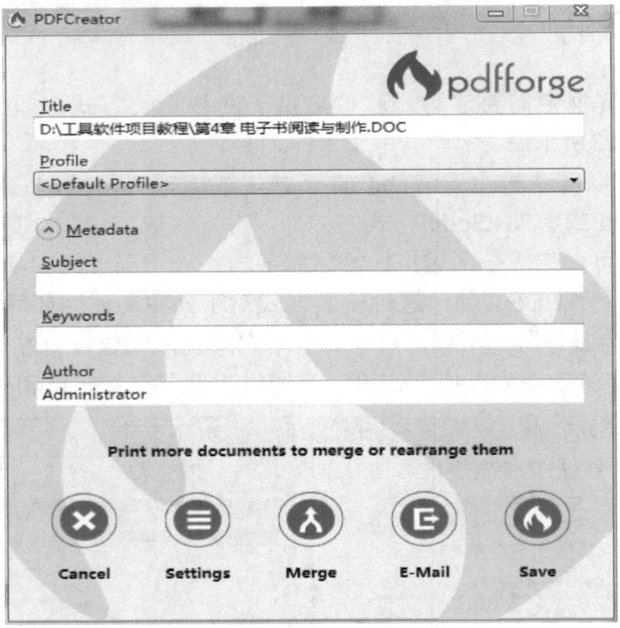

图4-25　生成新的PDF文档的描述

3）除了可以轻松将DOC文件转换为PDF文档外，EXL、PPT文件等都可以利用上述方法完成转换为PDF格式的过程。不仅Office文档如此，一些图片等只要是支持打印的文件，都可以轻松生成PDF文档。

（3）PDFCreator直接完成文档转换

打开PDFCreator，如图4-26所示。通过拖动把文件拖入窗口中，也可将文档转换为PDF格式。

除此以外，也可以通过右击需要转换的文档，选择“以PDFCreator建立PDF和点阵图”来完成转换工作，如图4-27所示。

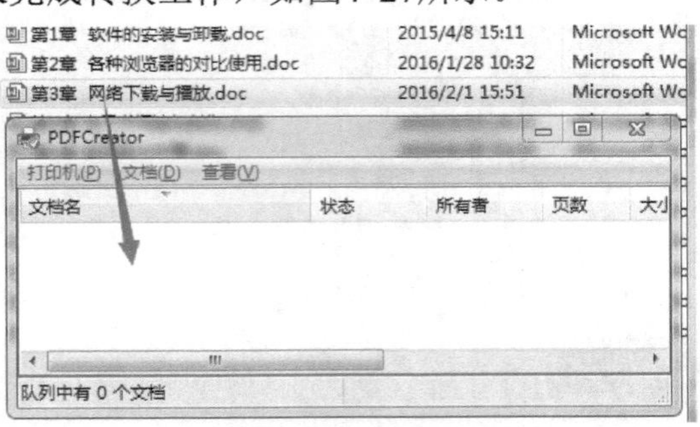

图4-26　通过拖动完成转换

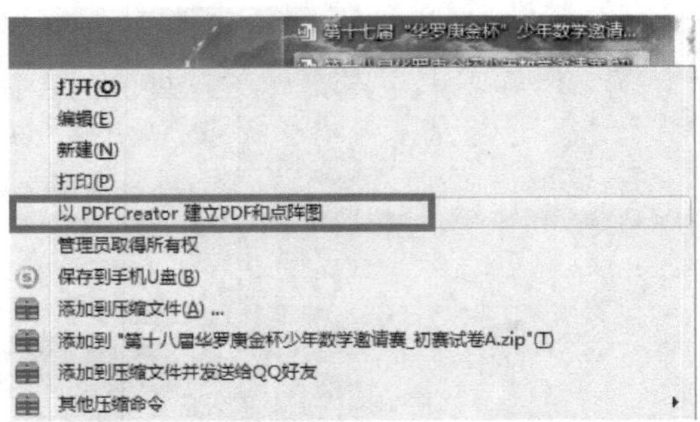

图4-27　“以PDFCreator建立PDF和点阵图”

（4）功能强大的参数设置选项

PDF生成器除了可以轻松完成PDF文档生成任务外，还可以对生成的PDF文档进行多个参数设置，如密码保护、加载水印等，以保护自己辛辛苦苦完成的工作，防止被一些“拿来主义”信奉者“盗取”知识产权。

1）PDF文档加密。打开PDF生成文件的设置选项，单击右侧“格式”下的PDF选项，切换到“安全”选项卡，勾选“使用安全”，就可以对安全选项进行设置了，如图4-28所示。在文档生成过程中会要求输入密码，根据需要输入即可，如图4-29所示。

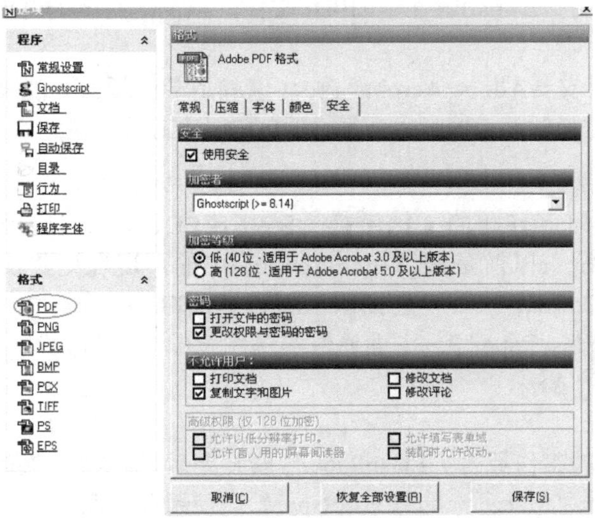

图4-28　安全设置对话框

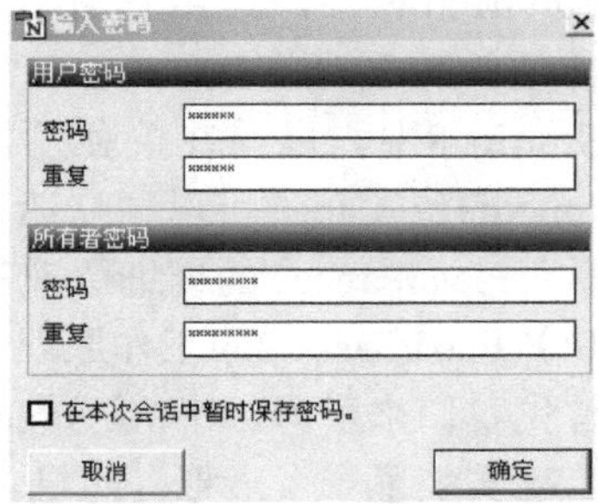

图4-29　输入密码

2）给PDF文档添加水印标记。单击选项设置左侧的“文档”按钮，在“邮戳”选项下的“邮戳字符串”中输入需要显示的水印标记文字，如“天极网版权所有”。在后面的按钮处可对文字的大小及样式进行更改，单击“颜色”按钮还可以设置字体的颜色。如果勾选了“邮戳用空心字”，还可以设置空心字的厚度，可根据需要进行更改，最后单击“保存”按钮即可，如图4-30所示。打开生成的PDF文档，即可看到设置的水印标志，这样可以有效防止文件被轻易使用，如图4-31所示。

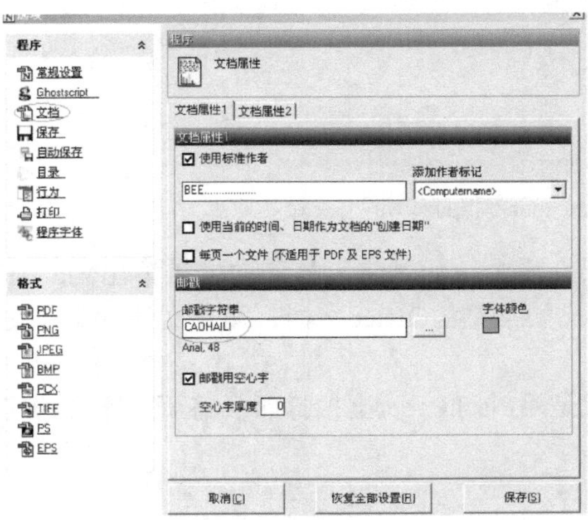

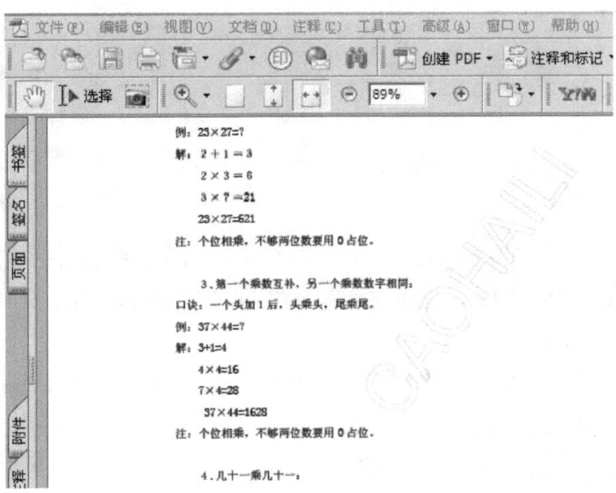

图4-30　“水印设置”对话框　　　　图4-31　水印设置效果

要想将PDF文档转换为可以进行重新编排格式的Word文档，过程同样简单，只要使用“ScanSoft PDF Converter for Microsoft Word”这款Office插件即可。该插件安装后，可以在

Word软件中直接通过“文件→打开”选项来打开PDF文档。文件转换时，插件首先捕获PDF文档中的信息，分离文字同图片，表格和卷，再将其统一到Word格式下，完全保留原来的格式和版面设计。当然，有了该插件，也可以轻松地通过右键来将PDF文件转换成为Word文件，还可以在Microsoft Outlook直接打开E-mail附件里的PDF文件，以及把网上的PDF文件直接在Word里打开。

Adobe Reader是PDF阅读器，需要安装Adobe Acrobat Pro（也就是专业版）才能制作、修改。Adobe InDesign也是绝好的印刷排版软件，同时也是很好的PDF创建工具。

2. Macromedia FlashPaper 2

FlashPaper 2，使用它可以将任何可打印的文档转换为SWF或PDF文档，应用起来非常方便，特别是在网页中。FlashPaper以前是捆绑在Contribute中的，现在则集成到整个的Studio 8中。以前在单独发行的Contribute 3中也捆绑了新版本的FlashPaper 2，同时Macromedia也发布了可以独立运行的FlashPaper 2。下面通过实例图解的方式与大家一起来全面学习FlashPaper 2的详细原理和使用方法。

（1）**FlashPaper 2的工作原理**

首先我们来了解一下FlashPaper 2的工作原理。FlashPaper 2安装完后，实际上在操作系统中自动安装了一个虚拟打印机，叫作“Macromedia FlashPaper”，使用控制面板打开“打印机和传真”窗口，就可以看到，如图4-32所示。

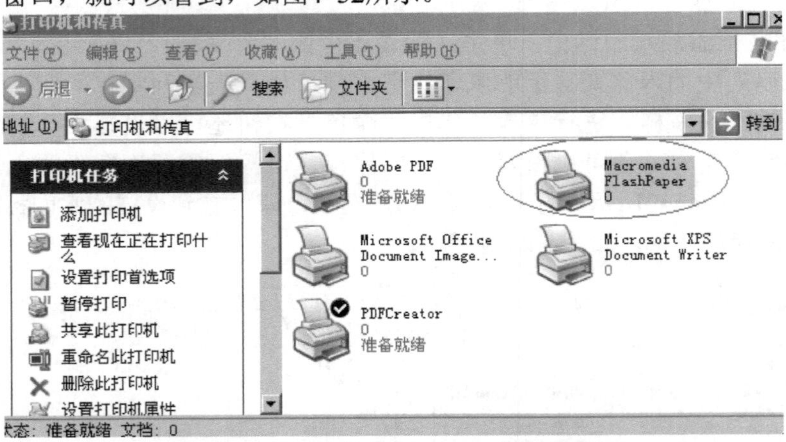

图4-32 自动安装的FlashPaper虚拟打印机

这个虚拟打印机并不会真地将文档打印到纸介质上，而是将可打印的文档输出为SWF或PDF文档。这里所说的可打印文档种类很多，比如常见的Office文档、网页文件、文本文件等。

所以，简单说来，FlashPaper 2的工作原理就是用FlashPaper虚拟打印机将可打印文档转换为SWF或PDF文档。

（2）**了解FlashPaper文档**

FlashPaper允许我们将任何类型的可打印文档转换为SWF或PDF文档，可以通过各种平台来查看生成的FlashPaper文档，包括文档的格式，文档中的图像、字体、特殊符号、源文档的颜色，而不必理会这个文档原来是由哪个平台、哪个应用程序创建的。例如，可以在Windows XP中创建一个Excel电子表格，然后使用FlashPaper将其转换为SWF文件，再将这个SWF文件传给一个麦金塔计算机（Macintosh）用户。

FlashPaper所生成的SWF文件与Macromedia Flash所生成的SWF文件格式是相同的。FlashPaper SWF文件通常比其他格式的文档要小得多，可以使用任何支持Flash的浏览器查看它们，或者可以直接使用Macromedia的Flash Player来查看。还可以将FlashPaper SWF文件嵌入到一个网页中，这样就能够使得许多用户通过网格查看原来不容易查看的一些文件类型，如Microsoft Project、Microsoft Visio、QuarkXPress、AutoCAD文件。当用户打开这样的网页时，FlashPaper SWF文件能够立即打开，用户不必离开网页就能查看文档内容。

FlashPaper文档（包括SWF和PDF格式）也能够作为一个单独的文件查看，任何人只要在计算机中安装了FlashPlayer就能够查看FlashPaper SWF文件，而只要在计算机中安装了Adobe AcrobatReader，就能够查看PDF文件。而这两种小程序现在具有极高的普及程度，用户可以很容易地在网上下载到它们。

下面我们详细介绍FlashPaper 2的功能和使用。

（3）**FlashPaper 2功能概览**

使用FlashPaper应用程序来创建FlashPaper文档，使用Flash Player或某种浏览器来查看FlashPaper文档。

1）拖放式创建FlashPaper SWF/PDF文档。用户只需要将一个可打印文档直接拖放到FlashPaper应用程序窗口，就能够将它转换为FlashPaper文档，如图4-33所示。

图4-33　拖放式创建FlashPaper文档

2）微软Office附加项功能。FlashPaper安装后，在微软Office软件中添加了菜单项和工具栏按钮，使用户能够直接在Microsoft Word、PowerPoint、Excel中生成FlashPaper文档，如图4-34所示。

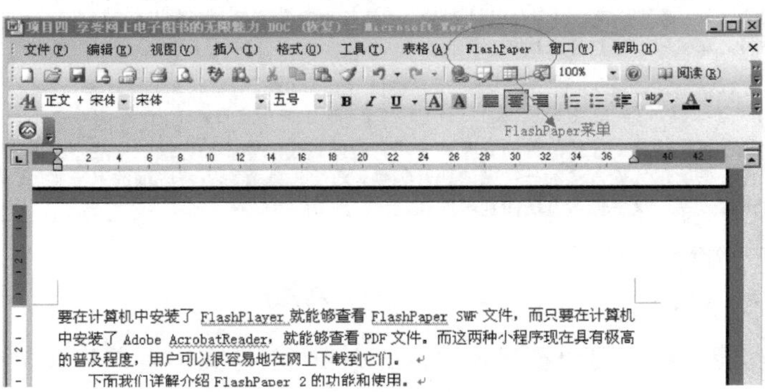

图4-34　Word中的FlashPaper按钮

3）通过右键菜单创建FlashPaper文档。用户可以右键单击任何一个可打印文档，然后从菜单中选择如图4-35所示的相关命令来创建FlashPaper文档。

（4）FlashPaper文档查看器的主要功能

1）界面易用性。FlashPaper文档查看器中的工具栏按钮、各种控制项及滚动条具有非常好的易用性，用户可以很容易地查看文档。

2）自动超链接。FlashPaper文档自动保留Microsoft Word、PowerPoint及Excel文档中创建的超级链接。例如，图4-36所示FlashPaper文档就是由一个Word文档转换得到的，其中所有的超链接都被自动保留了。

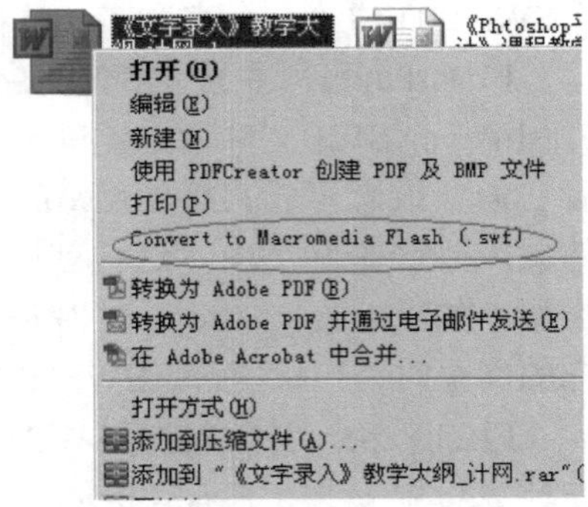

图4-35　右键菜单中的相关命令

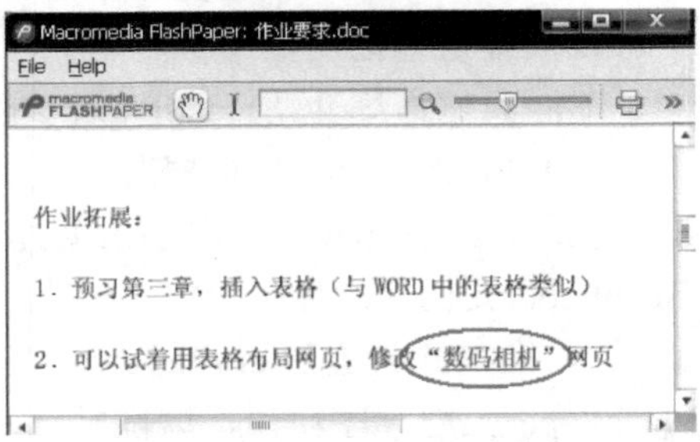

图4-36　FlashPaper2桌面图标

3）文档大纲。只需在转换之前选中一个选项，FlashPaper文档便能够保留Microfost Word和PowerPoint文档中的结构与导航元素。生成的FlashPaper SWF文档，左边的大纲可以展开，右边为内容。

4）可改变大小。FlashPaper文档能够按比例改变大小，这跟FlashPaper或浏览器窗口的的大小没有关系。用户可以通过拖动窗口或使用工具栏中的改变大小滑块来很容易地改变文档显示大小，用户可以通过上面的SWF文档尝试一下。

5）搜索功能。可以使用搜索功能在FlashPaper文档中查找某些字词，搜索到的结果会高亮显示，如图4-37所示。

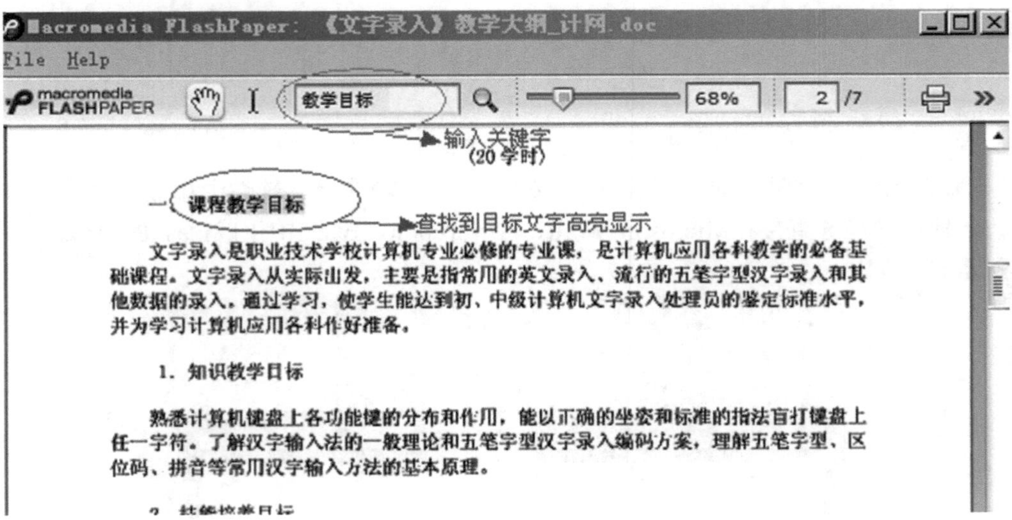

图4-37　搜索功能

6）文本选取功能。用户可以在FlashPaper文档中选择文本，并将其复制到剪贴板，然后粘贴到其他文档中。

三、组建“个人图书馆”

1．购机

因为张玟用计算机主要是进行电子图书阅览和一些普通的上网，所以买中等档次的计算机就可以。一般，购买便携式计算机时要特别注意品牌以及售后服务等。当然还要货比三家，找一个性价比最好的买。

2．装机（参考第1、10篇）

一般买品牌便携式计算机时，商家会预装正版软件在上面，而其他软件需自行安装，当然也可以委托商家代为安装，但最好是能够自己安装。

3．互联网接入

上网的方式有多种，但就张玟来说，因为她是学生，而且用的是便携式计算机，所以建议使用无线上网卡上网。

4．用下载工具下载自己想要的电子图书以及需要用到的阅读工具软件（见第3篇网络下载与播放）

5．整理规范自己的图书馆，对有些不规范的图书可自己进行二次编辑，使自己能够随心所欲地阅读。

6．电子图书的备份

规范个人图书馆后，可以定期备份。备份分为两种：一种是长时间的备份，比如一年，建议用光盘备份；另一种就是短期的备份，如半个月、一个月，可以用软件备份到其他分区，这样的备份文件可更新（详见第10篇）。

项目评价

此项目的知识点覆盖范围较大，难度适中，主要功能体现在以下几个方面：

1）自己购机可让计算机入门人员较快熟悉计算机各品牌及相应组件的功能，对计算机的认识比较直观，对便携式计算机的后期使用有很大的帮助。

2）要自己组建“个人图书馆”必须学会自己安装常用软件。这是对第1篇知识的加强和应用。

3）搜索引擎的熟练应用（详见第2篇），灵活高速的下载（详见第3篇），会为“个人图书馆”的尽快建成立下大功。同时，这也可对前两篇的内容加以巩固。

4）本项目的重点——电子图书阅览器。常用的电子图书格式大部分可以利用微软Windows操作系统自带的软件打开阅读。但网络上常用的PDF和PDG格式的文件还需要用专用阅览器阅读。这部分让用户对电子图书有一个系统的学习，从电子图书的格式到阅读、制作等。

5）一本好的电子书是面向读者而言的，所以一些简单制作的图书还可以二次编辑，尽量让我们的阅读成为一种享受。要知道，好的作品便是对整个项目工作的最好呈现。

知识拓展

一、电子杂志制作大师ZineMaker

ZineMaker是一款免费的专业电子杂志制作软件。

耳目一新的操作界面，简约的设计风格，突出软件界面空间的利用。类似视窗系统的操作界面风格更切合用户习惯，让用户操作简单易学，迅速掌握使用，如图4-38所示。

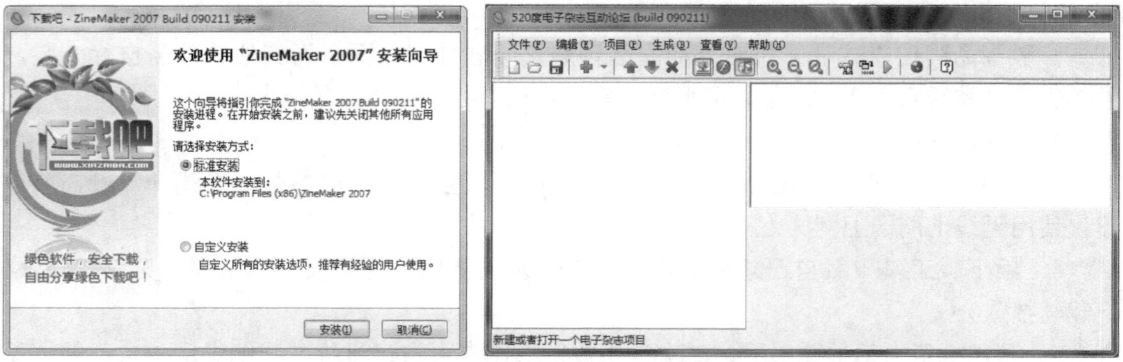

图4-38 ZineMaker2007安装界面

（一）生成杂志

1. 使用杂志模板生成杂志

1）依次单击“菜单栏”中的“文件”“新建杂志”，如图4-39所示。

2）选择一个需要的杂志模板，选择完成之后单击“确定”按钮，如图4-40所示。

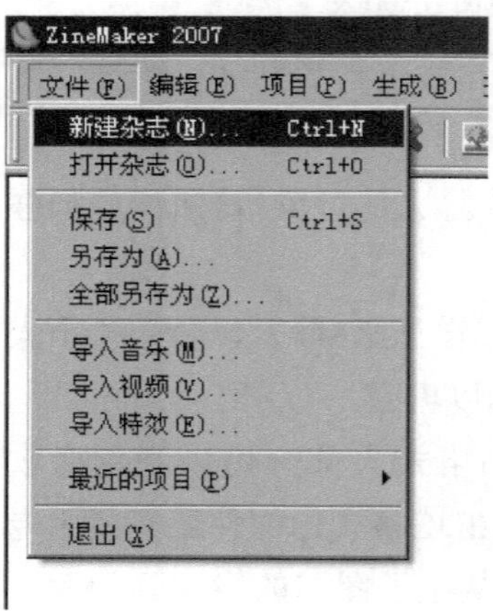

图4-39 “新建杂志”

图4-40 选择模板

2. 替换图片

1）选中“项目栏”内的“标准杂志模板”，单击其左边的“+”，显示替换组件，如

图4-41所示。

背景音乐：通过单击“背景音乐”栏尾部的下拉箭头来选择添加之前导入的音乐。

导入音乐：将需要添加的音乐导入本软件。

音乐预加载：勾选“音乐预加载”，在启动画面的时候，把音乐读到内存里，播放音乐的时候比较快。

附加文件：通过“添加文件”和“删除文件”把需要的“附加文件”添加或是删除。

2）在杂志模板中选择封面图片，然后单击“替换图片”任务栏尾部的文件夹，从计算机中调用已经准备好的图片文件，如图4-42所示。

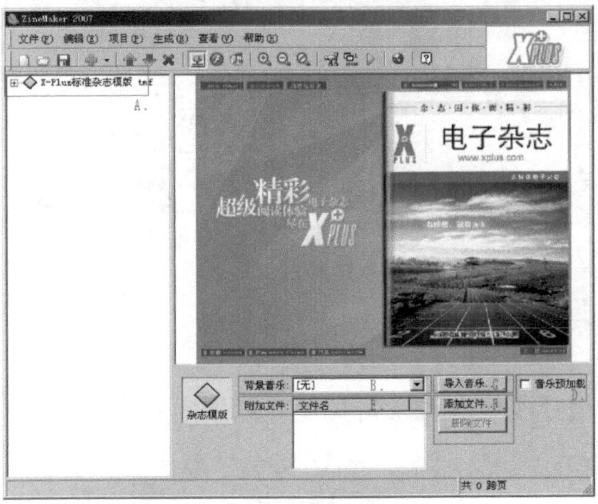

图4-41　替换组件

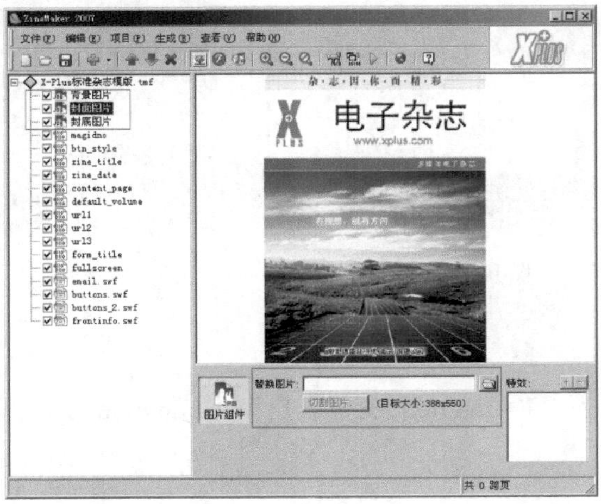

图4-42

切割图片：将图片裁剪成需要的尺寸大小。

特效：对图片进行特殊处理后的效果。

点击“替换图片”任务栏尾部的文件夹替换图片，出现提示图片裁减对话框，如图4-43所示。

3）裁剪图片。尽量使“选择框”的大小大于等于“输出大小”。如果“选择框”大小小于“输出大小”，单击“确定”后会出现提示对话框。翻转图片：可以将图片进行左右翻转、水平翻转或是垂直翻转，如图4-44所示。

图4-43　切割图片（1）

图4-44　切割图片（2）

4）完成操作后图片被替换。

3. 图片特效

1）若是对替换后的图片效果不满意，可以通过单击“特效”后的“+”对图片进行处理，如图4-45、图4-46所示。

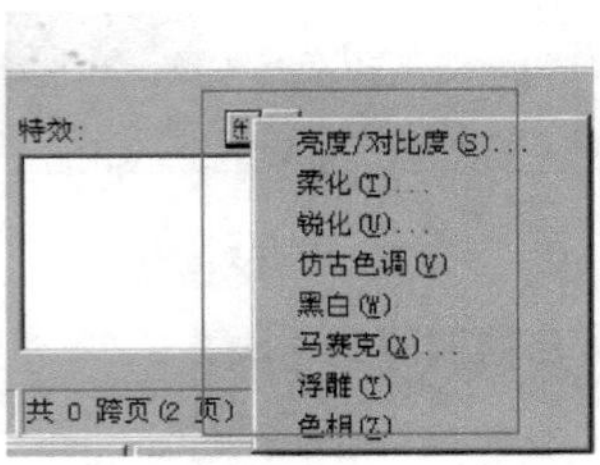

图4-45 图片特效（1）

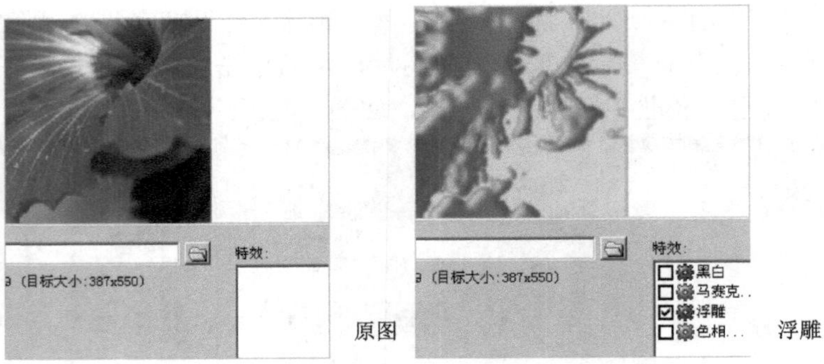

图4-46 图片特效（2）

4. 更改变量

1）magidno变量。自动生成magidno变量，用户不需要改动，如图4-47所示。

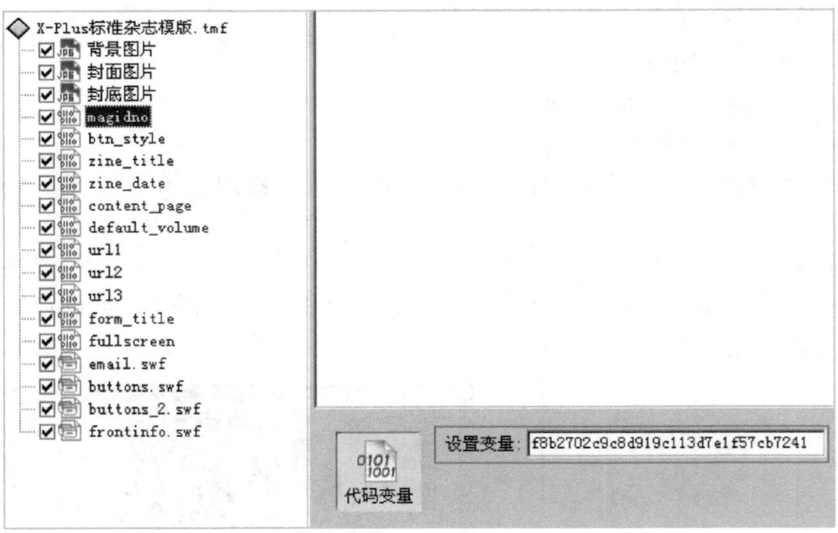

图4-47 magidno变量

2）显示方式。选中杂志模板的btn_style变量，在“设置变量”栏中填入1或2选择杂志生成后的显示方式。

3）修改刊号。选中杂志模板的zine_title变量，在“设置变量”栏中填入所需的刊号。

4）修改日期。选中杂志模板的zine_date变量，在“设置变量”栏中填入所需的日期。

5）修改目录所在页。选中杂志模板的content_page变量，在“设置变量”栏中填入目录实际所在的页数。图中所示目录在第二页。

6）修改初始音量。选中杂志模板的default_volume变量，在“设置变量”栏中填入所需的初始音量参数。

7）修改连接。选中杂志模板的url变量，在“设置变量”栏中填入所需的连接址。

8）修改任务栏标题。选中杂志模板的form_title变量，在“设置变量”栏中填入所需的标题信息。

9）修改全屏变量。选中杂志模板的fullscreen变量，默认打开杂志为全屏就在“设置变量”栏中填入“true”，否则填入“false”。

5. 替换附件文件

1）E-mail：选中需要替换的SWF文件，然后单击“替换文件”任务栏尾部的文件夹，从计算机中调用已修改的SWF文件，如图4-48所示。

安装路径下的designing文件夹里，提供了推荐E-mail的源文件。

通过修改SWF文件的源文件就能制作不同样式的邮件信息。

2）Buttons_2：选中需要替换的SWF文件，然后单击“替换文件”任务栏尾部的文件夹，从计算机中调用已修改的SWF文件，如图4-49所示。

安装路径下的Designing文件夹里，提供了Buttons（按钮）的源文件。

通过修改SWF文件的源文件就能制作出有不同样式按钮的电子杂志。

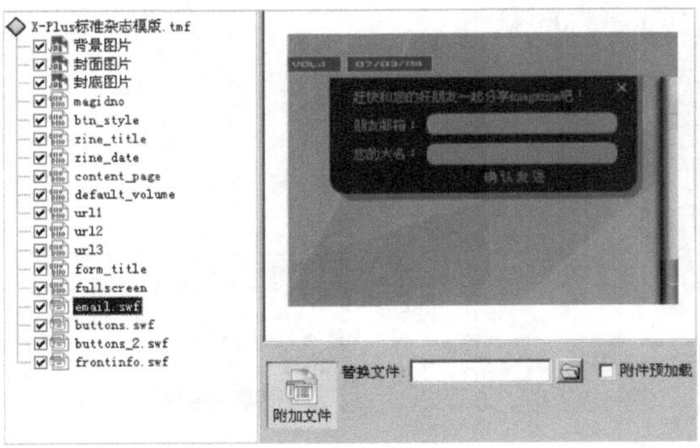

图4-48 email.swf

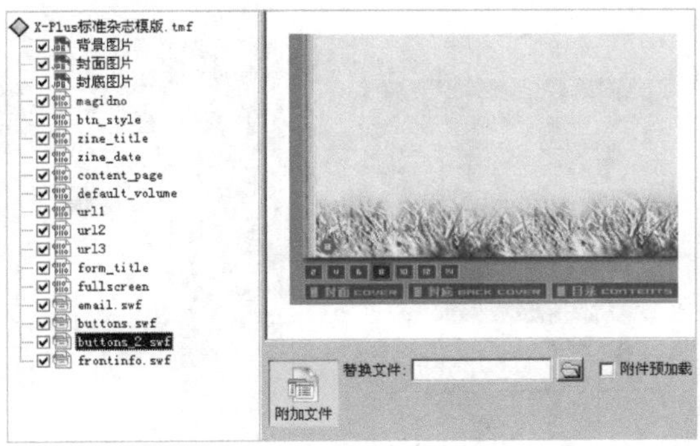

图4-49 buttons_2.swf

3）Frontinfo：封面特效。选中模板元件处的“frontinfo.swf”，从“替换文件”后面的文件夹中调出需要的SWF文件。

（二）辅助功能

1. 添加音乐

1）依次单击“菜单栏”中的“文件”“导入音乐”，如图4-50所示。

2）跳出“打开”对话框，选择需要导入的音乐。

3）跳出“导入音乐”对话框。建议单击使用默认值，勾选“立体声”，确定后单击“导入”，如图4-51、图4-52所示。

比特率：比特率越高音质就越好，但编码后的文件会偏大。

压缩速度：从左到右是由快到慢，对音质没有影响。

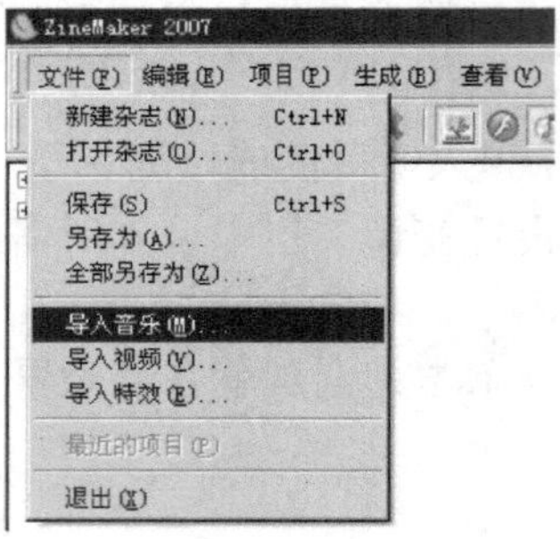

图4-50　找到“导入音乐”

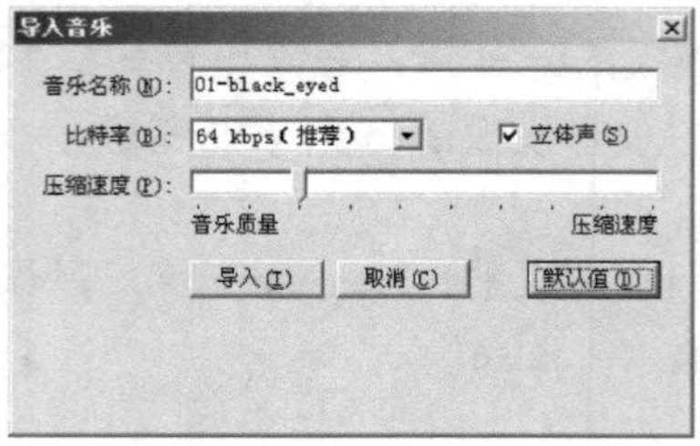

图4-51　音乐设置（1）

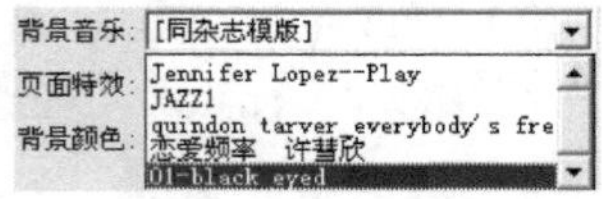

图4-52　音乐设置（2）

4）单击编辑栏的“背景音乐”后的下拉箭头，选择之前导入的音乐文件。

注意：如果每个页面需要播放不同的背景音乐，请重复以上步骤。

2. 添加特效

1）依次单击“菜单栏”中的“文件”“导入特效”，如图4-53所示。

2）选中要添加的SWF格式文件或是EFC格式文件，如图4-54所示。

3）单击编辑栏“页面特效”后的下拉箭头，选择之前导入的特效，如图4-55所示。

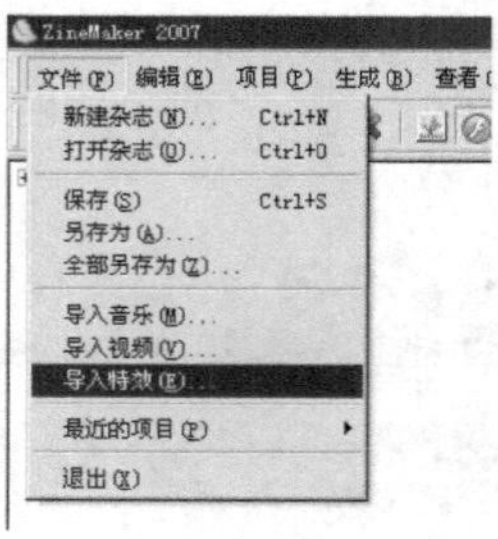

图4-53　找到“导入特效”

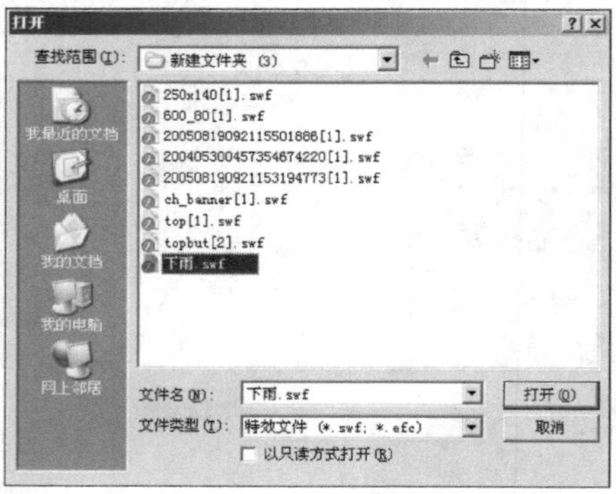

图4-54　选择文件

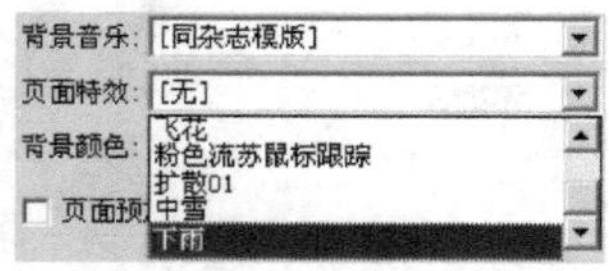

图4-55　选择特效

（三）发布杂志

1. 杂志设置

1）依次单击“菜单栏”中的“生成”“杂志设置”，更改“杂志信息”“翻页设置”“版权信息”“启动画面”。

生成文件：杂志生成后所在位置。

图标文件：单击其尾部的文件夹，从计算机中调用已经准备好的ico图标文件。

窗口大小：杂志以1:1大小显示时整个窗口的尺寸。

帧频：整个动化的速度。

2）更改“生成设置”里的“翻页设置”。

杂志在翻页第1帧的图片质量。

若是图片大小没有按要求裁剪，建议不选“自动生成翻页预览图”。

3）更改“生成设置”里的“版权信息”。

4）更改“生成设置”里的“启动画面”及LOGO，如图4-56、图4-57所示。

选择文件：单击其尾部的下拉箭头，选择启动画面，可通过单击其后的“放大镜”查看。

LOGO文件：点击其尾部的文件夹，从计算机中调用已经准备好的LOGO文件，大小参照建议大小，格式为PNG。

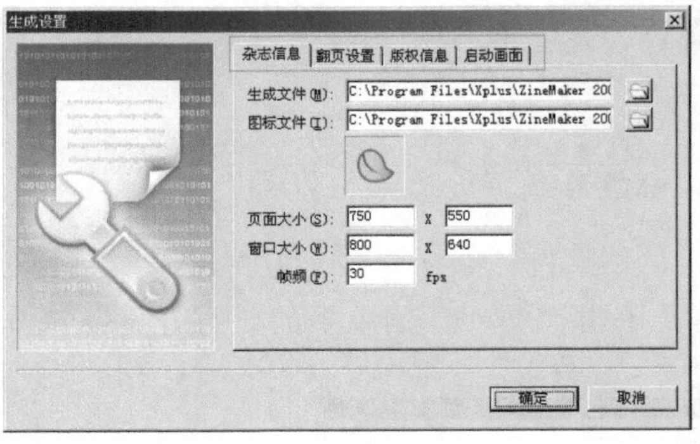

图4-56 “生成设置”（1）

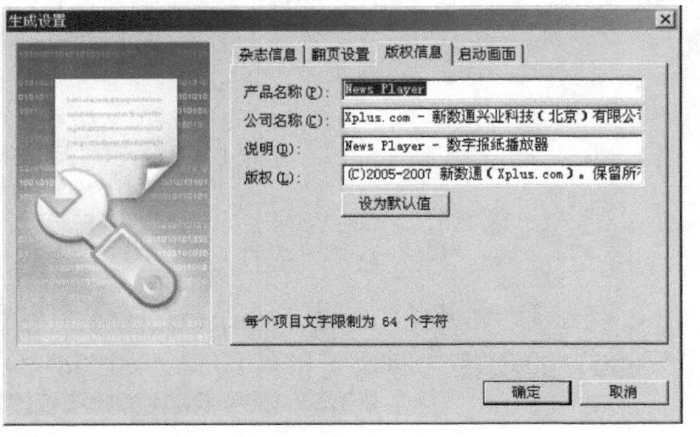

图4-57 “生成设置”（2）

2. 生成杂志

1）依次单击“菜单栏”的“生成”“生成杂志”。

2）杂志已经自动在ZineMaker 2007的安装路径下的release文件夹里生成。

单击“打开”可将生成的杂志直接打开。单击“打开文件夹”，可打开该杂志所在的文件夹。

二、电子书制作工具——SuperCHM

（一）SuperCHM简介

SuperCHM是真正所见即所得的CHM制作工具，内置简单易用、功能齐全的网页编辑器，使用户可以轻松地完成CHM制作，而不必在多个软件之间来回切换。

SuperCHM具有以下特点：

1）软件采用HHP格式保存和读取，使软件通用性增强。目录、索引可以直接定位到网页中的标签。

2）强大的反编译功能，反编译后直接在SuperCHM中读取出来，使用轻松便捷。

3）SuperCHM支持绝大部分CHM的功能设置，使用户制作的CHM与众不同。

4）内置网页编辑器较好地结合了DHTMLEdit，所见即所得，功能齐全。

5）采用MDI设计，同时可以编辑多个网页。

（二）SuperCHM安装

SuperCHM是一款绿色软件，无须安装，解压即可运用，如图4-58所示。

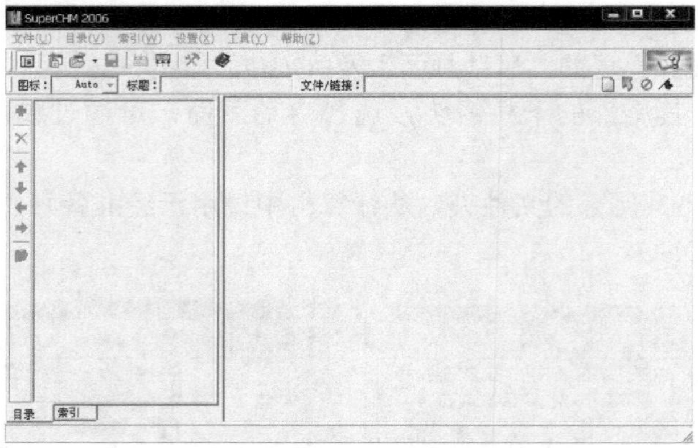

图4-58 SuperCHM主界面

（三）通过SuperCHM打开一个“.hhp”项目文件

双击图标，进入SuperCHM主界面，单击“文件”菜单中的“打开”，选择“.hhp”的项目文件，可继续编辑，如图4-59所示。

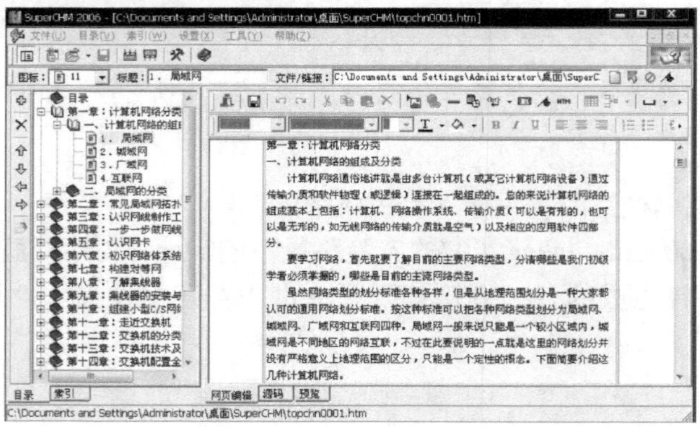

图4-59 打开“.hhp”文件

（四）通过SuperCHM新建一个“.hhp”项目文件

运行图标，进入SuperCHM主界面，单击“文件”菜单中的“新建”，弹出“另存为”对话框，选择所要保存的路径，输入项目文件名称即可，如图4-60所示。

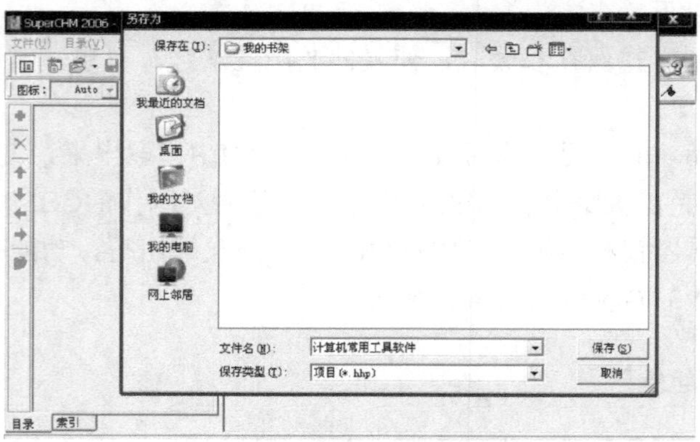

图4-60 新建一项目文件

1）添加目录。建立电子书目的章节目录，单击“添加目录”图标。

2）逐个选择目录，单击“图标”的下拉按钮，选择合适的图标，如图4-61、图4-62所示。

3）逐个选择章节目录，在“标题”编辑栏中输入该章节的名称。

4）逐个选择章节目录，单击“文件/链接”后的箭头图标，为各章节添加链接的网页。

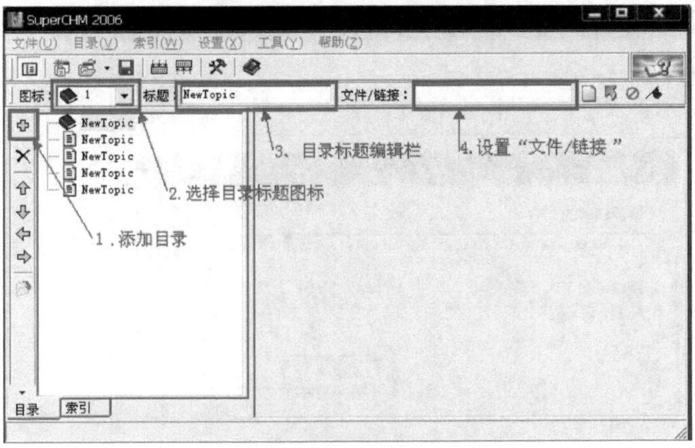

图4-61 创建项目文件主体结构

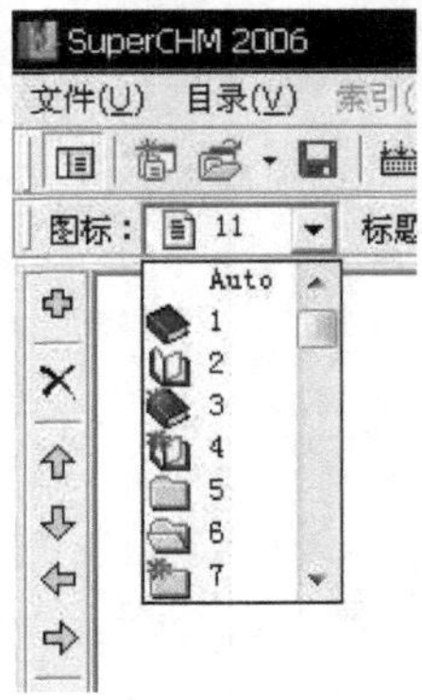

图4-62 图标选择

5）保存，然后单击“文件”菜单中的“编译”命令，弹出“编译项目”窗口，单击“编译并运行”（见图4-63），开始把HHP项目文件编译成集成的CHM文件，编译完成即可浏览，如图4-64所示。

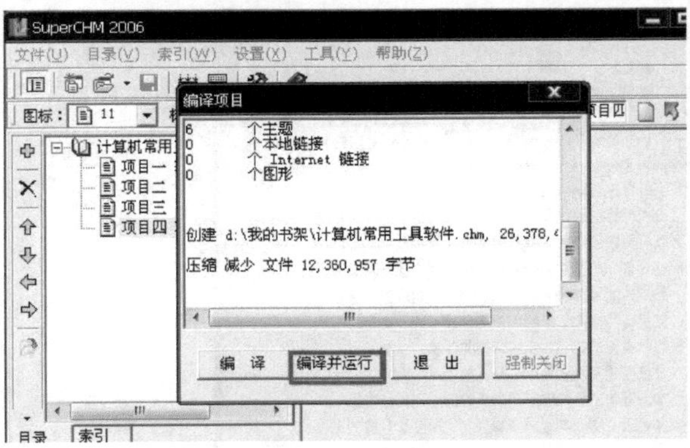

图4-63 项目编译

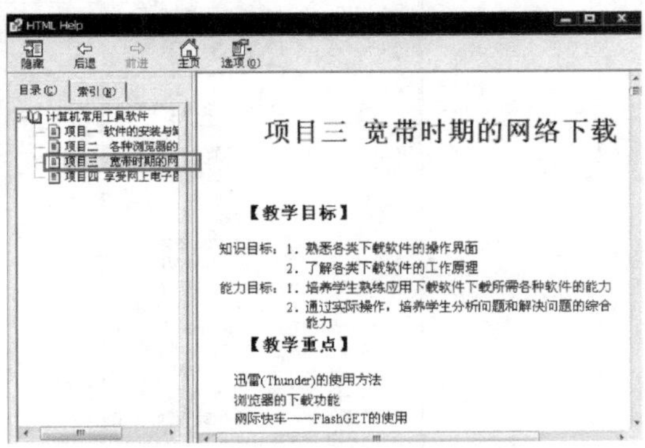

图4-64 编译完成浏览CHM文件

6）生成集成打包的“计算机常用工具软件.chm”文件，可直接由Windows自带的Html Help打开并浏览，如图4-65所示。

图4-65 编译完成浏览CHM文件图标

（五）SuperCHM对CHM文件的反编译

通常在网上下载的电子书都是CHM格式的，这种格式只能浏览不能编辑，想要再次编辑，补充一些自己的东西，可以使用SuperCHM的反编译操作，把CHM集成打包文件还原成单独分散链接的HHP项目文件，就可以重新编辑了。

1）运行图标，进入SuperCHM主界面，单击“文件”菜单中的“反编译”，弹出“反编译”对话框，先选择需要反编译的CHM文件所在的路径，再选择反编译后还原为HHP项目文件所在目录，然后单击“反编译”按钮，开始反编译，具体步骤如图4-66所示。

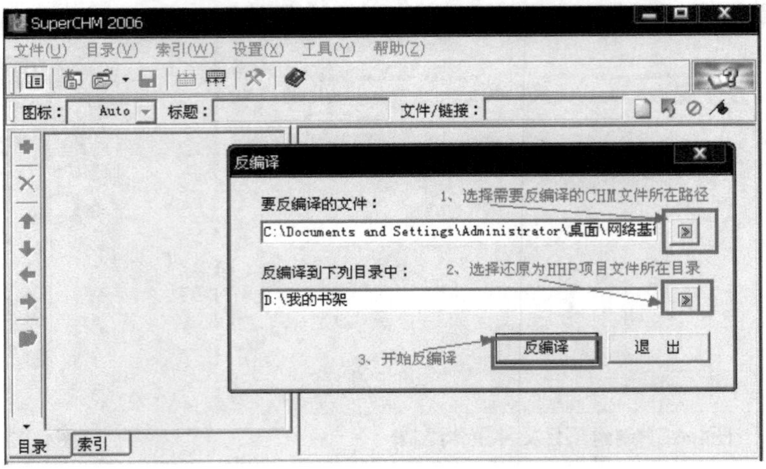

图4-66 反编译

2）反编译完成后便可进入编辑状态，如图4-67所示。

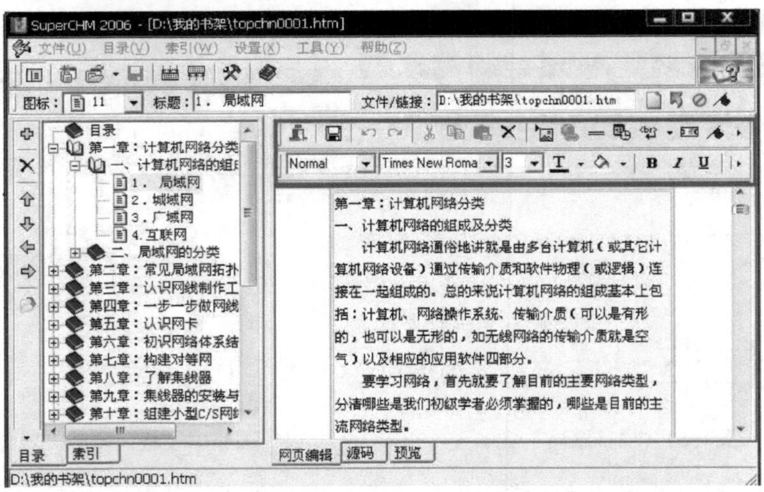

图4-67 进入编辑状态

触类旁通

一、无线上网卡

1. 什么是无线上网卡

随着互联网高速发展、便携式计算机的广泛应用，“无线上网”这个词渐渐深入人心。可是一直束缚着人们的有线网络给这个愿望加上了无形的枷锁。伴随科技的发展，人们的这一愿望已经得以实现。“有手机信号的地方，就可以上网”的广域概念已越来越为移动一族所认可。目前市场上出现的无线网络通信设备主要有两种：一种是CDMA无线网卡，另一种是EDGE无线网卡。CDMA1X无线上网卡是中国联通针对新时空CDMA掌中宽带服务而提供的互联接入设备，而EDGE/GPRS无线上网卡则是针对中国移动的GPRS网络推出的互联接入设备。它们都摆脱传统的手机方式，直接在一个计算机硬件中集成了信号接收发射端和相应的处理芯片，从而成为一种独立的硬件设备。其方便性、易用性、稳定性都是针对各自的网络优化，比起通过手机的方式来实现这些功能，自然更有优势。

如中国移动的TD-SCDMA、中国电信的CDMA2000、CDMA 1X以及中国联通的WCDMA网络等。无线上网卡的作用、功能相当于有线的调制解调器，也就是我们俗称的“猫”。它可以在拥有无线电话信号覆盖的任何地方，利用USIM或SIM卡来连接到互联网上。无线上网卡的作用、功能就好比无线化了的调制解调器（Modem）。

2. 无线上网卡生产商

目前无线上网卡仍以代工为主，中国联通和中国移动采用集采模式，中国电信采购权相对分散。在形式上基本都以入围品牌为主，市场由华为、中兴主导，价格相对高昂。

中国移动的制造商主要有：大唐、华为、中兴、时代动力、网讯、联想、华域、P-Link（金威尔）等。

中国联通的制造商主要有：华为、中兴、联想、深海贝尔、德信、P-Link（金威尔）、星网等。

中国电信的制造商主要有：华为、中兴、P-Link（金威尔）、首信、深海贝尔、普天、德信、实创兴等。

3. 如何选购适合自己计算机的无线上网卡

面对如此多的无线上网卡产品，消费者在选购时到底应该从何入手呢？可参考以下的建议：

1）数据传输速度。无线上网卡的速度依赖于网络信号，一般实测最高速度基本上就是此网卡所能达到的最高速度，数据传输速度越高，带宽也就越大，访问起来就更为流畅。

2）网卡的接口类型。无线上网卡接口类型有PCI、USB、PCMCIA、CF、T型这四种，PCI接口的主要用于台式机，USB接口则适合各类电脑，它传输的速度比较快，但携带不是很方便，PCMCIA接口可以用于便携式计算机，携带起来方便，CF接口主要是用在掌上电脑（PDA）上，加上CF转换器就可以在PCMCIA上连接，T型卡一般在新推出的双核便携式计算机上，此接口的性能更稳定、速度更理想，只是价格贵了些。

3）易用性。基于有些无线上网卡安装维护比较麻烦，由此产生了个易用性问题。对于有专业计算机技术人员的大型企业来说，易用性不是个大问题，但是对于一些小型公司或者家庭用户来说就不得不考虑这个问题了。

4）价格。目前，各种无线上网卡的价格相差比较大，这里面有设备成本的因素，也有质量和品牌的因素。购买时最好选择知名度较高的公司出品的产品。

二、电子书——掌上阅读器

电子书一般有两种含义：一是e-book，另一种是专门阅读电子书的掌上阅读器。

掌上阅读器是一种便携式的手持电子设备，专为阅读图书设计，它有大屏幕的液晶显示器，内置上网芯片，可以从互联网上方便地购买及下载数字化的图书，并且有大容量的内存可以储存大量数字信息，一次可以储存大约上千本传统图书的信息，特别设计的液晶显示技术可以让人舒适地长时间阅读图书。

掌上阅读器特点：

1）轻薄。

2）省电，大多数具有资料保存性，只有画面异动时（例如由黑转到白）才耗电，电源关闭后信息仍可留存在监视器上，因此比TFT LCD、STN LCD更为省电。

3）反射率高于反射式LCD，更接近报纸水平，有些厂商的产品甚至可达影印用纸水平（因此肉眼对其所显示的文字内容更易辨识）。

4）对比度优于一般报纸。

5）初期以黑白方式显示文字内容为主。

掌上阅读器便携、容易使用、大容量的特点非常适合现代生活，数字版权贸易和互联网技术的发展，使电子书的用户可以以更低的价钱方便地购买到更多的图书，为电子书的流行奠定了基础。目前国内主要的掌上阅读器有汉王的电子书，还有新一代的平板电脑。

（一）汉王最新推出电纸书——E930

汉王电纸书E930是汉王最新推出的一款拥有顶级配置的专业阅读器：9.7寸纯平设计A4纸原版阅读；环保护眼带前置光源电纸书，夜晚阅读论文、PDF无忧；手笔双触，手指轻轻一点即可翻享受纸书般的阅读体验；通过电磁笔，可以进行手写记事、批注、摘录；采用最新的录音记事功能，让你边写边录音，在录音过程中进行写，可将笔迹与录音进行交联，一个便笺中可以多次录音，代表了电子阅读器领域最前沿技术成果，如图4-68所示。

汉王书城网址：http://guocui.hw99.com/。

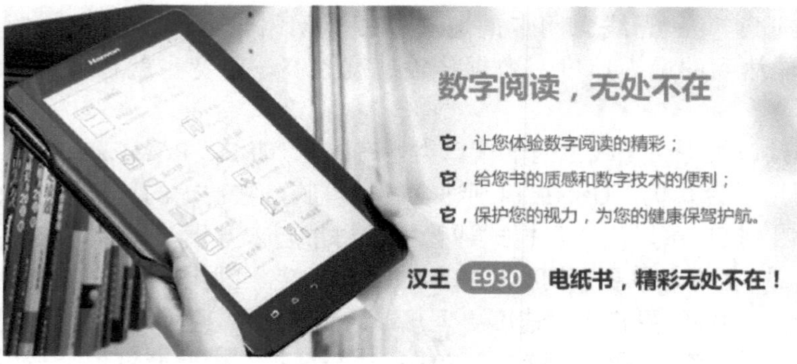

图4-68　汉王E930电子书

（二）手机阅读

手机电子书就是通过手机阅读的电子书。目前主流的手机电子书文件格式有UMD、

WMLC、JAVA（包括JAR、JAD）、TXT、BRM等几种格式。随着智能移动通信设备的成熟完善，手机看小说逐渐成为一种趋势和潮流。

手机电子书来源是互联网上的各种小说资源，早期电子书只能在网上阅读，随着手机的不断发展，逐步转变为可下载在手机中阅读的电子书，简称为手机电子书。

归 纳 总 结

本篇主要软件分为两大部分，一类是阅读软件，而另一类就是电子书的编辑软件。

1. 阅读软件又分为PDF文档阅读软件和超星数字图书馆阅读软件

1）PDF（Portable Document Format）文件就是便携式文档格式文件。PDF文件格式可以将文字、字型、格式、颜色及独立于设备和分辨率的图形图像等封装在一个文件中。该格式文件还可以包含超文本链接、声音和动态影像等电子信息，支持特长文件，集成度和安全可靠性都较高。它最大的特点就是在不同的操作系统之间传送时能保证信息的完整性和准确性。越来越多的电子图书、产品说明、公司文告、网络资料、电子邮件开始使用PDF格式文件。PDF格式文件目前已成为数字化信息事实上的一个工业标准。

用于PDF文档的阅读工具福昕PDF阅读器（Foxit Reader），支持在PDF文档上画图、高亮文本、输入文字，并且对批注的文档进行打印或保存，而且可以将整份PDF文档转换为文本文件。Foxit Reader 3.0版本中添加了多媒体设计功能、页面缩略图面板、附件列表面板、层面板等，增加了福昕在线内容管理系统，同时支持Firefox浏览器。

2）阅读超星数字图书网的图书需要下载并安装专用阅读工具——超星阅览器（SSReader）。除阅读图书外，超星阅览器还可用于扫描资料、采集整理网络资源等。

2. 电子书编辑软件

主要是对电子书进行格式转换的工具和电子书制作工具。

课 后 练 习

1）利用福昕PDF阅读器（Foxit Reader）阅读一篇PDF文档，并使用其标注功能为其加上阅读痕迹。

2）利用超星阅读器，查找书名为《西游记》的图书，然后下载到个人图书馆的新建文件夹中，打开该书，在其上练习各种标注。

3）在题2）的基础上，把《西游记》制作成一本带背景音乐，可进行章节查寻的电子小说。

第5篇　网 络 音 乐

随着网络的日益发展，欣赏在线音乐渐渐成了多数网民的一种上网习惯。而一款操作方便、音乐点播快捷、资源占用少、歌曲库大的在线音乐欣赏软件成了大家的首选。目前，网上有多款在线音乐欣赏的软件，根据其使用的便捷性、功能的丰富程度，在这介绍两款在线播放软件《酷我音乐盒》和《酷狗音乐》。喜欢唱歌的用户如果想制作一款自己的网络音乐的话，我们可以用《Audition》软件来制作伴奏音乐，可以用《Power MP3 WMA Converter》来进行音乐格式的转换。本篇主要介绍《酷我音乐盒》。

项目　个人音乐空间

项目情境

小张是一个音乐爱好者，同时又喜欢上网。他喜欢在网上浏览网页，与朋友聊天，欣赏在线音乐。为了能让自己在上网的同时也能听在线音乐，他想找一款容易操作、功能齐全的在线音乐欣赏软件。目前互联网上的网络音乐这么多，小张也想为自己制作一个音乐视频MV。

项目分析

此项目主要涉及以下几个知识点：

1）学会《酷我音乐盒》软件的安装。

2）掌握在线音乐的播放和播放方式的设置。

3）掌握网上歌曲的搜索方法。

4）掌握歌曲歌词的下载操作。

5）掌握《酷我K歌》的使用方法。

6）学会使用Audition3.0制作伴奏音乐。

7）学会使用Power MP3 WMA Converter转换音乐格式。

按小张的要求，他需要一个在线音乐视听软件、一个MV制作软件和一个数字音乐处理软件，同时可能会用到一个音乐格式的转换工具。在线音乐视听软件是常用的工具，其他的软件用来辅助音乐制作。

项目实施

在线音乐的视听软件目前在互联网上比较多，但小张需要的是一款功能较齐全，但操作要简洁的工具，我们首推《酷我音乐盒》。

一、组建“个人音乐空间”前准备

1）一台个人计算机，由于要处理视频，配置要求略高于普通PC。

2）一套多媒体音响设备，用于欣赏音乐。

3）必须能连入互联网。

二、工具软件的学习

（一）下载软件

“酷我音乐”是全球第一家集音乐的发现、获取和欣赏于一体的一站式个性化音乐服务平台。它运用世界最新的技术，为用户提供实时更新的海量曲库、一点即播的速度、完美的音画质量和一流的MV、K歌服务，是最贴合中国用户使用习惯、功能最全面、应用最强大的正版化网络音乐平台。利用其在家K歌功能可制作自己的MV，这是其作为一款在线音乐软件的一个亮点。

1．酷我音乐的安装

可以从“酷我音乐”的官方网站（http://mbox.kuwo.cn/）来下载最新版本的软件。双击下载的安装包即可进行安装，如图5-1所示。

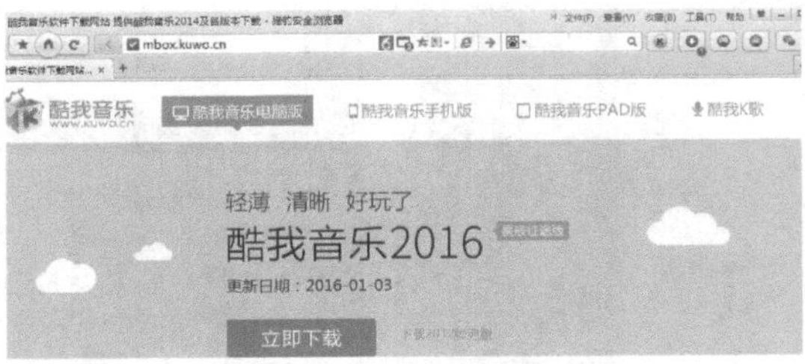

图5-1 酷我音乐官方网站

单击“自定义安装目录”，进入安装路径选择，然后用户可以选择该软件要安装的位置。勾选“我已经阅读并接受酷我音乐《授权许可协议》”，便可快速安装了，如图5-2、图5-3所示。

注：许可协议是所有软件都会有的，是软件开发者与用户之间需要签定的具有法律效应的合同。只有用户同意了这个合同才能安装和使用该软件。

图5-2 酷我音乐盒安装向导

图5-3 酷我音乐界面

软件开始安装，安装完毕后进入工作界面，如图5-4所示。

图5-4 酷我音乐主界面

单击关闭，在桌面上会生成3个快捷图标，如图5-5所示。第一个图标就是《酷我音乐》的启动快捷方式，双击后启动。第二个图标“酷我秀场”提供美女、明星视频直播服务，包括视频K歌、视频交友、视频聊天等，打造明日之星，是中国权威的在线演艺、交友、娱乐平台。

双击桌面上的“酷我音乐”启动软件，进入主界面，单击“⚙”图标进入“系统设置”界面可进行个性化设置，如果只偶尔普通地浏览欣赏则无须登陆，但如果长期使用并想获得相对专业的服务那就要注册会员登录，如果想获得相应特权则必须充值成为VIP会员，如图5-6所示。

图5-5　酷我音乐安装桌面图标

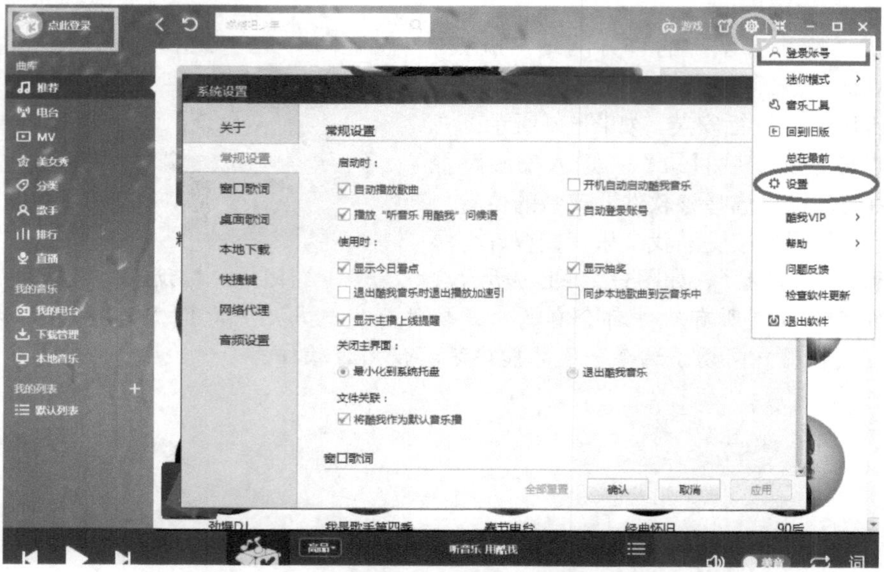

图5-6　酷我音乐系统设置界面

2. 酷我音乐的使用方法

1）酷我音乐把电台歌曲添加到默认列表。首先打开一个电台，如图选择单击“我是歌手第四季”，然后单击“我的音乐”下面的“我的电台”，便可以看到“我是歌手第四季”正在播放，如图5-7所示。

图5-7　酷我音乐电台音乐

单击图5-8所示位置“我是歌手第四季”电台下“⊖”图标，选择“添加”→“默认列表”，这样，在默认列表里，就有了这些歌曲。

图5-8　将酷我音乐电台音乐添加到默认列表

如果想要看歌词，单击界面下方的“▣”图标，播放界面即切换为歌词界面，或者单击右下方的“词”选项，也会弹出浮动歌词界面，并带有卡拉OK的字幕显示功能，如图5-9所示。

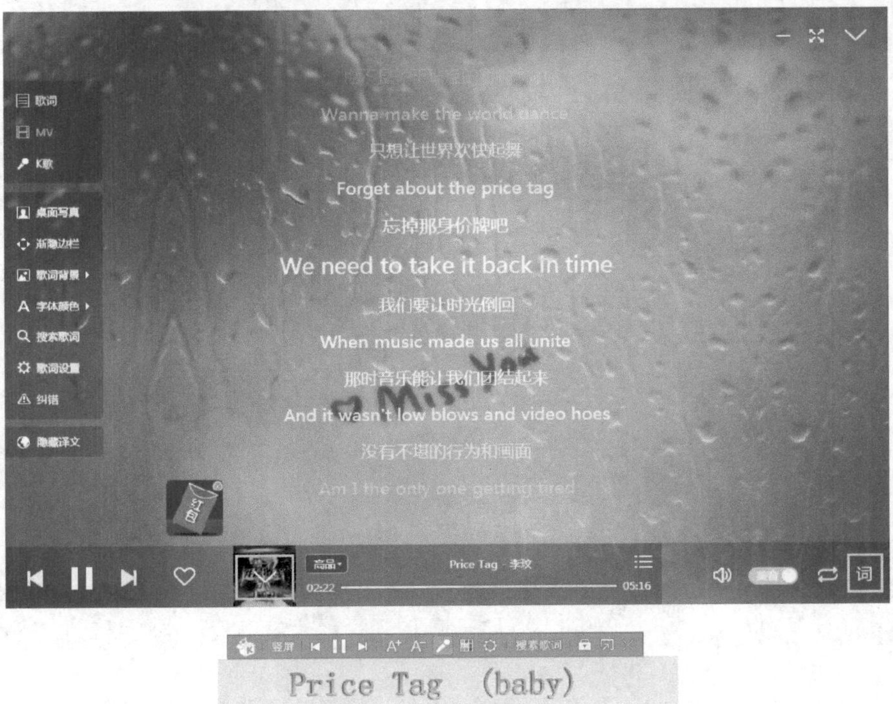

图5-9　歌词显示

2）MV播放。在图中的左边有一列菜单，当选择显示歌词时会在屏幕上出现歌词。后面还有几个选项，其中的MV功能是最值得大家关注的。

在酷我音乐盒中点播任意一首歌曲MV，看到的MV画面都可以达到DVD画质的效果，用户可以尽情领略MV视频的精彩之处。在保证了MV的高清画质后，其点播速度不会有任何影响，这可以说是业界的一大创举了。如果该歌曲带有MV的话，单击界面下的MV就可以看到视频图像了，当然也可以直接搜索MV，MV播放如图5-10所示。

如果想要跟随歌曲演唱，而不要原音，可以单击“伴唱”来实现消除原音，如果选择只保留旋律，就可以自己演唱了。

图5-10　MV播放

3．快速听新歌曲

单击“推荐”的“新歌速递”选项，便可进入如图5-11所示界面，在这里用户能欣赏到最新的音乐。可以是新单曲、MV，也可以是新专辑，可以是中国的也可以是外国的，如图5-12所示。

图5-11　推荐歌曲

图5-12　每日最新单曲

4．榜单搜索

图5-13是正进行榜单歌曲搜索界面。我们可以看到，酷我音乐盒软件将歌曲进行了各种分类，根据自己的喜好，大多数人会轻易找到自己需要的音乐。

例如，想要了解最近有哪些好听的新歌曲，可以单击图中的“酷我热歌榜”。

中间的面板会列出最新歌曲中点击率最高的前几首，这往往也是比较流行的歌曲。

图5-13　榜单搜索

5．搜索网络音乐

在启动界面的上面有一个搜索总窗口，如图5-14所示。

图5-14　搜索总窗口

输入“李白”后单击“搜索”按钮，便出现如图5-14所示搜索结果。搜索结果列表中列出了所有歌名为“李白”的歌曲，还有歌手名字和歌曲的描述，如来自什么音乐专辑或是什么演唱会等。

选择由李荣浩演唱的《李白》。找到要的歌曲后，单击图中的“+”添加到默认列表就可以欣赏歌曲了。其后的“MV”图标，表示这个歌曲带有MV视频可让我们观看。单击“下载”便可以下载这首歌曲到本地的计算机中。最后的“热度”表示有多少人下载过这首歌曲。

图5-15　搜索结果（1）

也可以用歌手名来搜索，如图5-16，以搜索歌手张杰的歌曲为例，在搜索结果列表中显示所有张杰的歌曲，这样就可以选择自己想要听的该歌手的歌曲了。

图5-16　搜索结果（2）

还可以通过搜索专辑或歌曲描述来搜索音乐。

6. 下载网络音乐

如果要下载一首歌，可以在搜索栏输入想要的歌曲，在搜出的歌曲列表中选择一首，单击“ ”图标，打开下载歌曲页面，如图5-17所示。

图5-17 单曲下载界面

下载后，大家可以看到如图5-18所示，其“ ”变成“ ”了。

图5-18 下载完后图标变化

当然在“默认列表”中的歌曲想要在本地播放，也可在“默认列表”中单击“ ”图标，打开下载歌曲页面，选择“下载到电脑”就可以进行本地播放了，如图5-19所示。

下载完毕后，如我们要查看歌曲所在地，可单击“我的音乐”→“下载管理”，在已下载中可查找到刚才所下载的音乐，如图5-20所示。

如果要下载歌词，可以先进入正在播放界面，在歌词显示中右键单击，在出现的菜单中使用复制歌词功能，然后复制到一个文本编辑器中保存为与歌曲同名的LRC格式文件，如图5-21所示。

图5-19　将酷我音乐电台音乐下载到本地

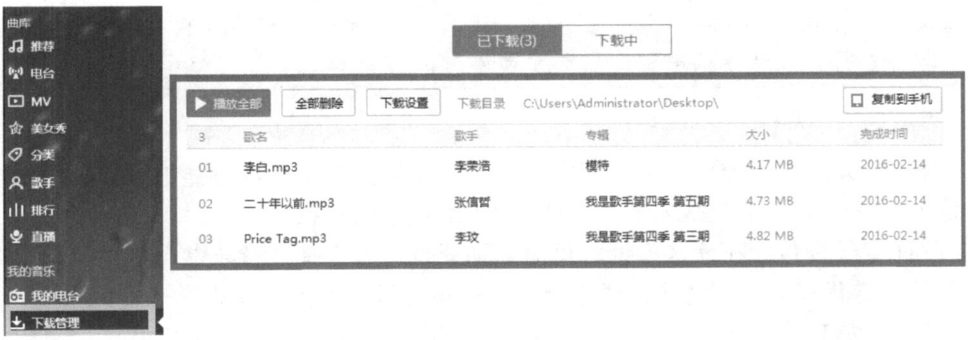

图5-20　酷我音乐已下载歌曲列表

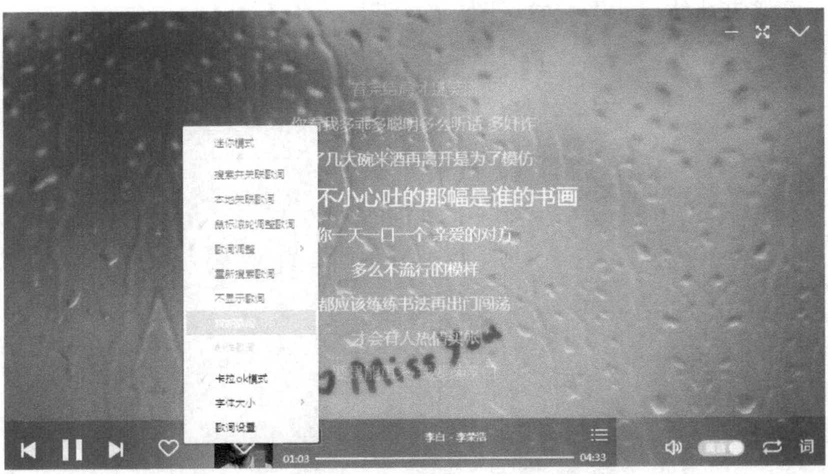

图5-21　歌词下载

知识链接

MP3的全称是Moving Picture Experts Group Audio Layer III。简单地说，MP3就是一种音频压缩技术，由于这种压缩方式的全称叫MPEG Audio Layer3，所以人们把它简称为MP3。MP3是利用 MPEG Audio Layer 3 的技术，将音乐以1:10 甚至 1:12 的压缩率，压缩成容量较小的文件，它能够在音质损失很小的情况下把文件压缩到更小的程度。MP3体积小、音质好的特点使得MP3格式几乎成为网上音乐的代名词。每分钟音乐的MP3格式只有1MB左右大小，这样每首歌的大小只有3～4兆字节。使用MP3播放器对MP3文件进行实时的解压缩（解码），高品质的MP3音乐便可播放了。

WMA的全称是Windows Media Audio，是微软力推的一种音频格式。WMA格式是以减少数据流量但保持音质的方法来达到更高的压缩率目的，其压缩率一般可以达到1:18，生成的文件大小只有相应MP3文件的一半。这对只装配32M的机型来说是相当重要的，支持了WMA和RA格式，意味着32M的空间在无形中扩大了2倍。此外，WMA还可以通过DRM（Digital Rights Management）方案加入防止拷贝，或者加入限制播放时间和播放次数，甚至是播放机器的限制，可有力地防止盗版。

LRC文件是音乐的歌词文件，扩展名为.lrc，可以使用音乐播放软件如千千静听，歌词秀的软件打开。在音乐播放的时候同步显示歌词。

7．对歌词的操作

1）调整歌词：在“窗口状态”下，通过滚动鼠标滚轮，可以方便地调整歌词的播放时间（时序）。这个操作主要是为了让卡拉OK的效果更加匹配。

2）歌词背景设置：在欣赏歌词时可对歌词背景进行选择，音乐盒可提供风车、倾听、蒲公英、许愿等优美的歌词背景以供选择，另外也可以选择无歌词背景模式。

3）其他相关功能：在“窗口状态”下的右键菜单有歌词重置、撤销歌词、复制歌词、上传歌词、歌词显示方式与大小等设置功能；在左下角的统一操作按钮中，还有调整歌词字体以及显示方式等功能，如图5-22、图5-23所示。

图5-22　歌词操作（1）

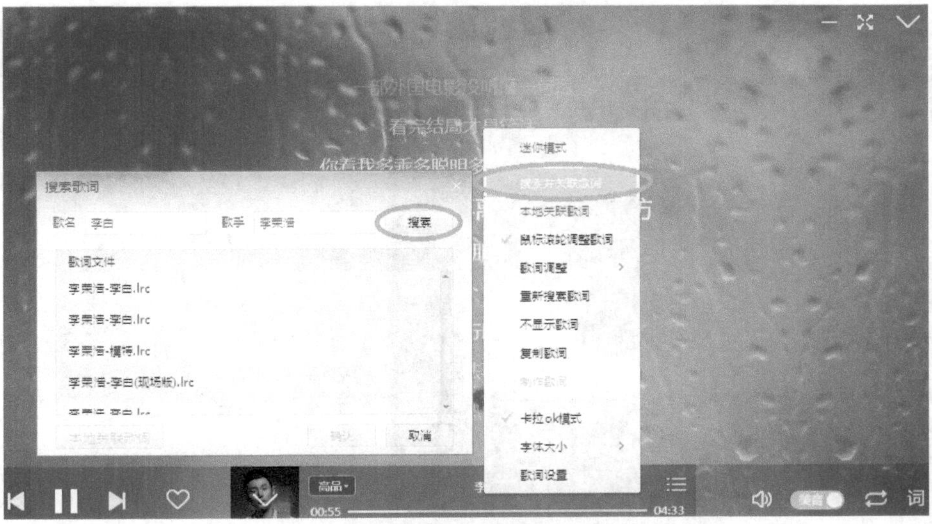

图5-23 歌词操作（2）

4）桌面歌词入口：在酷我音乐主界面下方单击“∨”按钮，即进入打开歌词界面。在歌词界面状态下，在下方单击“∨”按钮或者单击界面右上角“∨”按钮，都可将歌词界面收起，如图5-24所示。

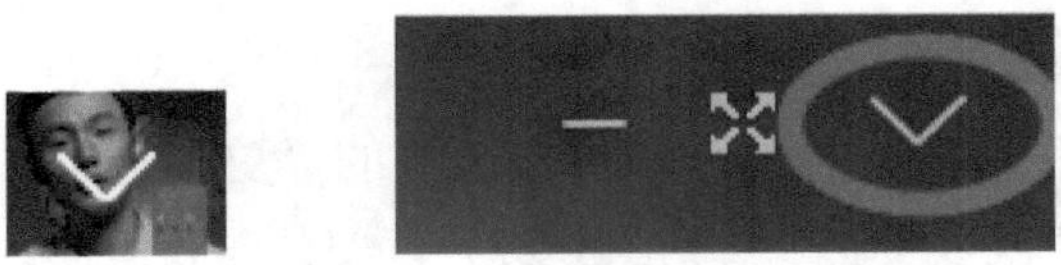
图5-24 歌词界面收起图标

8．桌面歌词操作以及功能介绍

1）歌词区域：在该区域可以看到所播放歌曲的动态歌词效果。

2）锁定桌面歌词：若在操作其他任务时，不想对桌面歌词有任何操作，可以在桌面歌词的配置区域单击“锁定桌面歌词”按钮。这样就不会在鼠标靠近桌面歌词区域时，显示配置区域与背景区域，唯有歌词效果的保留与展示；同时操作其他任务也不会对桌面歌词有任何干扰或影响；若想解锁，只需关闭桌面歌词效果即可，如图5-25所示。

图5-25 浮动歌词

（二）个人MV制作软件——《酷我K歌》

《酷我K歌》（见图5-26）是《酷我音乐》中的一个组件，它可以让录制个人的音乐MV变得非常简单，只要计算机上有耳麦和摄影头即可。制作好的MV可以上传到网上去和网友分享。下面来看一个制作MV的实例。

图5-26 《酷我K歌》主界面

第一步：打开《酷我音乐》界面，单击右上方的“更多选项”按钮即弹出快捷菜单，选择“音乐工具”中的“酷我K歌”（见图5-27），安装酷我K歌工具。

图5-27 酷我音乐音乐工具

第二步：在录制前先进行麦克风和耳机的设置。单击界面左下角的设备调试按钮，出现“配置向导”，如图5-28所示。

图5-28中共有四个项目需要配置，我们可以看到第一个项目系统检测的三个方面都通过检测了。单击“下一步”按钮后进行音频检测，如图5-29所示。

图5-28　系统检测

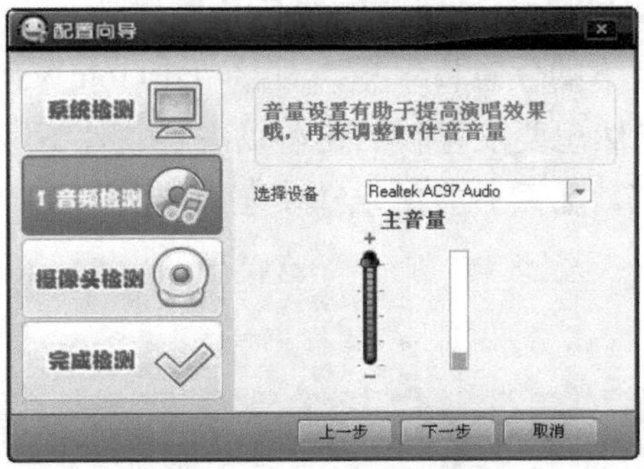

图5-29　音频检测

音频检测是检查计算机的耳机是否是正常的。这时需要去听一下来测试下音量，如图5-30所示。接下来是测试麦克风的好坏。可以尝试通过麦克风来测试输出的音量。音频检测的两项内容测试完毕，单击“下一步”按钮，进入摄像头检测面板，如图5-31所示。

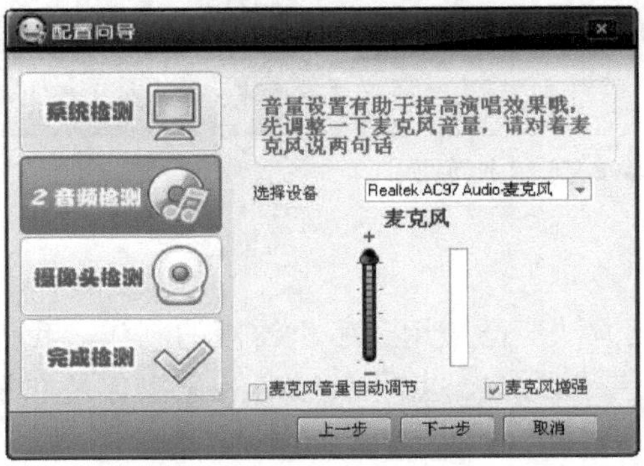

图5-30　麦克风测试

图5-31　摄像头测试

有摄像头可以一边唱歌一边通过摄像头录制视频。

设置好后，在“我在点歌”窗口里可以查找自己喜欢的歌曲伴奏，找到后单击“录歌”按钮即可由软件自动从网上下载专用的伴奏音乐视频，稍后就可以跟着伴奏音乐、看着视频歌词进行录制演唱了，就像在KTV唱歌一样。

《酷我K歌》录制MV非常简单，但在实际操作中对于周围环境噪声没有办法消除，这给录制高质量的音乐MV增加了不少难度。

（三）自己动作做音乐——GoldWave数字音频处理软件

1. GoldWave数字音频处理软件简介

GoldWave是一个功能强大的数字音乐编辑器，是一个集声音编辑、播放、录制和转换的音频工具。它还可以对音频内容进行转换格式等处理。它体积小巧，功能却无比强大，支持许多格式的音频文件，包括WAV、OGG、VOC、IFF、AIFF、AIFC、AU、SND、MP3、MAT、DWD、SMP、VOX、SDS、AVI、MOV、APE等音频格式。我们也可从CD、VCD和DVD或其他视频文件中提取声音。内含丰富的音频处理特效，从一般特效如多普勒、回声、混响、降噪到高级的公式计算，效果多多。

GoldWave是标准的绿色免费软件，不需要安装且体积小巧，将压缩包的几个文件释放到硬盘下的任意目录里，直接单击GoldWave.exe就开始运行了。官网：http://www.goldwave.ca。当然想要汉化版的还可以在各软件下载网搜索，下面将以汉化版GoldWave V5.67为例进行讲解，如图5-32所示。

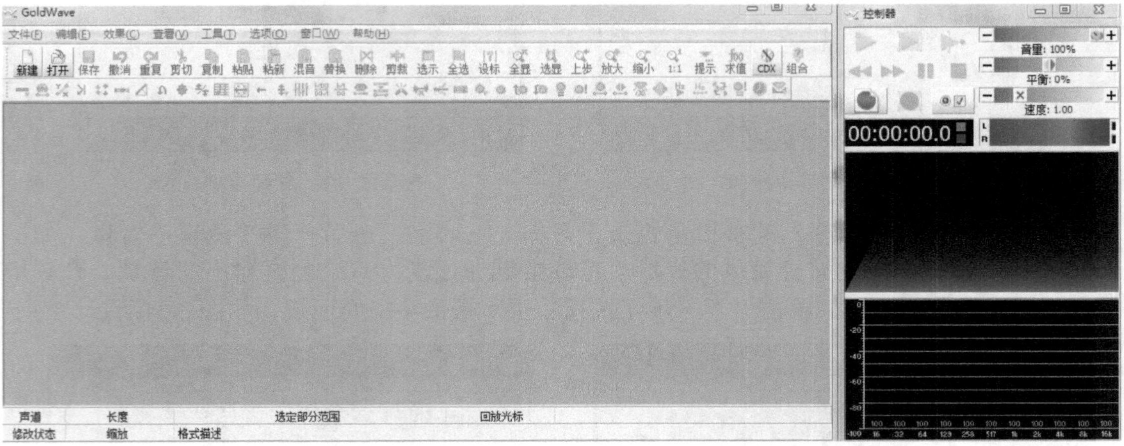

图5-32　汉化版GoldWave V5.67主界面

2. GoldWave数字音频处理软件使用

1）使用GoldWave来裁剪MP3长度/大小。此方法广泛应用于手机铃声的制作，我们都知道手机铃声只需要一首歌曲的高潮部分即可，要做到这一点用GoldWave来操作是非常方便的。以下用李荣浩的“李白”为例进行讲解。

启动GoldWave，然后单击“打开”按钮，选择我们需要编辑的MP3格式的音乐文件“李荣浩-李白.mp3”，就可以将选择的该音乐文件载入GoldWave中了，如图5-33所示。

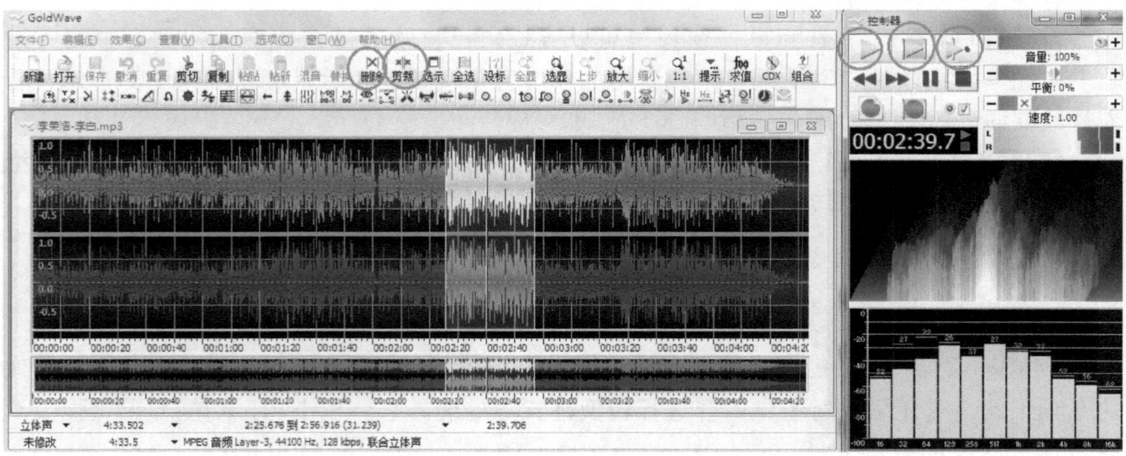

图5-33　GoldWave对MP3文件进行截取

图5-33是载入MP3文件后的GoldWave，大家可以看到，中间颜色浅的两段波形代表我们的MP3文件。我们需要注意以下几个地方：

删除：将选中的部分删除掉。

剪裁：将选中区域以外的部分去掉。

播放按钮：从MP3最开始播放到整个音乐结束。

播放按钮：从我们选择区域播放。

播放按钮：从当前光标处播放到整个音乐结束

图 5-34

把鼠标放到波形图的左边线上，当鼠标呈如图5-34所示形状时拖动鼠标，调整所选音乐“起始点”。同样方法，把鼠标放到波形图的右边线上，拖动鼠标，设置“结束点”。

选择好起始点和结束点后单击“ ”播放所选择区域，如有问题再进行微调，选择好音乐片断后，单击剪裁按钮，就得到所需音乐片断了，如图5-35所示，最后单击“保存”按钮即可。

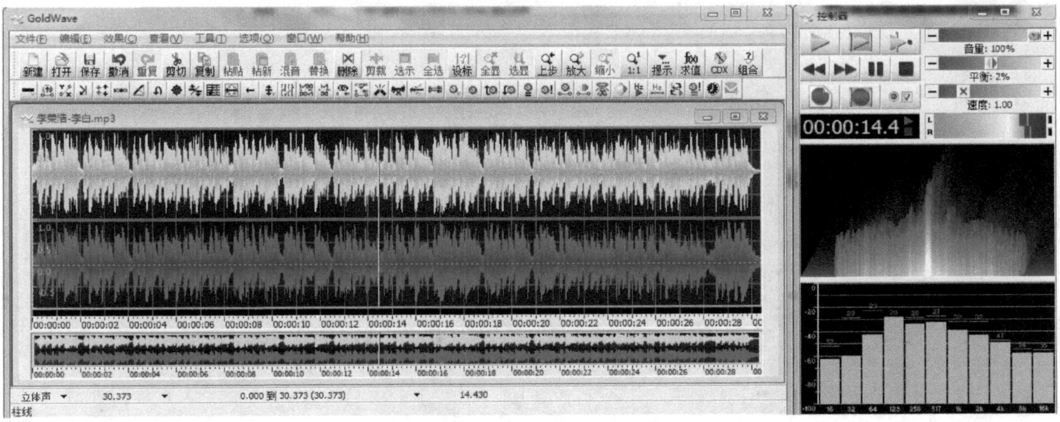

图5-35　截取后的音乐片断

2）调子高了唱不上去，用GoldWave降调吧。合唱比赛时发现有的歌曲调子有点高，部分人唱不上去，短时间的训练可能解决不了问题，要是能对伴奏进行降调处理就好了，用GoldWave来处理很方便。以下以“红梅赞.mp3”为例进行讲解。

首先用GoldWave打开“红梅赞.mp3”伴奏文件，如图5-36所示。

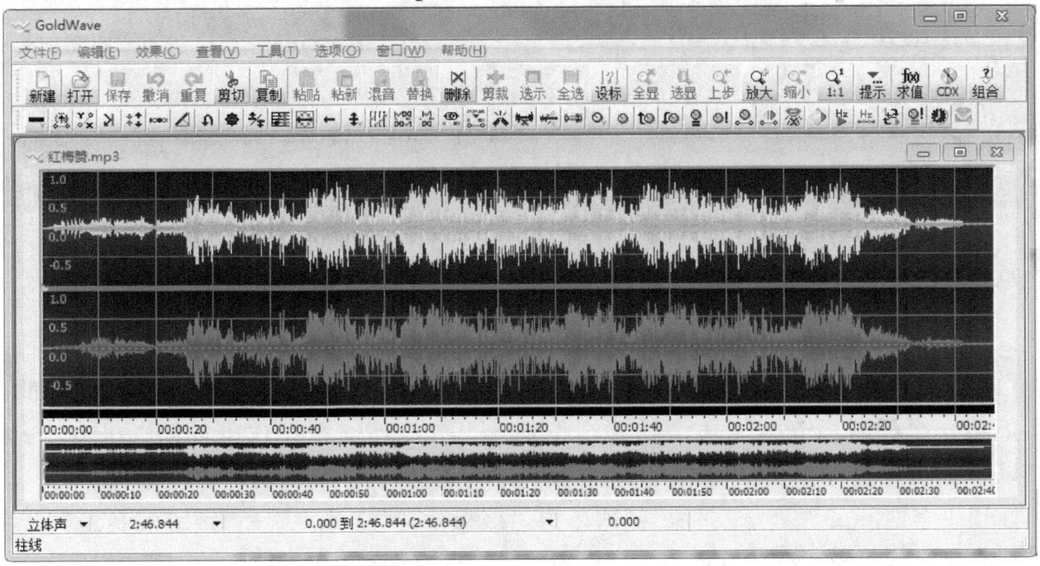

图5-36　红梅赞.mp3

然后打开“效果”菜单选择“音调”选项，弹出音调对话框，勾选“保持速度”选项，在“预置”中单击下拉按钮，选择C到B即可降调（表示降一个调），如图5-37、图5-38所示。

图5-37 降调操作

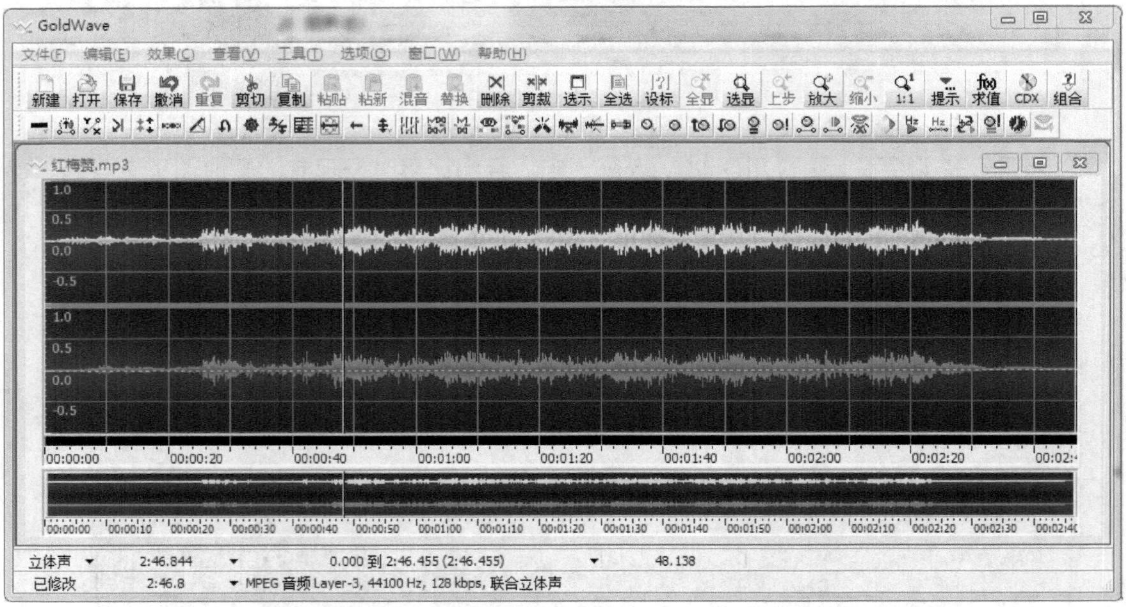

图5-38 完成效果图

3）怎样利用GoldWave消除人声。歌咏会需要一个伴奏带，在网上搜索了好久都没找到，下载一个原音版音乐，再消除人声也是一个办法，这个操作可以用GoldWave来完成。以下还是用李荣浩的“李白.mp3”为例进行讲解。

打开“李白.mp3”音乐文件，依次单击“效果”–“立体声”–“声道混音器”，将弹出“声道混音器”对话框，设置好对话框中参数，保存即可，如图5-39～图5-41所示。

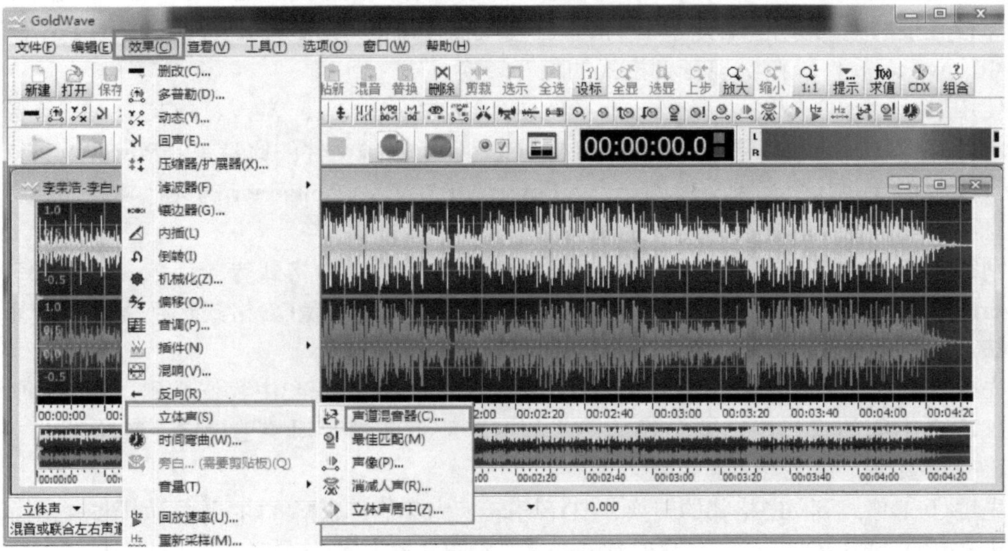

图5-39　打开“声道混音器”

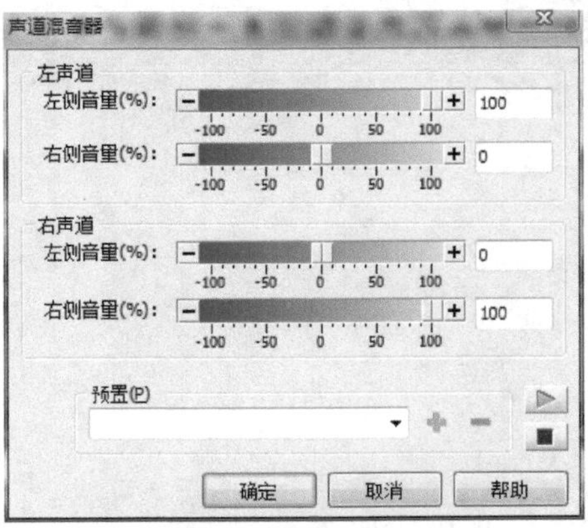

图5-40　声道混合器设置前

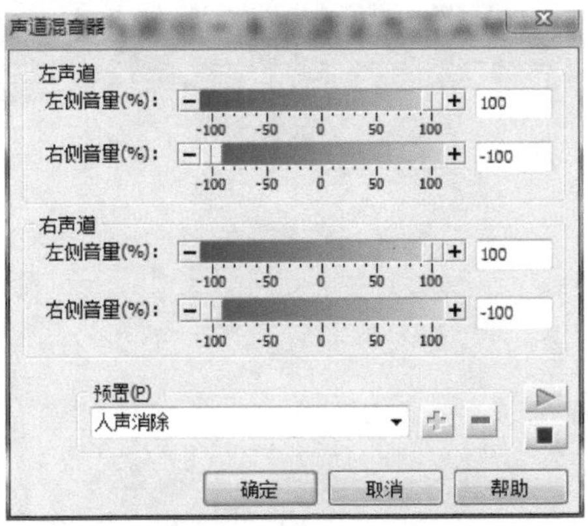

图5-41　声道混合器设置后

小提示

不论什么样的软件都不能完全把歌曲中的人声部分消除，我们所能做的是在尽量减少人的声音的同时又不影响到音乐的质量。

（四）音频格式转换——Power MP3

目前，网络中流行的音乐格式非常多，如WAV为微软推出的非压缩音频文件格式，其音乐质量高，但占用磁盘空间大，一首4 分钟的音乐可能会占30MB以上的磁盘空间；还有就是CD音乐，这是目前质量最好的音乐类型，但其光盘存储要占用同WAV不相上下的体积而不方便作为随身音乐；而MP3格式的音乐为大家所喜欢的一个重要原因就是它体积小，同样的4min音乐只占约3MB左右的磁盘空间，流行的MP3播放器可以轻松地存储几百首音乐，又方便携带。但如果只有CD光盘的音乐或是网上能找到的都是WAV格式的音乐的话，怎样才能将其音频格式改为MP3格式方便我们使用呢？下面我们介绍如何用Power MP3 WMA Converter软件轻松实现音频格式的相互转换。

使用Power MP3 WMA Converter，可以实现MP3、WMA、WAV、OGG、APE音频格式之间的相互转换，也可以更改 MP3 WMA OGG APE 音频文件的比特率。Power MP3 WMA Converter可以合并几个音频文件为一个。Power MP3 WMA Converter 的其他功能，如更改标签信息，自动重命名标签信息等功能也非常有用。

网络上流行的音乐格式大体有WMA、MP3、WAV、CD格式等。而Power MP3 WMA Converter软件都能在这几种格式之间进行转换。比较特别的是CD格式转换为其他音乐格式的方法。我们现在先来看CD格式音乐转换为其他格式的方法。

先来了解一下Power MP3 WMA Converter的界面。从图5-42中我们看到，要转换的文件会被加载到中间的窗口中，要转换的格式和速率应到转换选项中去设定，转换后的文件所在的路径也要事先设定好。

先进行CD格式到MP3格式的转换。CD音乐转换为其他音乐格式叫抓轨。如图5-43所示，选择文件菜单的“抓取CD”选项，这时软件会从光盘驱动器中找寻CD音乐格式进行加载。

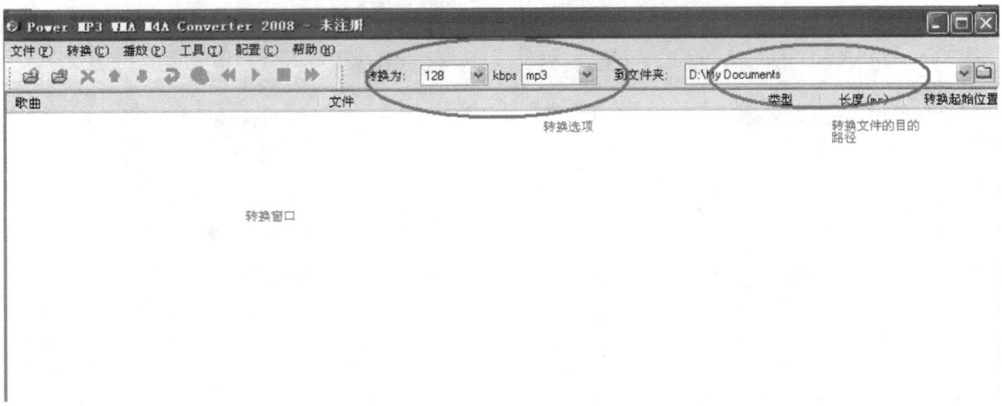

图5-42 Power MP3 WMA Converter界面

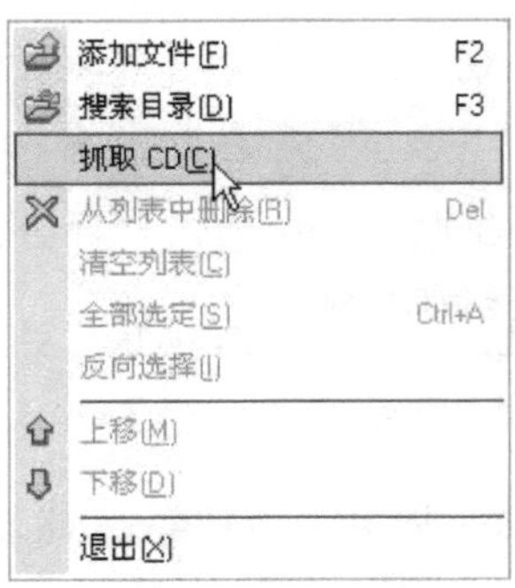

图5-43 抓音轨菜单

加载完毕后如图5-44所示。看到当前CD中共有音乐14首，在上面的面板中设定了要转换为MP3格式，转换比特率为128k bit/s。转换比特率越高则文件的体积越大，音乐质量越好，反之亦然。

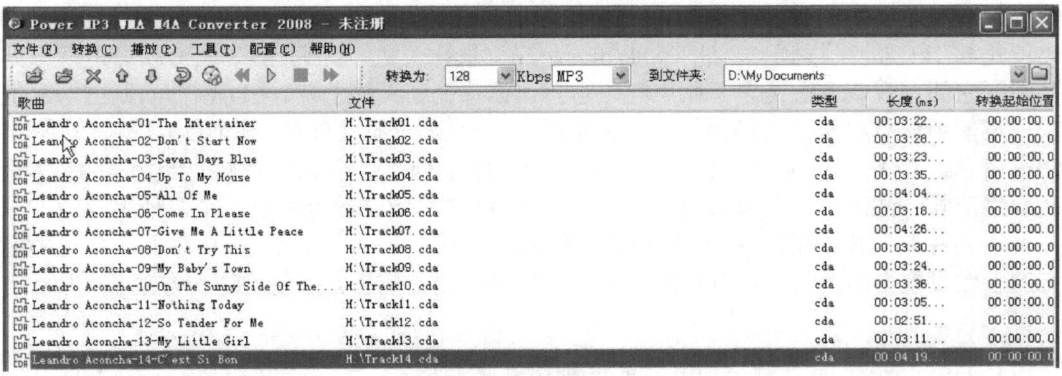

图5-44 转换界面

在设定转换的文件存储的路径后，选择文件菜单中的转换下的转换或单击图标开始转换，如图5-45所示。

如果要在MP3和WMA之间转换就需要用文件菜单中的“添加文件”或<F2>键将要转换的文件加入转换窗口，其后的步骤同上。

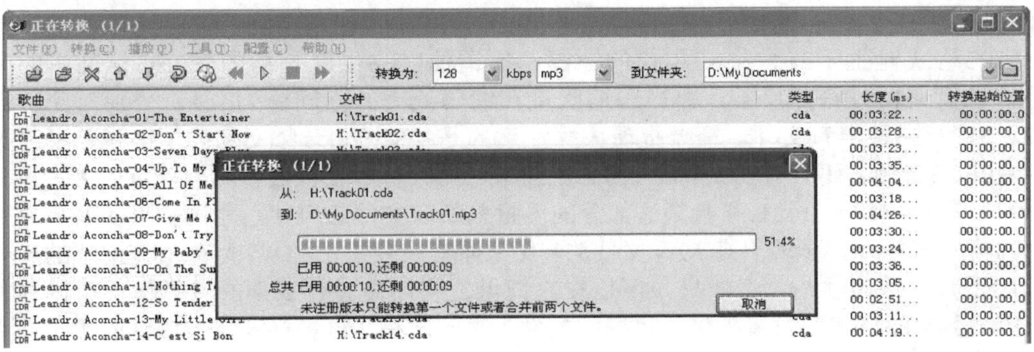

图5-45 正在转换

项目评价

此项目涉及的软件较多，难度适中，需要注意以下几个方面：

1）掌握每一个软件的适用场所和需求。

2）酷我音乐是一个功能比较齐全的在线音乐视听软件，其界面较复杂，操作要求略高。

3）GoldWave中文版是一个集声音编辑、播放、录制和转换于一体的音频工具，体积小巧，功能却不弱，具有专业的音频处理能力。

知识拓展

常见的音频格式文件

1．CD

CD光盘用于储存CD格式文件。

CD格式是音质比较好的音频格式。因此要讲音频格式，CD自然是打头阵的先锋。在大多数播放软件的“打开文件类型”中，都可以看到CDA格式，这就是CD音轨了。标准CD格式也就是44.1kHz的采样频率，速率88k bit/s，16位量化位数，因为CD音轨可以说是近似无损的，因此它的声音基本上是忠于原声的，它会让你感受到天籁之音。CD光盘可以在CD唱机中播放，也能用计算机里的各种播放软件来重放。一个CD音频文件是一个CDA文件，这只是一个索引信息，并不真正包含声音信息，所以不论CD音乐的长短，在计算机上看到的CDA文件都是44字节长。注意：不能直接复制CD格式的CDA文件到硬盘上播放，需要使用像EAC这样的抓音轨软件把CD格式的文件转换成WAV格式，这个转换过程如果光盘驱动器质量过关而且EAC的参数设置得当的话，可以说是基本上无损抓音频。推荐大家使用这种方法。

2. WAVE

WAVE（*.wav）是微软公司开发的一种声音文件格式，它符合PIFFResource Interchange File Format 文件规范，用于保存Windows平台的音频信息资源，被Windows平台及其应用程序所支持。WAVE格式支持MSADPCM、CCITT A LAW等多种压缩算法，支持多种音频位数、采样频率和声道，标准格式的WAVE文件和CD格式一样，也是44.1kHz的采样频率，速率88k bit/s，16位量化位数。WAVE格式的声音文件质量和CD相差无几，也是目前PC机上广为流行的声音文件格式，几乎所有的音频编辑软件都能识别WAVE格式。

3. MP3格式

MP3格式诞生于20世纪80年代的德国，所谓的MP3也就是指的MPEG标准中的音频部分，也就是MPEG音频层。根据压缩质量和编码处理的不同分为3层，分别对应MP1、MP2、MP3这3种声音文件。需要提醒大家注意的是：MPEG音频文件的压缩是一种有损压缩，MPEG3音频编码具有10:1～12:1的高压缩率，同时基本保持低音频部分不失真，但是牺牲了声音文件中12～16kHz高音频这部分的质量来换取文件的尺寸，相同长度的音乐文件，用MP3格式来储存，一般只有WAV文件的1/10，而音质要次于CD格式或WAV格式的声音文件。由于其文件尺寸小，音质好，所以在它问世之初还没有什么别的音频格式可以与之匹敌，因而为MP3格式的发展提供了良好的条件。直到现在，这种格式还被广泛应用，作为主流音频格式的地位难以被撼动。但是MP3音乐的版权问题一直找不到办法解决，因为MP3没有版权保护技术，所以谁都可以用。

MP3格式压缩音乐的采样频率有很多种，可以用64kHz或更低的采样频率节省空间，也可以用320kHz的标准达到极高的音质。我们用装有Fraunhofer IIS Mpeg Lyaer3的 MP3编码器MusicMatch Jukebox 6.0在128kHz的频率下编码一首3分钟的歌曲，得到2.82MB的MP3文件。采用缺省的CBR（固定采样频率）技术可以以固定的频率采样一首歌曲，而VBR（可变采样频率）则可以在音乐“忙”的时候提高采样的频率以获取品质更高的音质，不过产生的MP3文件可能在某些播放器上无法播放。我们把VBR的级别设定成为与前面的CBR文件的音质基本一样，生成的VBR MP3文件为2.9MB。

4. AIFF

AIFF（Audio Interchange File Format）格式和AU格式，它们都和WAV非常相像，大多数的音频编辑软件也都支持它们这几种常见的音乐格式。AIFF是音频交换文件格式的英文缩写。它是苹果公司开发的一种音频文件格式，被麦金塔计算机平台及其应用程序所支持。AIFF是苹果电脑上面的标准音频格式，属于QuickTime技术的一部分。这一格式的特点就是格式本身与数据的意义无关，因此受到了微软公司的青睐，并据此研制出WAV格式。

AIFF虽然是一种很优秀的文件格式，但由于它是苹果计算机上的格式，因此在PC平台上并没有得到很大的流行。不过由于苹果计算机多用于多媒体制作出版行业，因此几乎所有的音频编辑软件和播放软件都或多或少地支持AIFF格式。只要苹果计算机还在，AIFF就始终会占有一席之地。由于AIFF的包容特性，所以它支持许多压缩技术。

5. AU

AUDIO文件是SUN公司推出的一种数字音频格式。AU文件原先是UNIX操作系统下的数字声音文件。由于早期互联网上的Web服务器主要是基于UNIX的，所以，AU格式的文件在如今的互联网中也是常用的声音文件格式。

6. MIDI

MIDI（Musical Instrument Digital Interface）格式被经常玩音乐的人使用，MIDI允许数字合成器和其他设备交换数据。MID文件格式从MIDI继承而来。MID文件并不是一段录制好的声音，而是记录声音的信息，然后再告诉声卡如何再现音乐的一组指令。这样一个MIDI文件每存1分钟的音乐只用大约5～10KB。MID文件主要用于原始乐器作品、流行歌曲的业余表演、游戏音轨以及电子贺卡等。MID文件重放的效果完全依赖声卡的档次。MID格式的最大用处是在计算机作曲领域。MID文件可以用作曲软件写出，也可以通过声卡的MIDI口把外接音序器演奏的乐曲输入计算机里，制成MID文件。

7. WMA

WMA（Windows Media Audio）格式是微软推出的，音质要强于MP3格式，更远胜于RA格式，它和日本雅马哈（YAMAHA）公司开发的VQF格式一样，是以减少数据流量但保持音质的方法来达到比MP3压缩率更高的目的，WMA的压缩率一般都可以达到1:18左右，WMA的另一个优点是内容提供商可以通过DRM（Digital Rights Management）方案如Windows Media Rights Manager 7加入防拷贝保护。由于其内置了版权保护技术可以限制播放时间和播放次数甚至播放的机器等，这对被盗版搅得焦头烂额的音乐公司来说是一个福音。另外，WMA还支持音频流（Stream）技术，适合在网络上在线播放，作为微软抢占网络音乐的开路先锋可以说是技术领先、风头强劲，更方便的是不用像MP3那样安装额外的播放器，而Windows操作系统和Windows Media Player的无缝捆绑让你只要安装了Windows操作系统就可以直接播放WMA音乐，新版本的Windows Media Player7.0更是增加了直接把CD光盘转换为WMA声音格式的功能，在操作系统Windows XP中，WMA是默认的编码格式。WMA这种格式在录制时可以对音质进行调节。音质好的可与CD媲美，压缩率较高的可用于网络广播。虽然现在网络上还不是很流行，但是在微软的大规模推广下已经得到越来越多站点的承认和大力支持，在网络音乐领域中直逼MP3格式，在网络广播方面，也正在瓜分Real打下的天下。因此，几乎所有的音频格式都感受到了WMA格式的压力。微软官方宣布的资料中称WMA格式的可保护性极强，甚至可以限定播放机器、播放时间及播放次数，具有相当的版权保护能力。应该说，WMA的推出，就是针对MP3没有版权限制的缺点而来——普通用户可能很欢迎MP3格式，但作为版权拥有者的唱片公司来说，它们更喜欢难以复制拷贝的音乐压缩技术，而微软的WMA则满足了这些唱片公司的需求。

除了版权保护外，WMA还在压缩比上进行了深化，它的目标是在相同音质条件下文件体积可以变得更小（当然，只在MP3低于192k bit/s比特率的情况下有效，实际上当采用LAME算法压缩MP3格式时，高于192k bit/s比特率时普遍的反映是MP3的音质要好于WMA）。

触类旁通

其他音频播放软件

相关的音频播放软件还有很多，如“百度音乐”“QQ音乐”“酷狗音乐”等。

1．百度音乐

百度音乐是音乐门户，为用户提供海量正版高品质音乐、极致的音乐音效和音乐体验、权威的音乐榜单、极快的独家首发歌曲、极优质的歌曲整合歌单推荐、极契合用户的主题电台、极全的MV视频库、人性化的歌曲搜索，让用户更快地找到喜爱的音乐，为用户还原音乐本色，带给用户全新的音乐体验。

2013年7月，百度音乐旗下PC客户端“千千静听”正式进行品牌切换，更名为百度音乐PC端。此次品牌切换传承了千千静听的优势，并增加了独家的智能音效匹配和智能音效增强、MV功能、歌单推荐、皮肤更换等个性化音乐体验功能。

百度音乐在重视并支持正版的事业上做出了巨大努力，同时也开始与民间独立音乐人的世界接轨，通过百度音乐人社区，融合了多方优秀的音乐制作人、原创艺人，甚至草根艺人，百度音乐将这些音乐整合打包向用户输出，也更加体现了对原创音乐的支持和推广。

2011年6月，百度旗下音乐平台ting正式上线。ting！拥有百万正版授权曲库，2012年百度ting正式改名为百度音乐，为用户提供免费下载、在线播放等音乐服务。以“透过技术与艺术并重的服务，使听众随时随性享受音乐，让音乐人找到知音且取得商业成功”为使命，为音乐产业建立共赢生态链，影响中国数字音乐产业发展。

2015年12月百度音乐与太合音乐集团合并，二者宣布将共同建立一个互联网音乐机构，如图5-46所示。

图5-46　百度音乐界面

2．QQ音乐

QQ音乐是腾讯公司推出的网络音乐平台，是中国互联网领域领先的正版数字音乐服务平台，有着个性明星主题：大咖装，添星妆！同时，它也是一款免费的音乐播放器，始终走在音乐潮流最前端，向广大用户提供方便流畅的在线音乐和丰富多彩的音乐社区服务。它拥有海量乐库在线试听、卡拉OK歌词模式、最流行新歌在线首发、手机铃声下载、超好用的音乐管理等功能，绿钻用户还可享受高品质音乐试听、正版音乐下载、免费空间背景音乐设置、MV观看等特权。

QQ音乐的界面布局较为素雅，浅绿色与浅灰色的布局，相信符合大多数用户的喜好。打开QQ音乐，左边的菜单栏包括“在线音乐”“我的音乐”“我创建的歌单”“我收藏的歌单”。其中，首页默认为在线音乐馆，包含了“精选”“歌手”“排行”“电台”“分类歌单”“有声”“数字专辑”7个选项。

图5-47　QQ音乐界面

3. 酷狗音乐（图5-48）

图5-48　酷狗音乐工作界面

归纳总结

本篇主要介绍了几款与网络音乐有关的软件及操作。在线音乐视听软件有不少，大体上都有类似的操作与功能，但在细节上"酷我音乐"做得更人性化。如果想要自己制作音乐一定离不开一些辅助的软件如格式转换类的、数字音乐处理类的软件。希望大家能从本篇中学习到一些实用的操作。

课后练习

一、填空题

1．网络歌曲的歌词格式是________________________________。

2．酷我音乐的________________________________功能是它的特色。

二、操作题

1．如果歌曲和歌词不匹配，我们应该如何去操作而让其匹配？

2．下载的歌曲一般放在什么地方？

3．制作伴奏音乐时怎样来实现消除人声和保证音乐质量两者的平衡？

第 6 篇　数码图片处理

身在数码时代，数码图片的处理自然成为众所周知的事，用什么软件可以简单、快捷，又不失专业水准的处理它呢？下面就向大家介绍几款操作既简单、又容易理解的绿色软件，让“数码图片任你变”。

项目1　用Photoshop合成图片

项目情境

想让你的狗狗腾云驾雾、轻功了得、无所不能、无处不在吗？现在就跟我们学习Photoshop合成图片吧。

项目分析

本项目学习使用Adobe Photoshop CS4抠图、换背景、调整色彩、变形、改变图层混合模式和滤镜功能，达到图片合成的效果。

项目实施

下载并安装Photoshop CS4。

1. 打开Photoshop CS4（图6-1）

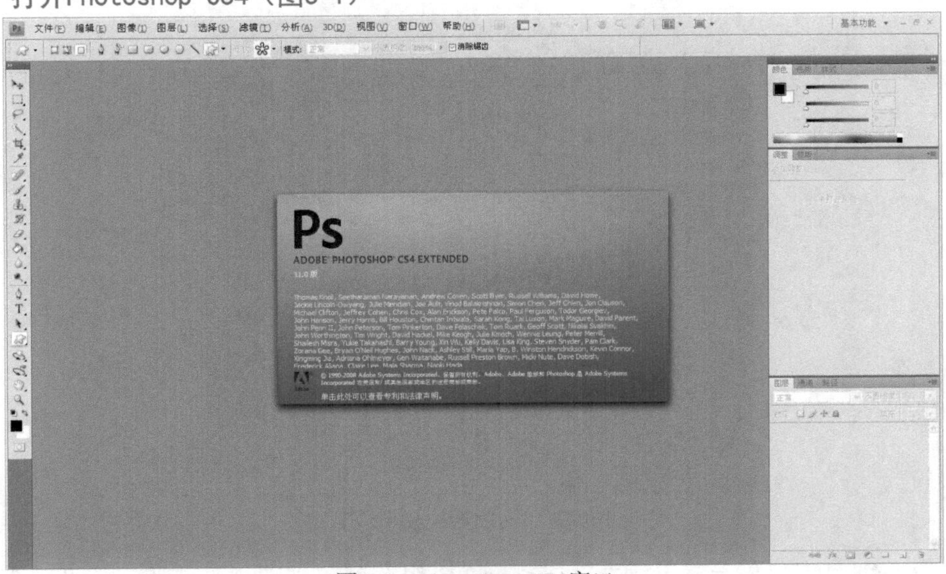

图6-1　Photoshop CS4窗口

2. 选择“文件”-“打开”，打开名为“穿衬衣的狗”的图片

3. 去除多余背景

1）为了不改变原图，按<Ctrl+C>组合键复制背景图层，再用“快速选择”工具进行区域的选择，如图6-2所示。

图6-2 复制背景图层

2）在背景上按住左键在狗狗周围拖动，这样可以大面积选择多余背景，但有些区域可能多选或少选，可以重复使用“添加到选区”和“从选区减去”选项调整选区范围，如图6-3所示。

图6-3 使用快速选择工具

3）有些细节部分总选得不满意，按<Ctrl++>组合键放大图片再选择。还可以选择“窗

口”-“历史记录”，在历史记录调板中选择某步历史操作，以撤消一步或多步操作，如图6-4所示。

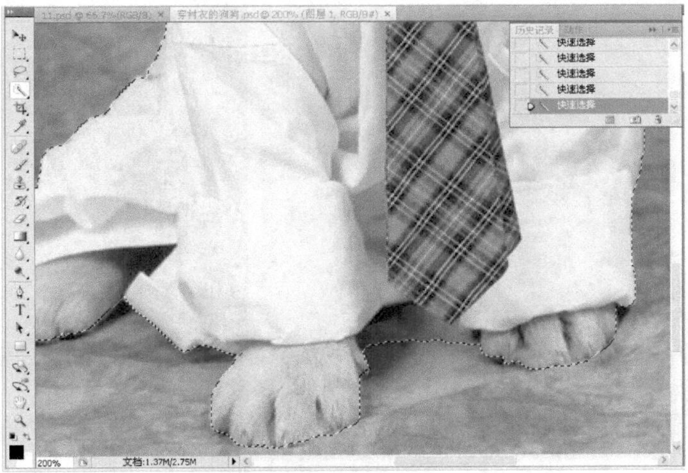

图6-4　精确选取

（注："快速选择"工具只能快速地选择颜色相近的大面积区域，不能精确选择，若要精确选择，大家可以自学"钢笔"工具，这是Photoshop中一个非常实用且好用的工具之一）

4）选区满意后，按<Ctrl+–>组合键缩小图片，按<Ctrl+Shift+I>组合键反选图像，并在选区内单击右键，选择羽化，如图6-5所示，将羽化值改为1，如图6-6所示。按<Ctrl+C>组合键复制选区，按<Ctrl+V>组合键粘贴选区，并生成新层。为了看清抠图效果，请去掉图层1前的眼睛，将图层1隐藏，如图6-7所示。

图6-5　羽化选区

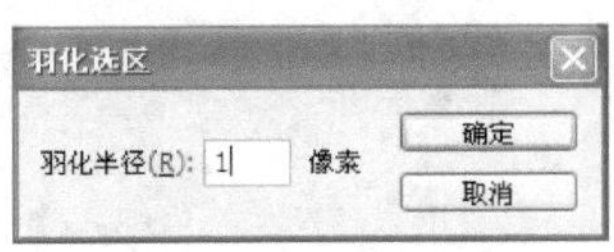

图6-6　设置羽化半径

图6-7　完成抠像

4. 换背景

1）打开名为“九寨沟”的图片，按<Ctrl+A>组合键全选，按<Ctrl+C>组合键复制，再回到狗狗图中单击图层1，按<Ctrl+V>组合键粘贴，如图6-8所示。用移动工具把图片移动到适合位置，并在图层名上双击对图层重命名，如图6-9所示。

2）调整狗狗的相对大小和位置，选择“狗”图层，按<Ctrl+T>组合键，对狗狗变形，按住<Shift>键拖动控制点，等比例缩放图形，调整好后一定要按<Enter>键退出变形状态，如图6-10所示。

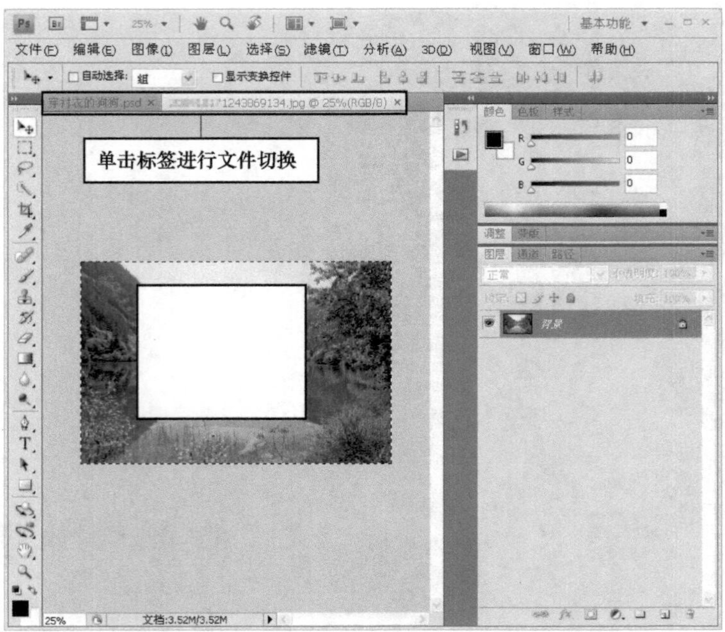

图6-8　打开“九寨沟”图片

图6-9　合成图片

图6-10　缩放比例

5．添加倒影、调整色彩，让图片完美合成

1）要让狗狗在水面上有真实效果，就得给狗狗添加倒影，按<Ctrl+C>组合键复制“狗”图层，创建副本图层，选择“狗”图层，按<Ctrl+T>组合键变形，首先移动中心点到下方中间的控制点，单击右键选择垂直翻转，如图6-11所示。

2）单击右键选择垂直翻转，再单击右键选择变形，利用各控制点调整倒影的形状，如图6-12所示，按<Enter>键退出变形，并将“狗副本”图层重命名为“狗”，“狗”图层重命名为“倒影”，如图6-13、6-14所示。

图6-11　移动中心点

图6-12　变形

图6-13　退出变形

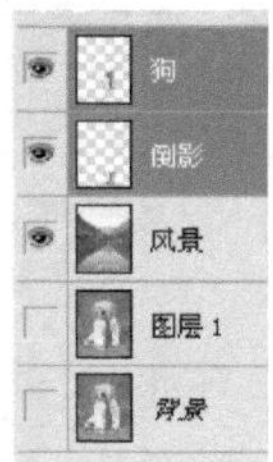

图6-14　所见图层

3）设置图层混合模式，使倒影变得真实，如图6-15所示。

图6-15　设置图层混合模式

4）通过链接图层，让狗狗和倒影一起拖动，如图6-16所示。

图6-16　链接图层

5）选择“图像”-“调整”-“亮度/对比度”，调整狗图层的亮度/对比度，如图6-17、图6-18所示。

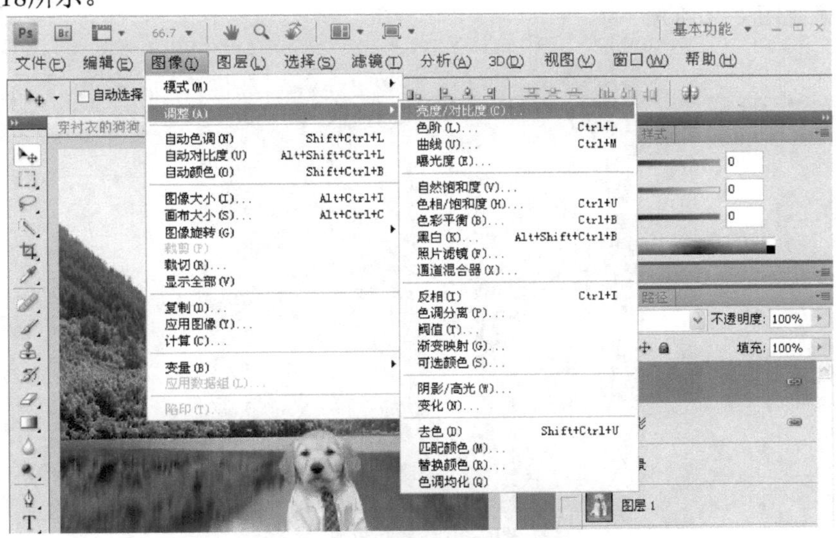

图6-17　调整图像亮度/对比度

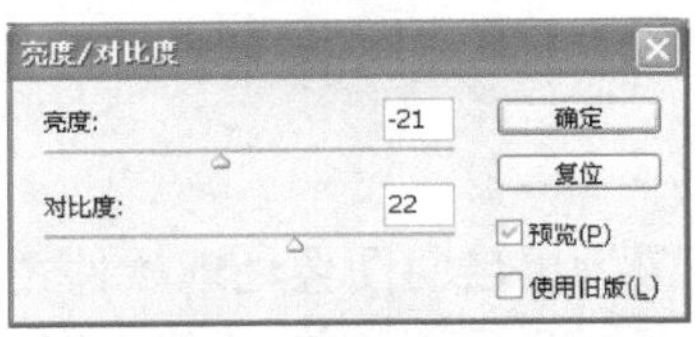

图6-18　亮度/对比度参数值

6）最终效果如图6-19所示。

图6-19　最终效果

6. 最后选择“文件”-“存储为”，保存图片

若想直接以图片形式查看，请选择存储类型为“JPEG”，命名为“水上飘的狗”；若想按图层修改图片，请选择存储类型为“PSD”，命名为“水上飘的狗”。

7. 换掉背景，把狗狗想放哪儿就放哪儿，让它无所不在

其他效果如图6-20所示。

图6-20　其他效果

项目评价

Photoshop是Adobe公司旗下最为出名的图像处理软件之一，Photoshop CS4产品系列是获得最佳数字图像效果及将它们变换为可想象的任何内容的最终场所。它的应用领域很广

泛，在图像、图形、文字、视频、出版各方面都有涉及，其中平面设计是Photoshop应用最为广泛的领域，无论是我们正在阅读的图书封面，还是大街上看到的招贴、海报，这些具有丰富图像的平面印刷品，基本上都需要Photoshop软件对图像进行处理。Photoshop CS4是从事平面设计、插画设计、包装设计、网页制作、三维动画设计、影视广告设计等工作人员的首选工具，它也是当今最为流行、功能最强大的图像处理软件。

知识链接

1．像素图和矢量图

计算机绘图分为像素图和矢量图两大类。

1）像素图是由像素或点的网格组成，Photoshop以及其他的绘图软件一般都使用像素图。与矢量图形相比，像素图更容易模拟照片的真实效果。其工作方式就像是用画笔在画布上作画一样。如果将这类图形放大到一定程度，就会发现它是由一个个小方格组成的，这些小方格被称为像素点，每个像素点都被分配一个特定位置和颜色值。像素图与分辨率有关，即在一定面积的图像上包含有固定数量的像素。因此，如果在屏幕上以较大的倍数放大显示图像，或以过低的分辨率打印，像素图会出现锯齿边缘。

像素图具有以下特点：文件所占的存储空间大，位图放大到一定倍数后，会产生锯齿，但像素图在表现色彩、色调方面的效果比矢量图更加优越，尤其在表现图像的阴影和色彩的细微变化方面效果更佳。图6-21是不同放大级别的像素图示例。

图6-21　像素图示例

2）矢量图定义为一系列由线连接的点。Auto CAD、CorelDraw、Adobe Illustrator等软件便都是以矢量图形为基础进行创作的。矢量文件中的图形元素称为对象，每个对象都是一个自成一体的实体，它具有颜色、形状、轮廓、大小和屏幕位置等属性。这些特征使基于矢量的程序特别适用于标志设计、图案设计、文字设计、版式设计和三维建模等，它所生成的文件也比位图文件要小。由于这种保存图形信息的办法与分辨率无关，因此无论放大或缩小多少，都有一样平滑的边缘，一样的视觉细节和清晰度。

矢量图具有以下特点：一般的线条图形和卡通图形，存成矢量图文件比存成点阵图文件要小很多，移动、缩放或更改颜色不用担心会造成失真和形成色块而降低图形品质，矢量图形是文字（尤其是小字）和线条图形（比如徽标）的最佳选择。另外，通过软件矢量图可以轻松地转化为点阵图，而点阵图转化为矢量图则需要经过复杂而庞大的数据处理，而且生成的质量差。图6-22是不同放大级别的矢量图示例：

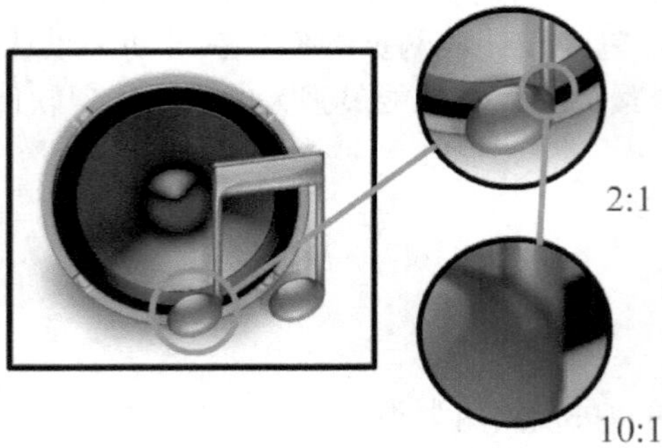

图6-22　矢量图示例

2. 图层

(1) 图层的基本概念

图层是Photoshop CS4中很重要的一部分。图层可以看成一张张透明的胶片，当多个没有图像的图层叠加在一起时，我们可以看到最下面的一个图层，即背景图层。而当多个有图像的图层叠加在一起时，我们则可以看到各图层图像叠加的效果。图层有利于实现图像的分层管理和处理，可以分别对不同图层的图像进行加工处理，而不会影响其他图层内的图像。各图层相互独立，但又相互关联，可以合并后输出，也可以分别单独输出。一幅图像中必须有一个图层存在。

(2) 图层面板

图层面板是用来管理图层的，所有图层的功能都使用“图层”菜单或“图层”面板来控制。Photoshop CS4中“图层”面板如图6-23、6-24所示。

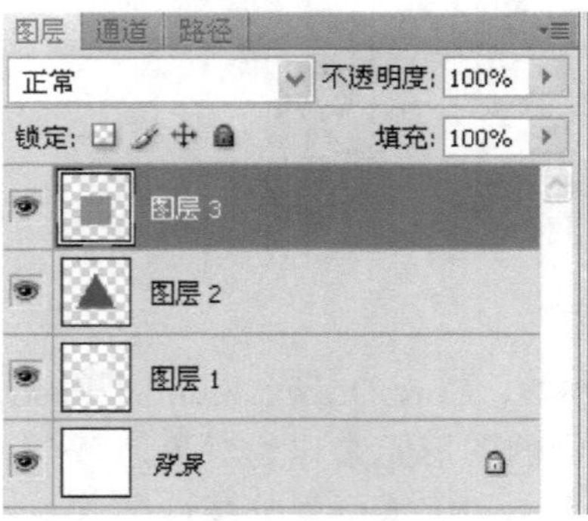

图6-23　“图层”面板

图6-24　效果呈现

3. 图像格式

图像格式是指计算机中存储图像文件的方法，它们代表不同的图像信息——矢量图形还是位图图像、色彩数和压缩程度。图形图像处理软件通常会提供多种图像文件格式，每一种格式都有它的特点和用途。

(1) PSD格式

PSD格式是Photoshop特有的图像文件格式，支持Photoshop中所有的图像类型。PSD格式能够很好地保存层、通道、路径、蒙板以及压缩方案，以免导致数据丢失。但是，很少有应用程序能够支持这种格式。所以，在图像制作完成后，通常需要转换为一些比较通用的图像格式，以便于输出到其他软件中继续编辑。另外，用PSD格式保存图像时，图像没有经过压缩，所以，当图层较多时，会占用很大的硬盘空间，比其他格式的图像文件所占空间要大得多。

(2) JPEG格式

JPEG（JPG）是一种有损压缩格式，文件体积可以有效压缩。在色彩要求度不高，允许图形失真的前提下，与GIF格式一样，是网页图像上经常采用的一种文件格式。由于JPEG格式会损失数据信息，因此，在图像编辑过程中需要以其他格式（如PSD格式）保存图像，将图像保存为JPEG格式只能作为制作完成后的最后一步操作。

(3) GIF格式

可以极大地节省存储空间，是网络上使用极广泛的一种压缩文件格式，常见于简易的小动画制作。该格式不支持Alpha通道，最大缺点是最多只能处理256种色彩，不能用于存储真彩色的图像文件。但GIF格式支持透明背景，可以较好地与网页背景融合在一起。

4. 文件名

文件名就是文件的名字，它主要包括两个部分：主文件名和扩展名。主文件名是用户根据自己的理解给图片或文件命名，扩展名表示文件的类型，在同一文件夹内的文件名不能相同，若有相同，系统会自动提示文件名相同，请重命名；但如果主文件名相同但扩展名不同，则可以出现在同一文件夹中。

项目2　使用光影魔术手制作个性图片

项目情境

你开网店了吗？你的商品图片是从别人那里转来的吗？没关系，我们马上教你给自己的图片加上水印，既能体现个性，又可保护版权。

项目分析

本项目教大家使用光影魔术手neo imaging V3.1.2.101制作自己的图片。

项目实施

请到官方网站下载并安装光影魔术手neo imaging V3.1.2.101。

1）双击桌面快捷方式，打开光影魔术手neo imaging V3.1.2.101，如图6-25所示。

图6-25 “光影魔术手”窗口

2）单击工具栏上的“打开”按钮或选择“文件”-“打开”，在“打开”对话框中选择“户外用品-帽子”图片，单击“打开”按钮，如图6-26、6-27所示。

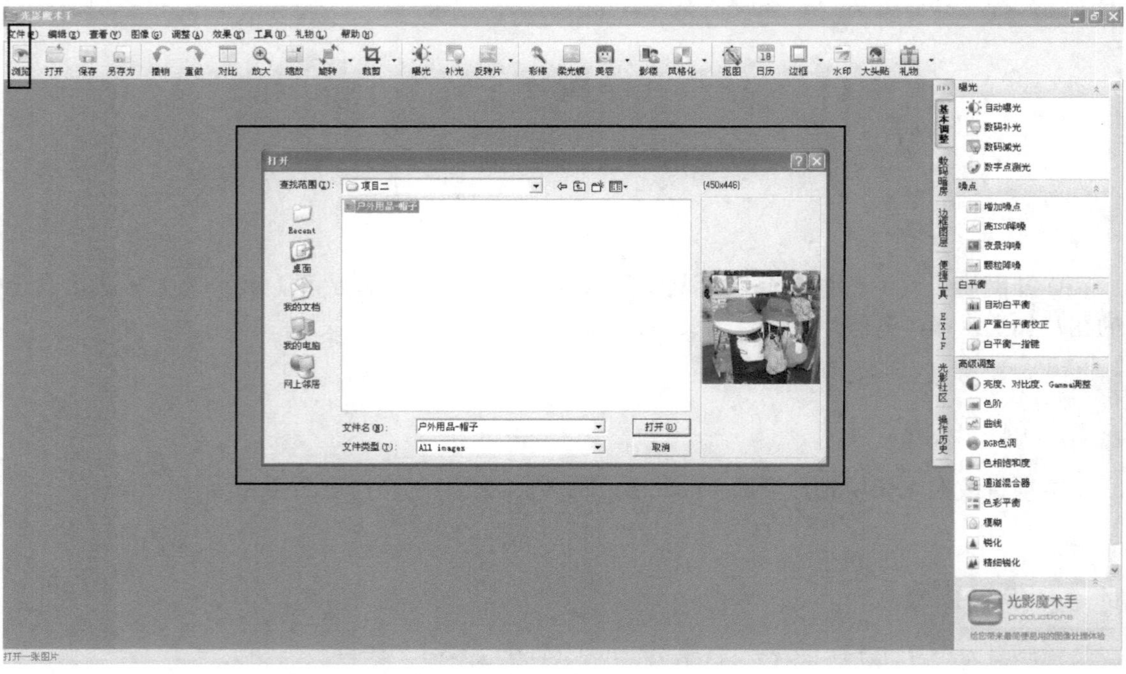

图6-26 选择文件打开

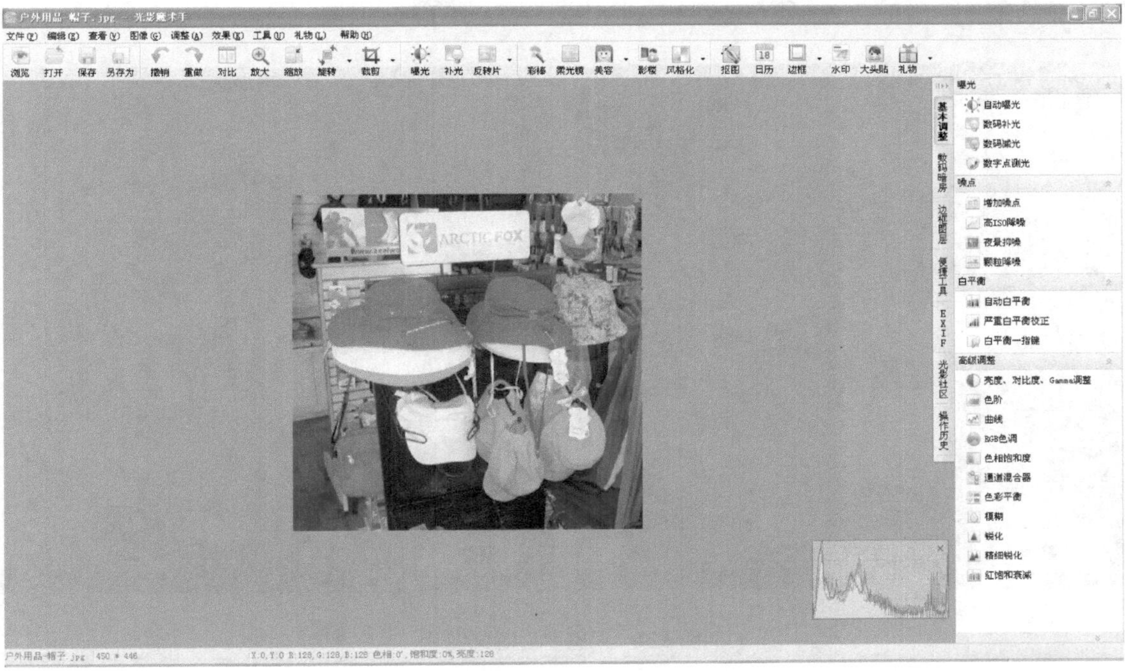

图6-27　打开文件

3）图片较暗，可选择“基本调整”-“数码补光”调整曝光度，如图6-28所示。

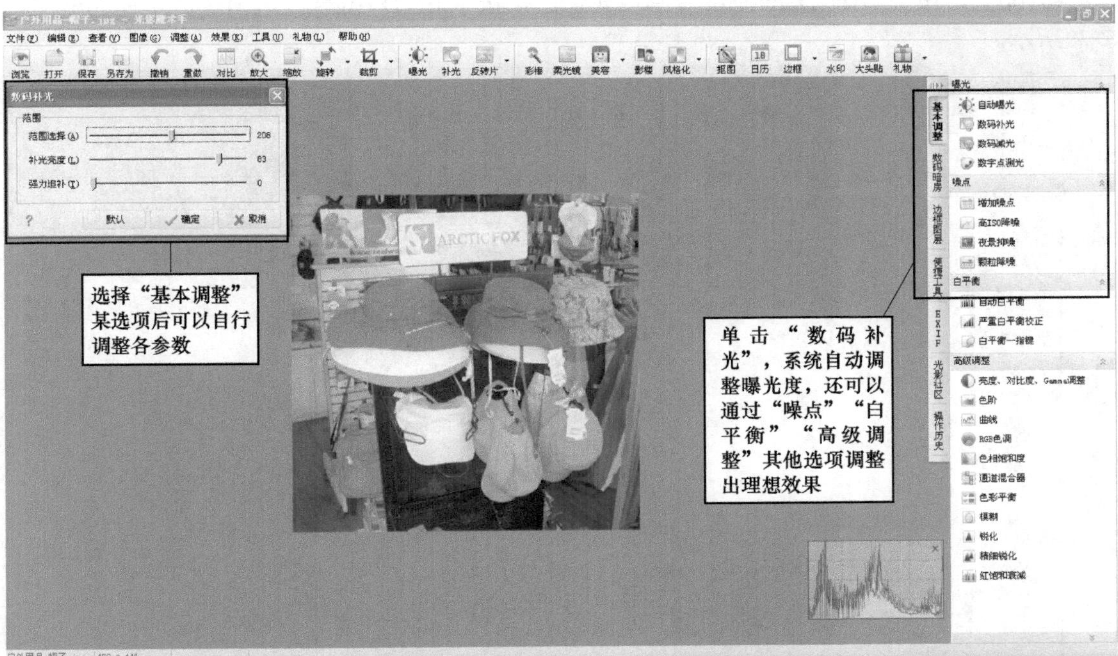
数码补光
范围
范围选择(A) 208
补光亮度(L) 83
强力追补(T) 0
默认
确定
取消
选择“基本调整”某选项后可以自行调整各参数
单击“数码补光”，系统自动调整曝光度，还可以通过“噪点”“白平衡”“高级调整”其他选项调整出理想效果

图6-28　基本调整功能

调整前后图片对比如图6-29所示。

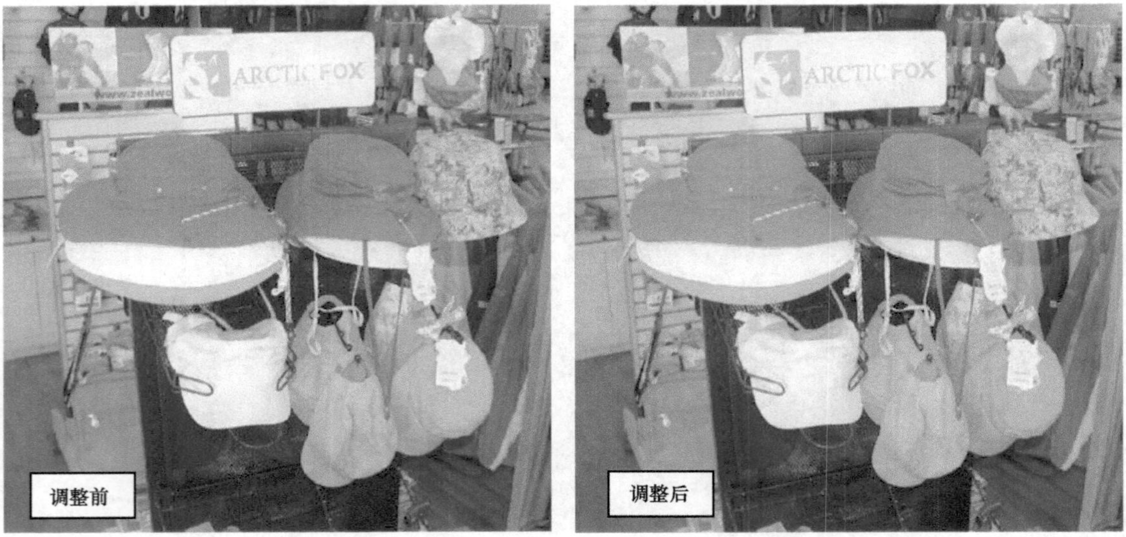

图6-29　调整前后对比图片

4）用Photoshop CS4制作小图片做自己的水印：

①打开Photoshop CS4，新建600像素×200像素的画布，如图6-30所示。

②用“矩形选框”工具在画布中拖出一个矩形选区，设置前景色颜色编码为“#f4d10d”，按下<Alt+Delete>组合键填充选区，按<Ctrl+D>组合键取消选区，如图6-31、6-32所示。

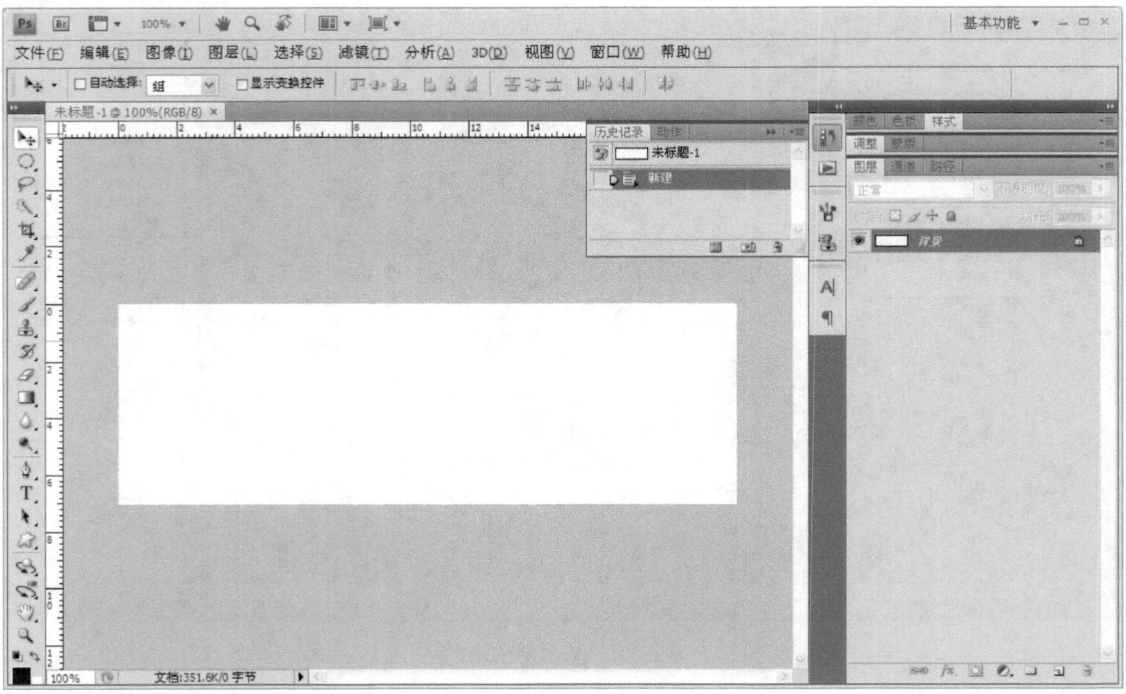

图6-30　新建Photoshop文件

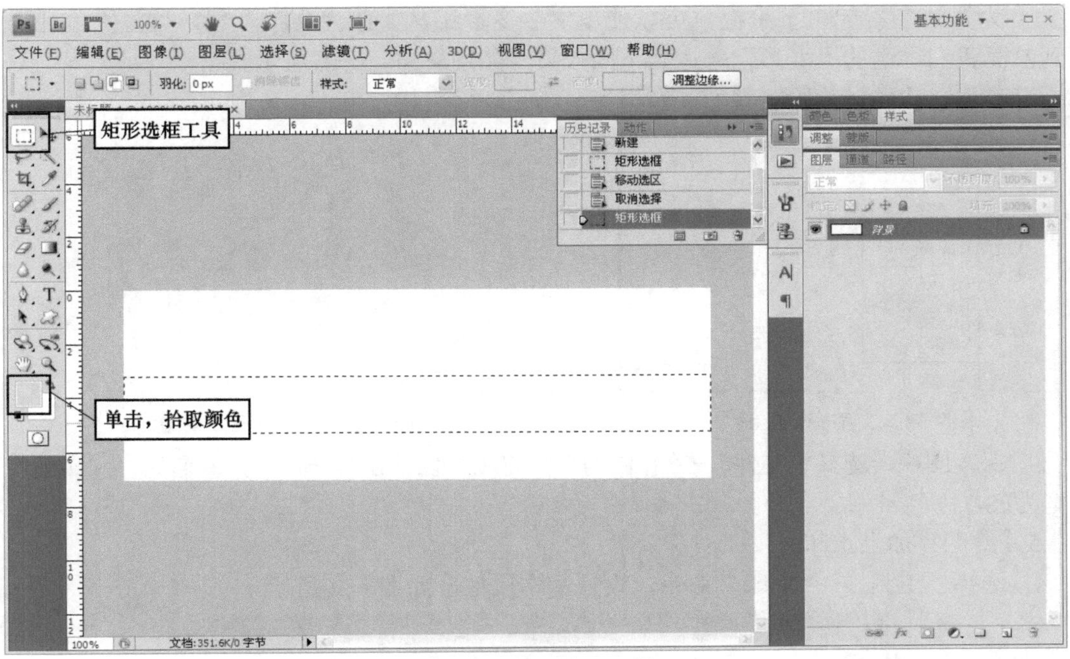

图6-31　矩形选区工具

图6-32　填充前景色

③用“横排文字工具”写出“驴行天下”，设置字体、字号、颜色，如图6-33所示。

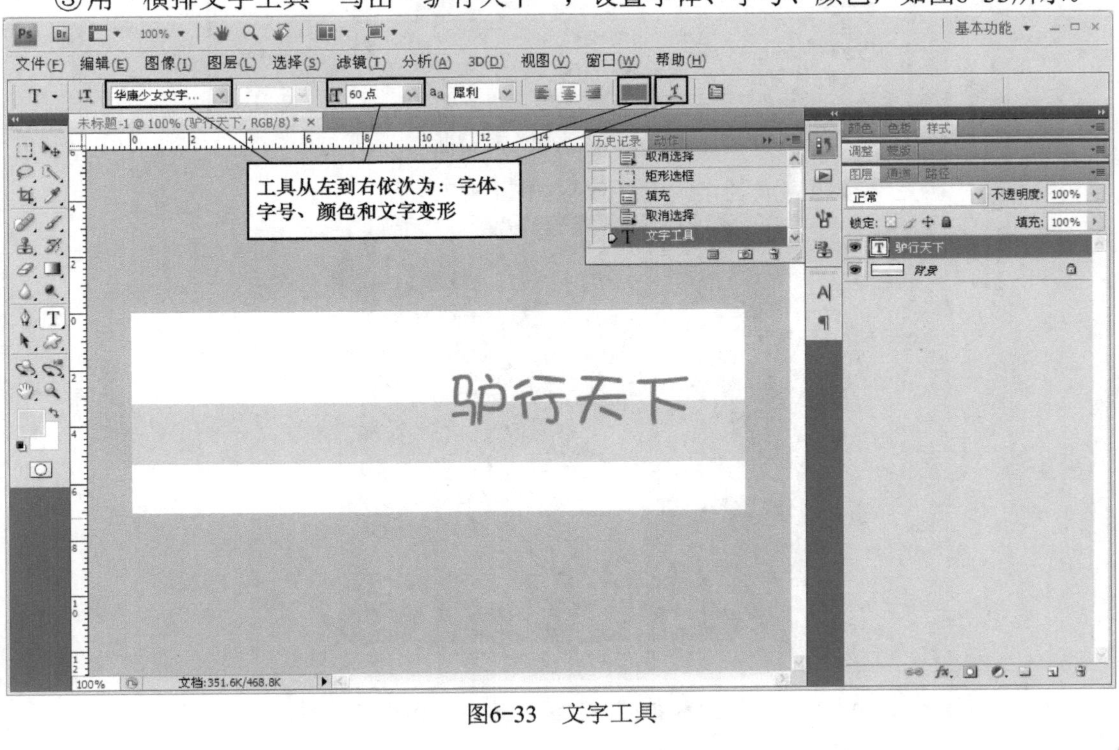

图6-33　文字工具

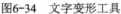

④为了让字看起来不呆板，可以使用文字变形工具改变文字形状，这里大家还可以用到前面我们讲过的“变形”来达到不同效果，如图6-34、6-35所示。

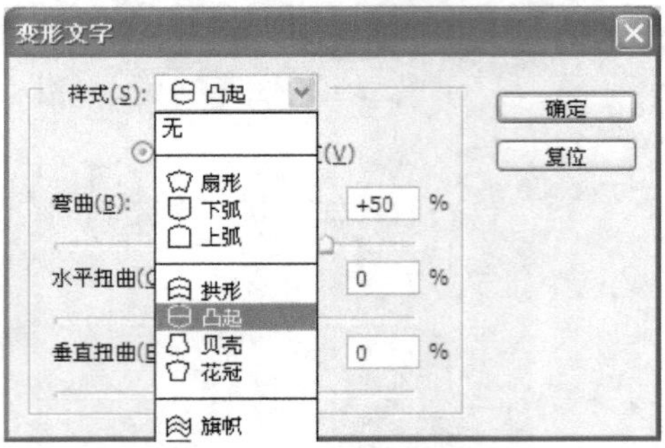

图6-34　文字变形工具

图6-35　文字变形效果图

⑤保存图片，选择“文件”-“存储为”，将图片保存在某一位置，取名为“水印图”，类型为PSD。

5）给图片加上水印：

①选择“工具”-“水印”命令，设置基本属性，如图6-36所示。

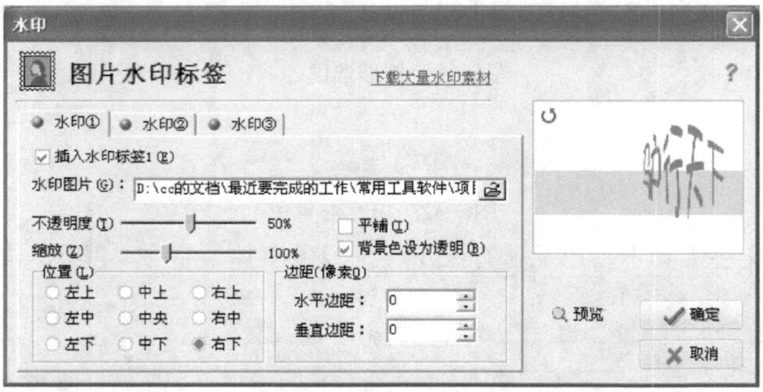

图6-36　“水印”对话框

②单击“确定”按钮完成制作，最终效果如图6-37所示。

图6-37　最终效果

（注：可以单击“水印2”或“水印3”标签为图片添加第二、第三个水印）

6）还可以使用文字标签，如图6-38所示，选择“工具”-“文字标签”命令给图片加文字，操作方法同上。

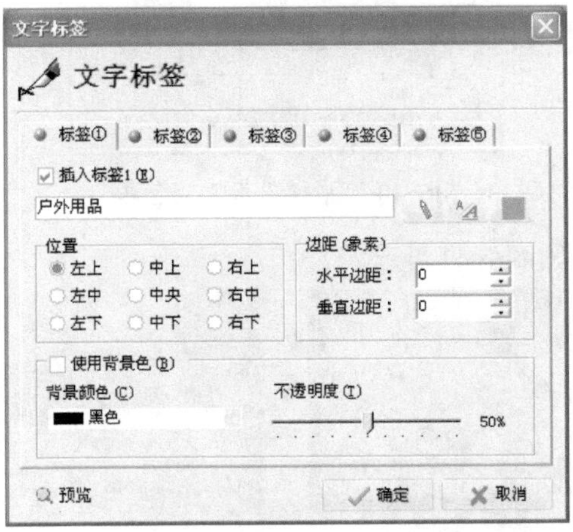

图6-38 “文字标签”对话框

触类旁通

桌面要是能按月更换，上面还有你的宠物照片就好了，现在就往下看吧，我们教你短时间做出个性日历壁纸。

1. 先把图片艺术化

1）打开“我的宠物”图片，选择“数码暗房”-“影楼风格”，如图6-39所示。

图6-39 打开图片

2）在弹出的对话框中调整色调为复古，力量为75，如图6-40所示。

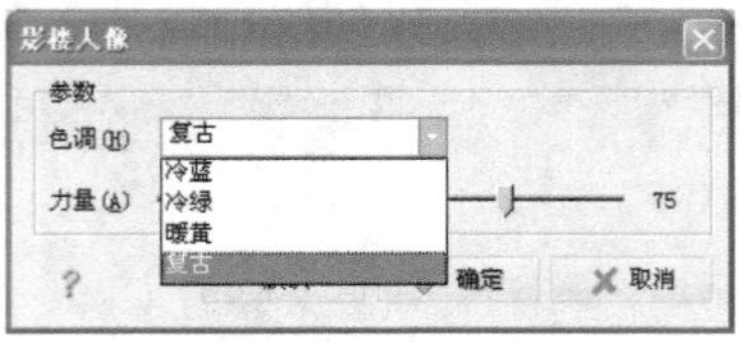

图6-40 “影楼人像”对话框

3）修改前后图片对比如图6-41所示。

图6-41　修改前后对比图片

2. 加上日历

1）如果觉得图片本身就很好看了，只加上日历即完成。选择“工具”-“日历”-“自定义日历”，调整日期所在位置，确定并保存，如图6-42所示。

图6-42 “日历”对话框

2）如果认为图片单一，可以使用模板，选择“工具”-“日历”-“模板日历”，在右边“在线模板”或“本地模板”中选择自己喜欢的风格，用鼠标调整控制点缩放图片，并将图片拖到适合的位置，确定并保存，如图6-43所示。

图6-43　使用“模板日历”功能

项目评价

光影魔术手V3.1.2.101是一个对数码图片画质进行改善及个性化处理的软件。它简单、易用，不需要任何专业的图像处理技术，每个人都能制作精美相框、艺术照、专业胶片效果，而且完全免费。Adobe Photoshop CS4虽然功能非常强大，但软件本身所占空间也很大，所以它是专业图形图像设计人士的首选，而大众处理一些小图片，更青睐光影魔术手、美图秀秀等几款绿色软件。

知识链接

1．网店

相关知识请查阅第8篇。

2．基本调整

1）曝光是使照相胶片或感光纸在一定条件下感光。曝光后形成潜影，经冲洗、处理后即呈现可见的影像。在曝光过度的情况下，底片会显得颜色过暗，所冲洗出的照片则会发白。曝光不足是指适合于摄影的光量不足，照片色彩混浊，画面也变暗。曝光可以通过曝光栏中的选项进行调整。

2）噪点是指图像中不该出现的外来像素，通常由电子干扰产生。看起来就像图像被弄脏了，布满一些细小的糙点。可以通过噪点栏中的选项进行修改。

3）白平衡可以用来解决色彩还原和色调处理的一系列问题。许多人在使用数码摄像机拍摄的时候都会遇到这样的问题：在日光灯的房间里拍摄的影像会显得发绿，在室内钨丝灯光下拍摄出来的景物就会偏黄，而在日光阴影处拍摄到的照片则莫名其妙地偏蓝，其原因就在于对白平衡的不同设置上。所以，通过白平衡栏中的选项可以对图片颜色进行校正。

4）高级调整中的选项则是一些实用的图像调整模式，用户可以自己动手调整，改变图像质量。

3. 模板

模板是指一个或多个文件，其中所包含的结构和工具构成了已完成文件的样式和页面布局等元素。其中，“在线模板”是指需要联网在线下载模板到本地磁盘才可以应用。

知识拓展

其他常用数码图片处理软件简介如下：

1. 美图秀秀2.6.5正式版

美图秀秀（原美图大师）是国内使用人数最多的免费图片处理软件之一，是一款很好用的图片处理软件，可轻松上手。其操作窗口如图6-44所示。美图秀秀拥有图片特效、美容、边框、场景、拼图等功能。还有每日更新的海量素材，可广泛应用于个人照片处理、QQ表情制作、QQ头像制作、空间图片美化、非主流图片处理、淘宝网店装饰、宝宝日历制作等。

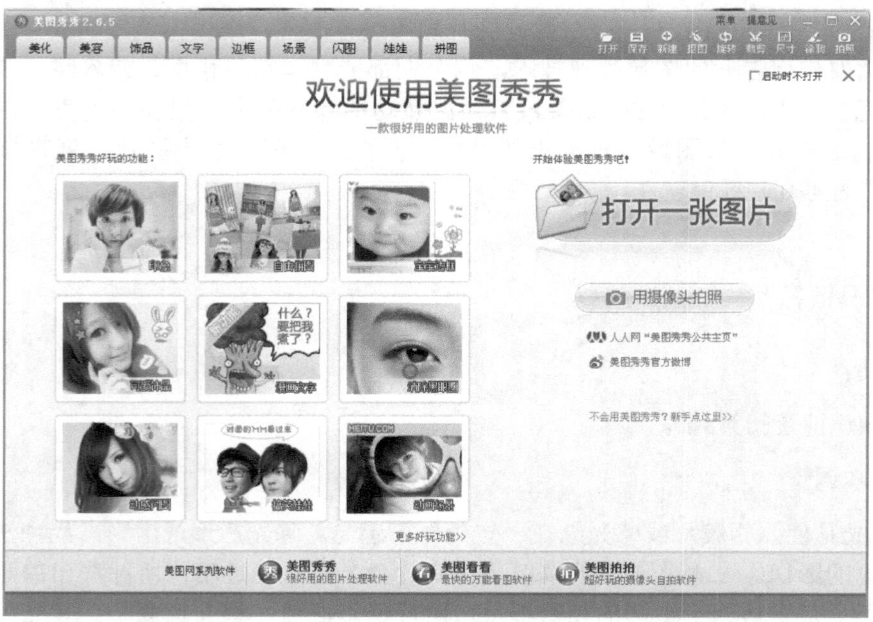

图6-44 “美图秀秀”操作窗口

2．Ulead GIF Animator V5.11汉化版

友立公司出版的动画GIF制作软件，内建的Plugin有许多现成的特效可以立即套用，可将AVI文件转成动画GIF文件，而且还能将动画GIF图片最佳化，能缩小放在网页上的动画GIF图片，以便用户能够更快速地浏览网页。

3．可牛影像V2.4.1.1002

可牛影像是一款全功能免费的数码图片专家软件，快速的图片库管理、强大的照片美化处理可让您轻松成为数码照片处理专家。该软件功能如下：

1）海量场景选择，1min合成趣味图片，让你的照片独一无二，梦幻、非主流、可爱、娴静风格任您选。

2）强效人像美容，简单操作即可自动修复照片瑕疵，通过去红眼、柔光柔焦、颜色自动增强、自动补光、自动白平衡等功能全方位修补您的照片。

3）多种特殊效果，影楼特效、素描风格、黑白照片、非主流效果等应有尽有。

4）全面图片编辑，囊括裁剪、尺寸、各类高级调整等实用编辑功能。一键裁出QQ头像、身份证件照、护照等常用照片尺寸。

5）简单轻松管理照片，在浏览的同时即可同步进行全面管理，照片浏览管理不再难。

6）将自己喜爱的图片制作成日历，作为桌面壁纸，送给朋友……专属于您自己的日历图片，彰显个性！

7）专业图像调整引擎，帮助您将图片打造得完美绝伦。可实现亮度、对比度、饱和度、RGB全功能调整。

8）智能化人像柔焦，人性化自动修复，可强力弥补图片的小瑕疵。

归 纳 总 结

1）Photoshop是功能强大的图像处理软件，应用领域很广泛，如平面设计、包装设计、网页制作、三维动画设计、影视广告设计等领域，其中平面设计是Photoshop应用最为广泛的领域，它主要用来调整色彩、合成图片、手绘图形。虽操作复杂，但可以设置出最为理想的效果。

2）光影魔术手的功能还有很多，可以说在数码照片处理上大型工具软件有的，光影魔术手都有，且简单易学，比如正片效果、黑白效果、晚霞渲染、数码补光、褪色旧相片、PS中的主打手段色阶、曲线等。而且它还有专门针对数码照片的死点修补，对CCD上有死点的相机，一次设置就可修补它拍摄的所有照片上的死点，方便有效。

课 后 练 习

一、填空题

1．Photoshop是____________公司旗下最为出名的图像处理软件之一。

2．在Photoshop CS4中，按____________组合键放大图片，按____________组合键缩小

图片，按<Ctrl+Shift+I>组合键可以____________图像。

3．在Photoshop CS4中，可以按____________组合键复制所选图层。

4．在Photoshop CS4中，按<Ctrl+T>组合键可以对图像____________。

5．在Photoshop CS4中，选择____________—____________—“亮度/对比度”，调整图像的亮度和对比度。

6．计算机绘图分为____________和____________两大类。

7．当多个有图像的图层叠加在一起时，我们可以看到最完整的是______________层的图像。

8．在光影魔术手中，单击_____________，系统自动调整曝光度，还可以通过“噪点”____________“高级调整”等其他选项调整出理想效果。

9．在光影魔术手中，选择_____________—____________—“自定义日历”，可以为图片加上日历效果。

10．用____________可以制作可爱的摇头娃娃。

二、简答题

1．简述在Photoshop CS4中如何链接图层，并说明链接图层的作用。

2．简述矢量图和像素图的区别。

3．请列举几个图像常用格式。

4．简述在Photoshop CS4中如何改变文字形状。

5．在Photoshop CS4中蒙版有哪些？主要功能分别是什么？

三、判断题

1．在Photoshop CS4中，按<Ctrl+K>组合键可以取消选区。（　）

2．在Photoshop CS4中按下<Ctrl+T>组合键，图像上会出现8个控制点。（　）

3．使用光影魔术手可以轻松为图片加上水印。（　）

4．在Photoshop CS4中用“快速选择”工具可以既快速又精确地选择所需选区。（　）

第7篇　网上办公

项目　网络时代新白领

通过互联网，可以与全世界联入互联网的科研、政府、商业机构乃至每个人进行交流，而且，无论与你交流的人在隔壁房间还是在大洋彼岸的某个角落，你和他所支付的费用都是一样的。如果你是一个商人，可以这样理解互联网：它不是计算机网络，而是一个通过人们的桌面计算机建立起来的世界，在这个世界里信息交流摆脱了物理距离和物质媒体的束缚。使你可以在这个世界里廉价而有效地与你的用户、供应商、合作者以及同事、分支机构交流信息，及时了解竞争者，了解行业内的最新技术发展。

跨地区经营的企业每年可能都在发布内部公文、产品说明、用户手册等数不清的文件，花费大量的印刷费用和通信费用。运用互联网技术来进行内部信息发布可以促进企业内部的合作，节省大笔的管理费用。特别是对于散布在各地的业务员，让他们在合适的时间得到合适的信息很重要。

互联网为企业带来了提高效率、降低成本、提高服务质量、提高市场反馈能力、提高市场地位等各方面的发展机会。它的普及意味着网络资讯时代的来临，意味着人们生活方式、组织方式、工作方式的变革。它的商业价值值得任何一个现代企业给予充分的重视。

事实上，互联网可在如下的商业活动中发挥积极的作用：

1）内部通信。

2）与供应商及客户通信。

3）客户支持。

4）资料检索。

5）了解各领域最新动态。

6）企业广告及产品广告。

项目情境

赵静从小的理想就是当一个职场白领，高考失误，她没有考上理想的大学，只进了一所三流学校，调配进了汉语言文学专业，毕业后进了一家小公司，身兼数职，埋头工作了两年。这时，一家大公司正好急招行政人员，有经验者优先，她抱着试一试的心态去应聘，没想到阴错阳差，她竟然突出重围被选中。公司人事部告诉她试用期一个月，试用通过后会签长期聘用合同。

赵静喜忧参半，为什么呢？上学时计算机方面的课只上了公共课程计算机文化基础，上网只是会一点点，接触不多。工作后又一直在忙，由于公司小、人数少，基本上没什么现代化的管理，而大公司办公室都是网络办公管理，她在其他方面不担心，但在这方面她怕做不好。

项目分析

此项目的核心实际上就是网络在办公中的应用。在职场办公中常用到的网络技能归纳起来大致有以下几个方面：

1）即时通信软件的应用。

2）用电子邮件收发文件。

3）OA办公系统的应用。

要做一个合格的网络时代新白领我们必须学会用网络来分担我们的工作，这是此项目的关键。

即时通信软件主要是用来即时与客户或同事沟通，促进交流的。电子邮件主要用来收发文件，或下达工作任务、上报任务完成情况等，一般的重要资料最好用电子邮件发送并一定要有确认并备份。OA办公系统是一种先进的规范化日常办公管理系统，它可以让我们的公司管理以及各部门协作更加透明、集中、规范。还有就是，因为网络是虚拟世界，网络办公的礼仪也是一个值得注意的问题。

项目实施

一、成为“网络时代新白领”就职准备

1）一个网络机房，并接入互联网。

2）企业QQ号码和工号。

3）OA办公系统软件。

二、网上办公软件的学习

（一）网上办公——即时通信软件（腾讯QQ）

在瞬息万变的商业领域，即时了解最新动态和最新行情是非常重要的。即时通信工具在这方面起着非常关键的作用，无论是内部同事的联系，还是与供应商及客户通信都离不开即时通信工具。

腾讯QQ是深圳市腾讯计算机系统有限公司开发的一款基于互联网的即时通信（IM）软件。QQ界面图7-1所示。腾讯QQ支持在线聊天、视频电话、点对点断点续传文件、共享文件、网络硬盘、自定义面板、QQ邮箱、企业QQ等多种功能。并可与移动通信终端等多种通信方式相连。您可以使用QQ方便、实用、高效地和朋友联系，而这一切都是免费的。

1．QQ8.1.17202的基本操作

（1）网上下载QQ8.1.17202安装

进入腾讯页面http://pc.qq.com，单击‘下载’按钮即可。下载完成，双击“开始安装”按钮，在出现的《腾讯QQ用户协议》中选择“我同意”，然后根据向导单击“下一步”……“下一步”即可完成安装。

（2）申请注册QQ号码

在登录界面中单击“注册新账号”，在弹出“申请QQ账号”窗口中选择申请免费QQ号

码，如图7-1、图7-2所示。

图7-1　QQ登录界面

图7-2　申请QQ账号窗口

可直接申请免费的QQ号码，也可通过网站申请免费QQ号码。进入QQ号码申请的页面：http://zc.qq.com，确认服务条款，填写“必填基本信息”，单击“下一步”，即可获得免费的QQ号码。

（3）**登录QQ**

首次登录QQ，为了保障信息安全，可选择相应的登录模式。

运行QQ，输入QQ号码和密码即可登录QQ。也可以选择手机号码、电子邮箱等多种方式登录QQ，如图7-3、图7-4所示。

图7-3　QQ经典登录窗口

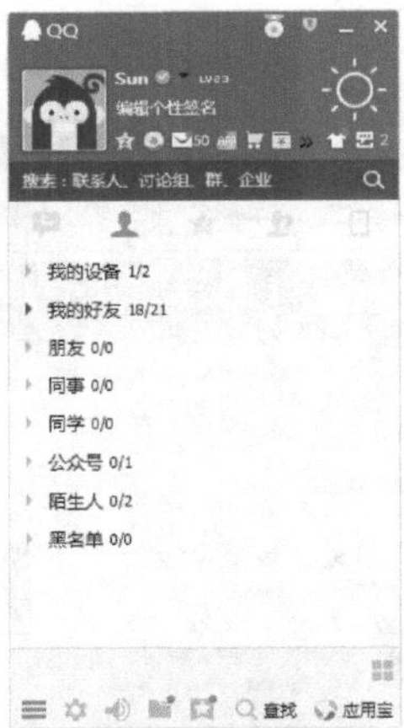

图7-4　QQ上线界面

（4）**查找功能**

新号码首次登录时，好友名单是空的，要和其他人联系，必须先要添加好友。成功查找添加好友后，就可以体验QQ的各种特色功能了。

在主面板上单击“查找”，打开“查找/添加好友”窗口。QQ为用户提供了多种方式查找好友。

在基本查找中可查看“看谁在线上”和当前在线人数。若知道对方的QQ号码、昵称或电子邮件，即可进行直接查找，如图7-5所示。

还可设置一个或多个查询条件来查询用户。可以自由选择组合“在线用户”“有摄像头”“省份”“城市”“性别”“年龄”等多个查询条件。

图7-5　QQ查找联系人

在群用户查找中，在已知群账号的情况下可直接输入账号查找并添加，但如想添加相关群，如“学习考试”中与PS培训相关的群，可以如图7-6所示进行添加。

图7-6　QQ查找PS相关群

还有“找课程”，现代社会知识更新很快，要有好的工作就必须不断学习提升自身知识水平，而QQ可以助你一臂之力。可以查看“精品推荐”，也可以选择“精选课程”，其中有免费的也有付费的，在“腾讯课堂”里总有一课是你所需的，如图7-7所示。

在“找服务”中有很多与我们切身相关的服务项目，以“热门招聘”中“行政专员助理”为例，如图7-8所示。如有满意的工作，单击对应链接即可打开如图7-9所示招聘页面。

图7-7　QQ查找课程

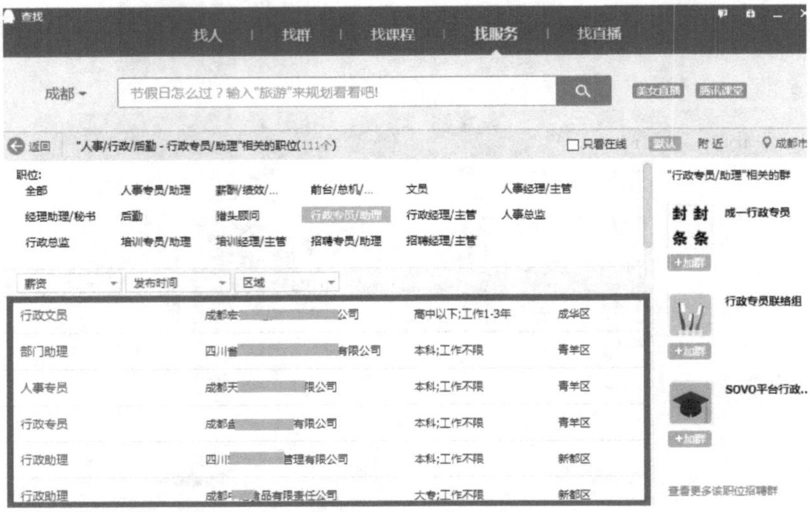

图7-8　QQ服务查找

仔细查看招聘窗口内容，如还有什么问题单击窗口右上角“咨询”即可与该企业客服通过QQ联系，当然想进一步了解该企业还可以单击其下“企业主页”图标，即可链接进入企业主页，查看或者咨询完毕后如还满意就可单击“申请职位”按钮，进入相应的页面完成申请资料填写即可申请，如图7-9所示。

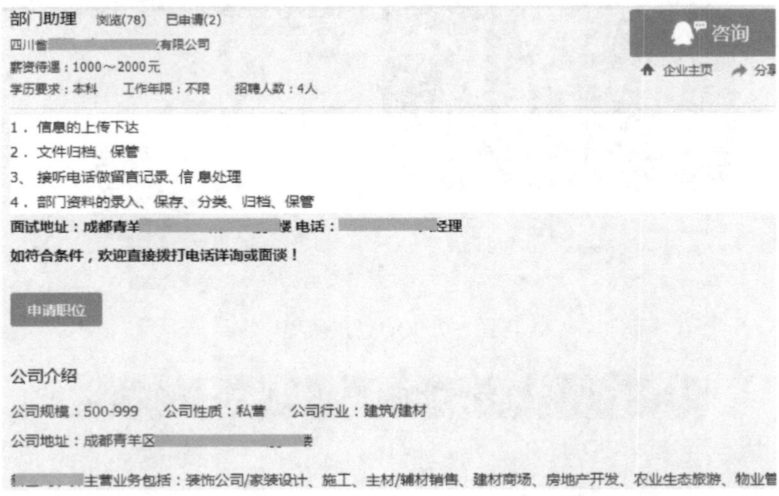

图7-9　QQ热门招聘实例

（5）**好友交流**

双击好友头像，在聊天窗口中输入消息，单击“发送”按钮，即可向好友发送即时消息。当然发送的内容可以是文字，也可以是表情、录音、视频、图片、音乐、截屏等消息。为了方便即时交流，好友窗口还提供了语音通话、视频通话、远程演示、传送文件、创建讨论组等交流方式。其中语音通话、视频通话、远程演示这三项是需要向好友发出邀请，对方同意请求后才可以进行的，即好友双方必须同时在线，而其他应用或消息发送则没有这项要求，如图7-10、图7-11所示。

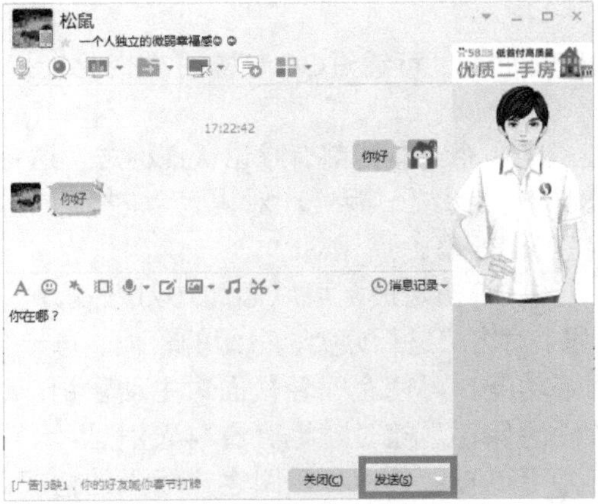

图7-10　QQ消息发送

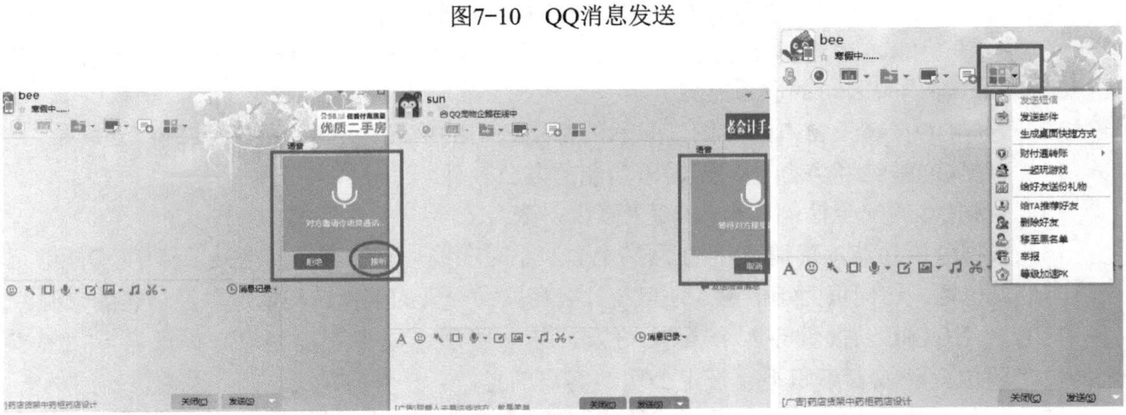

图7-11　QQ好友其他交流方式

2. 腾讯商户营销QQ

营销QQ是在QQ即时通信的平台基础上，专为企业用户量身定制的在线客服与营销平台。它基于QQ海量用户平台，致力于搭建客户与企业之间的沟通桥梁，充分满足企业客服稳定、安全、快捷的工作需求。营销QQ是“腾讯商户营销QQ账号”的简称，专为中小型企业提供日常企业经营及服务而设计。

营销QQ可按企业需求定制在线客服与网络营销工具，通过7.8亿QQ用户帮助企业拓展并沉淀新客户，帮助企业提高在线沟通效率、拓展商机。

（1）营销QQ适用范围

1）拥有大量客户咨询要求，希望系统化管理客户的企业或个体商户。

2）在最高达10万好友容量的基础上，群发消息功能为企业提供了低成本的客服沟通与产品营销渠道。

3）系统化管理客户：每天接触的客户众多，想要对客户进行系统分类，有对客户进行回访的需求，希望可以向符合条件的目标客户推送公告等信息。

（2）系统优势

1）营销QQ是24小时在线客服软件，只要有客户访问公司的网站，营销QQ便会主动弹出对话框，跟访客对话，同时能够把访客的个人QQ号码记录下来，24小时帮助公司积累潜在客户。

2）在企业QQ查找企业里面，更可通过QQ专属的“企业查找”“关键词搜索”找到公司，大幅提升曝光量。

3）营销QQ号码、企业空间、企业微博都有腾讯认证标志，这有利于提高公司的可信度。

4）对外是以400或者800开头的统一靓号，对内可以多个工号协同工作。对外展示公司统一的企业形象，对内提高工作效率。

5）可添加海量好友，营销QQ初始最多可以添加10万好友。

6）客户管理功能，有利于对客户进行分类、分组的管理。每一个客户建立一个客户档案。

7）群发消息、群发调查功能，可使企业轻松面对主动营销，达到率远超各类产品。

8）所有聊天记录永久漫游保存，随时随地查看聊天消息。

9）管理权限，1001工号可以查看其他工号跟客户聊天的情况。

10）宣传功能，专属的企业好友分组，24小时的品牌展示。

11）宣传功能，通过腾讯认证的企业空间展示的是公司的介绍、公司动态、公司新闻、产品图片，以及公司的联系方式。

12）营销QQ在聊天窗口的右侧，展示的都是公司的信息，可谓永久免费的广告牌位。

13）营销QQ是纯商务办公、无娱乐功能的办公软件。

14）营销QQ的安全性能比个人QQ更强大，账号安全，主动掌握。

15）数据分析功能，营销QQ挂在网站上面24小时在线，有访客访问网站，营销QQ能够记录访客地理位置、访问页面等信息，还可统计公司网站一天的整体访问情况以及访客的来源。

16）营销QQ可以批量导入个人QQ好友，统一管理，集中管理客户，保证客户信息安全，员工职位变动或者离职不会带走公司的客户信息。

17）转接功能，比如说，今天员工腾某某没有来上班，刚好他的客户有事找他，那么员工云某某就可以为客户提供服务，这样不会因为内部原因，失去客户。

18）可以设置自动欢迎语，提升客户体验。

请从营销QQ官方网站http://b.qq.com/download2.0（SP2）版营销QQ安装文件，运行安装文件进入安装过程，如图7-12、图7-13所示。

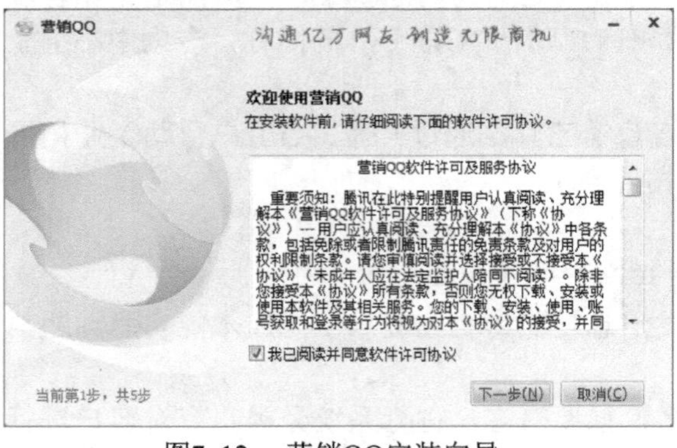

图7-12　营销QQ安装向导

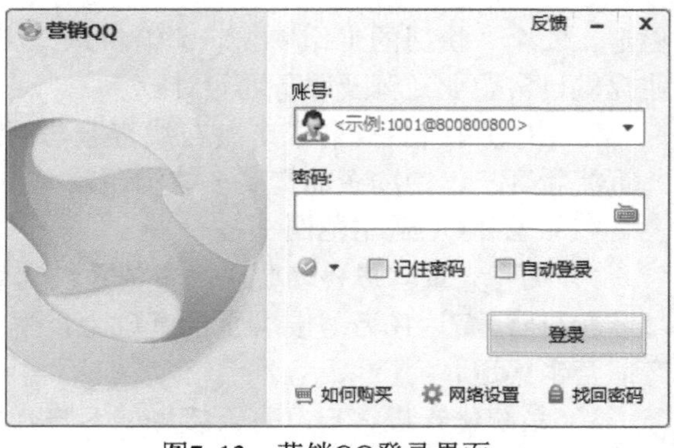

图7-13　营销QQ登录界面

营销QQ2.0采用了“工号@主号”的形式进行登录，请您在登录窗口依照该形式输入账号信息。1001工号的密码在购买时可从经销商处获得，其他工号的登录密码需要1001工号在“设置”中初始化。

管理员QQ号在营销QQ系统中称为关联QQ。主要有如下作用：

1）获得营销QQ产品更新的重要途径。

2）获得系统提醒的关键途径。

3）找回密码、确认企业认证信息的重要途径。

4）群发消息、群发调查等消息预览的接收途径。

将“营销QQ在线状态”代码嵌入您的网站后，访客即可看到您的营销QQ图标，单击可直接与您的员工进行会话。

（二）网上办公——电子邮件收发

在企业工作中，电话和即时通信虽然能解决时效性的问题，但对于知识积累和知识共享来说作用甚微。而电子邮件的重要作用便是有利于沟通内容的完整性、系统性，因此，对于知识的整理和积累都非常有用。

在信息化的今天，随着数据量的增加，对数据安全的认知度的加深，我们会逐渐发现，电子邮件已经成为商业机密、商业机会和商业沟通手段。越来越多的企业发现，如何保证电子邮件的有效利用以及保证安全成为当务之急，而这些问题的处理前提，就是要完成电子邮件归档的工作。

下面我们以电子邮件客户端Foxmail7.2.7为例来进行说明。

1. 什么是电子邮件

电子邮件（Electronic Mail，简称E-mail，也被大家昵称为“伊妹儿”）又称电子信箱、电子邮政，它是一种用电子手段提供信息交换的通信方式。它是互联网应用最广的服务：通过网络的电子邮件系统，用户可以用非常低廉的价格（不管发送到哪里，都只需负担网费即可），以非常快速的方式（几秒钟之内可以发送到世界上任何你指定的目的地），与世界上任何一个角落的网络用户联系，这些电子邮件可以是文字、图像、声音等各种方式。

2. 电子邮件地址的构成

电子邮件地址的格式是“USER@SERVER.COM”。它由三部分组成，第一部分“USER”代表用户信箱的账号，对于同一个邮件接收服务器来说，这个账号必须是唯一的；第二部分“@”是分隔符；第三部分“SERVER.COM”是用户信箱的邮件接收服务器域名，用以标志其所在的位置。

3. 电子邮箱服务器的选择

邮箱注册之前对邮箱的选择也是很重要的。在我们注册邮箱时一定要根据自己的实际情况选择注册最合适自己的邮箱，当然也可以根据自己不同的事务注册多个邮箱。

如果经常需要收发一些大的附件，Gmail、Yahoo mail、Hotmail、MSN mail、网易163 mail、126 mail、Yeah mail等都能很好地满足要求。

如果自己有计算机，那么最好选择支持POP/SMTP协议的邮箱，可以通过Outlook、Foxmail等电子邮件客户端软件将邮件下载到自己的硬盘上，这样就不用担心邮箱的大小不够用，同时还能避免别人窃取密码以后偷看你的信件。当然前提是不在服务器上保留副本。

若是想在第一时间知道自己的新邮件，那么推荐使用中国移动通信的移动梦网随心邮，当有邮件到达的时候会有手机短信通知。中国联通用户可以选择如意邮箱。还有就是TOM mail用户也有免费手机短信提醒（联通手机用户除外）。

如果只是在国内使用，那么QQ邮箱也是很好的选择，拥有QQ号码@qq.com的邮箱地址能让你的朋友通过QQ和你发送即时消息。当然你也可以使用别名邮箱。另外，随着腾讯收购Foxmail使得腾讯在电子邮件地址领域的技术得到很大的加强，所以使用QQ邮箱应该是很安全的。同时，QQ邮箱也支持大容量的邮件附件收发。

使用收费邮箱的朋友要注意邮件地址的性价比，看是否值得花钱购买，也要看看自己能否长期支付其费用，目前网易VIP邮箱、188财富邮、QQ VIP邮箱都很不错，尤其是它们会提供多种名片设计方案，非常人性化，强烈推荐大家使用。

目前网络中常用的邮件服务见表7-1。

表7-1　邮件服务

Hotmail（微软）	MSN mail（微软）	Gmail（谷歌）
Yahoo mail（雅虎）	QQ mail（腾讯）	Foxmail（腾讯）
163mail（网易）	126邮箱（网易）	yeah.net（网易）
china.com（中华网）	sina.com（新浪网）	tommail（tom.com）

4．电子邮箱注册

在注册QQ号的同时便拥有了QQ邮箱，单击“开通”即可，因为国内QQ用户众多，使得QQ邮箱成为一种不错的选择。

当然，我们也可以注册其他的邮箱，比如说在工作中很多事情需要即时处理，我们可以注册一个tommail邮箱。这款邮件支持当有邮件到达的时候会有手机短信通知这一功能。

1）首先在浏览器地址栏输入http://mail.tom.com/，进入tom邮箱，如图7-14所示。

图7-14　tom邮箱登录网页

2）单击“免费注册”按钮，进入注册页面，填写相关资料，如图7-15所示。

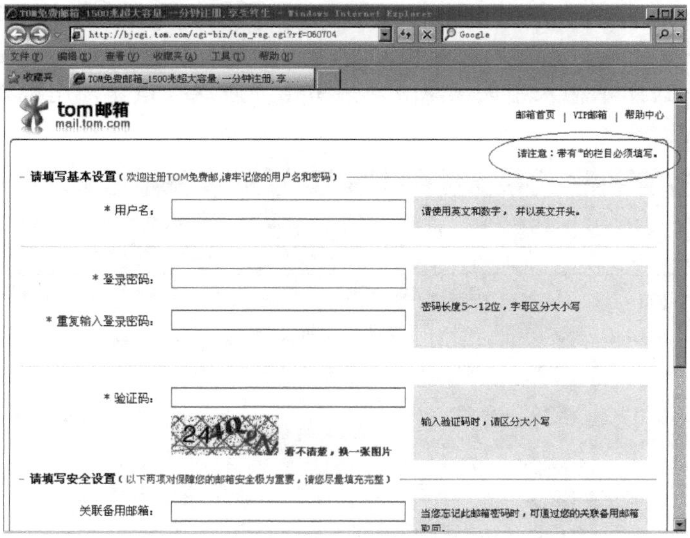

图7-15　tom邮箱注册网页

3）进入邮箱。在“免费短信提醒”处输入你的手机号码即可享受此项功能，没任何费用，如图7-16所示。

4）由于现在的营销邮件很多，手机短信一直响也很让人困扰，此时我们可以设置提醒名单，只接受指定邮箱发来的邮件短信通知。

图7-16　免费短信提醒设置

5．收发电子邮件

有了邮箱地址就可以收发电子邮件了。

收发邮件有两种形式，一种是直接在登录邮箱服务器的网页上进行收发邮件的Web电子邮件，另一种主要针对自己有计算机的，安装电子邮件客户端进行收发邮件。

（1）**Web电子邮件收发**

1）发送邮件。登录http://mail.tom.com网站→在用户名栏中输入刚才申请的邮箱的用户名（或称账号）→在密码栏内输入此邮箱的密码→单击“登录”→进入tom邮箱页面→单击“写信”，如图7-17所示输入相关信息→然后单击“发送”按钮，出现如图7-18所示页面表示发送成功。

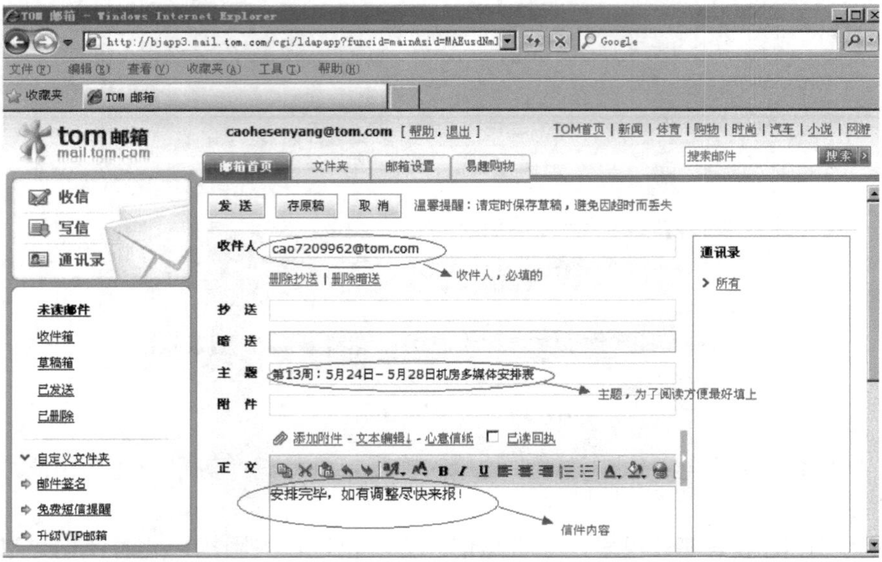

图7-17　写邮件

图7-18　邮件发送成功

2）接收邮件并阅读。我们在收到新邮件短信提示后，进入邮箱所在网页http://mail.tom.com，和发邮件一样，先输入用户名、密码登录，进入邮箱页面。邮箱内新收到邮件旁会出现带有红色数字显示的数目，此时已表明你已收到了别人发给你的邮件而且还没有阅读。

对于新收到的或已收到邮件，想要看其内容的话，可以这样操作：单击左侧列表的“未读邮件”或者单击收件箱，进入收件箱，此时，收件箱中将列出收件箱中所有的邮件（见图7-19），选择要查看的邮件，双击打开阅读即可。

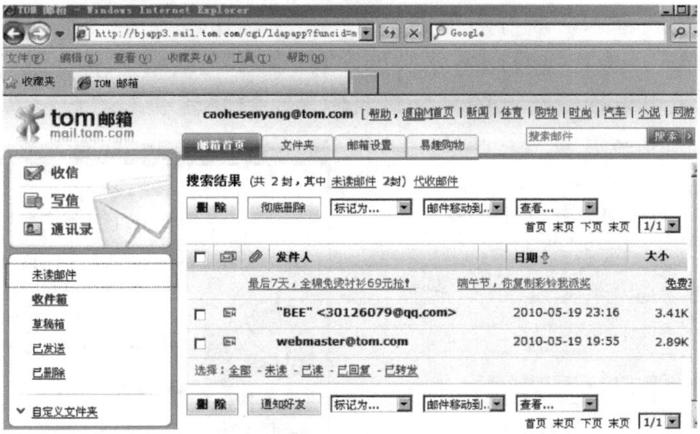

图7-19　收邮件

以上都是基于网页的电子邮件收发。当邮件量多而且网速不是很快时就会让人有点恼火，特别是每次查看邮件不管是新的还是旧的还必须先登录，很是麻烦。

（2）**电子邮件客户端Foxmail7.2.7**

1）Foxmail7.2.7简介。Foxmail是中国最著名的软件产品之一，列名“十大国产软件”，是由华中科技大学（原华中理工大学）张小龙开发的一款优秀的国产电子邮件客户端软件，被太平洋电脑网评为五星级软件。Foxmail通过和U盘的授权捆绑形成了安全邮、随身邮等一系列产品。

Foxmail 2005年3月16日，Foxmail被腾讯收购。新的Foxmail具备强大的反垃圾邮件功能。它使用多种技术对邮件进行判别，能够准确识别垃圾邮件与非垃圾邮件。

相比Web电子邮件，使用电子邮件客户端Foxmail是更快、更全、更安全的选择。

2）Foxmail 7.2.7下载与安装。进入“天空下载”的http://www.skycn.com/soft/3761.html网页，下载Foxmail 7.2.7中文简体版。双击安装程序，在安装向导的提示下安装，如图7-20所示。

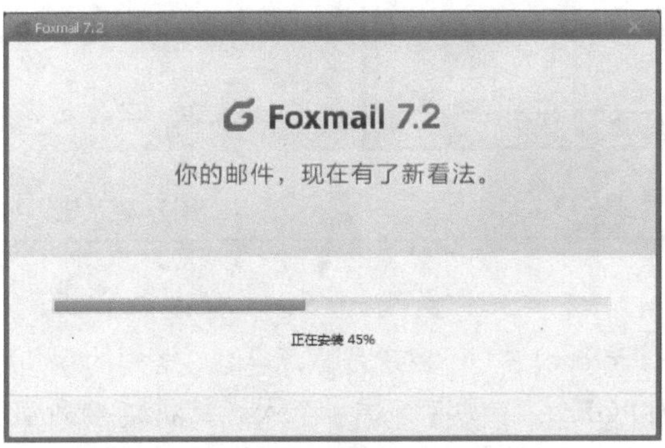

图7-20　Foxmail 7.2.7安装界面

3）建立新用户账户。如果是第一次安装，在首次运行时会自动启动“新建用户账户”

向导，如果是升级只须单击桌面 图标，启动 Foxmail（如果是首次运行，会自动启动“新建用户账户”向导）进入新建用户账户向导，根据向导提示，填写相关资料。

① 如图7-21所示，输入电子邮件地址和密码，下面的账户名称将自动生成，当然也可以根据自己的喜好重新输入，填好后单点“下一步”按钮。

② 如图7-22所示，选择接收服务器类型，有POP3和IMAP两种，默认为POP3。其余也是自动生成，当然也可以根据自己的喜好重新输入，填好后单击“下一步”按钮。

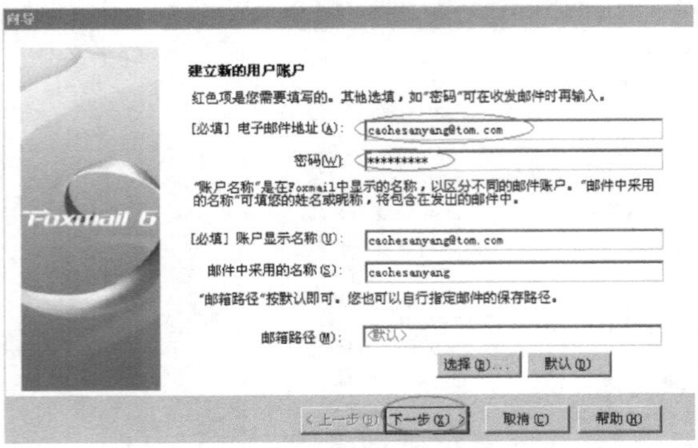

图7-21　建立新用户账户

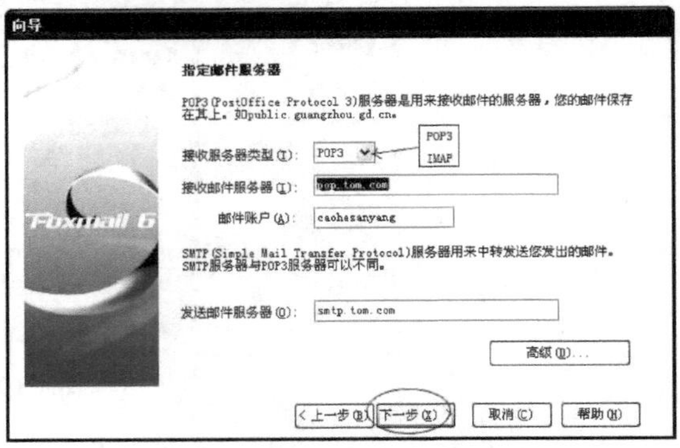

图7-22　指定邮件服务器

③ 如图7-23所示，可选择图片，这个图片可以是你的头像也可以是代表你的个性或喜好的图片，这个图片是别人在阅读你邮件的同时显示的图片。不想要可选“清除图片”。

④ 最后“测试账户设置”，这时foxmail将自动连接你的邮件服务器，测试你的用户名和密码是否正确，如有问题可选“上一步”重新设置，如一切正确，单击“完成”按钮进入Foxmail用户界面，如图7-24所示。

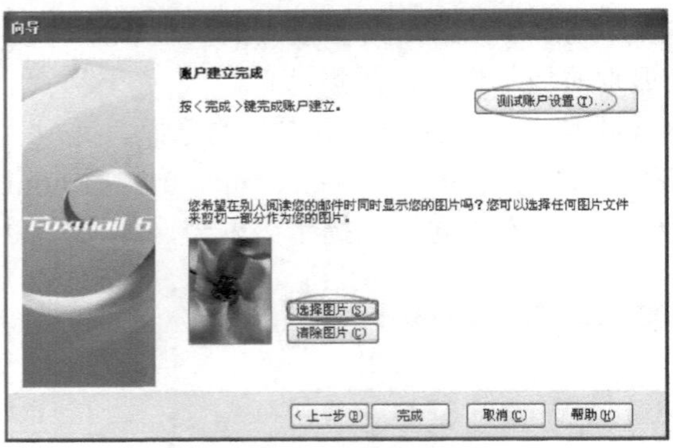

图7-23　完成测试账户

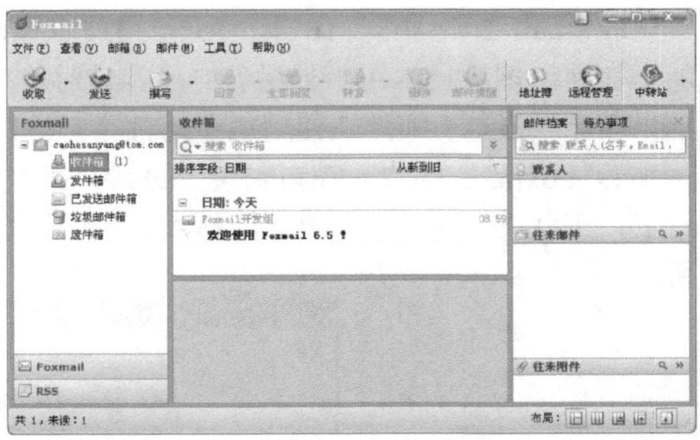

图7-24　进入Foxmail用户界面

知识链接

POP3（Post Office Protocol 3）：POP是适用于C/S结构的脱机模型的电子邮件协议，目前已发展到第3版，称POP3。它规定怎样将个人计算机连接到互联网的邮件服务器和下载电子邮件的电子协议。它是互联网电子邮件的第一个离线协议标准，POP3允许用户从服务器上把邮件存储到本地主机（即自己的计算机）上，同时删除保存在邮件服务器上的邮件，而POP3服务器则是遵循POP3协议的接收邮件服务器，是用来接收电子邮件的。

IMAP（Internet Mail Access Protocol，交互式邮件存取协议）：它的主要作用是邮件客户端可以通过这种协议从邮件服务器上获取邮件的信息、下载邮件等。

IMAP与POP3的一个区别是：IMAP只下载邮件的主题，并不是把所有的邮件内容都下载下来，而是你邮箱当中还保留着邮件的副本，没有把你原邮箱中的邮件删除，你用邮件客户软件阅读邮件时才下载邮件的内容。IMAP4改进了POP3的不足，用户可以通过浏览信件头来决定是不是要下载此信，还可以在服务器上创建或更改文件夹或邮箱，删除信件或检索信件的特定部分。

SMTP（Simple Mail Transfer Protocol）：即简单邮件传输协议，是一种提供可靠且有效电子邮件传输的协议。SMTP目前已是事实上的在互联网传输E-Mail的标准，是一个相对简单的基于文本的协议。在其之上指定了一条消息的一个或多个接收者（在大多数情况下被确定是存在的），然后消息文本就传输了。SMTP工作在两种情况下：一是电子邮件从客户机传输到服务器：二是从某一个服务器传输到另一个服务器。

4）收取并阅读邮件。如图7-25，单击“收件箱”图标，Foxmail将自动连接你的邮件服务器，把你未收取的邮件保存在你的计算机上。当然也可以在“邮箱”菜单下选择“修改邮箱账户属性”，在“属性”窗口选择“接收邮件”项。

勾选“在邮件服务器保留备份”，表示客户端收取邮件后，邮件服务器上的收取过的邮件不会删除。如不勾选，客户端收取邮件后，邮件服务器上的收取过的邮件将会自动被删除。

如在其下方勾选“在7天后删除”，表示客户端收取邮件后，邮件服务器上的收取过的邮件会在7天后删除，当然这里的天数可以根据你的情况自行设置，如图7-26所示。

如果设置了新邮件短信提示就可以不必设置“每隔15分钟自动收取新邮件”和“新邮件到来时播放声音”。

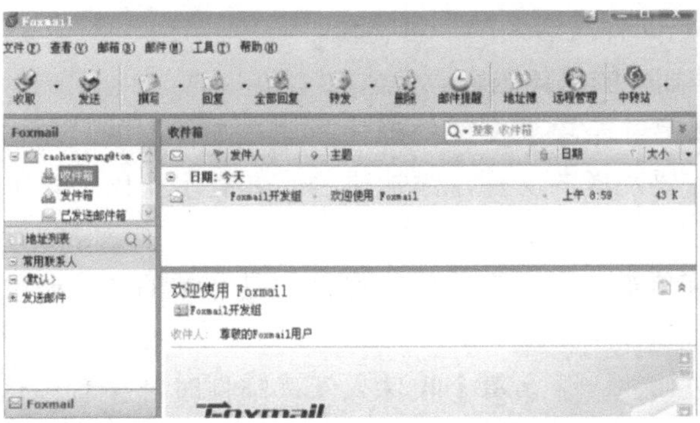

图7-25　收取并阅读邮件

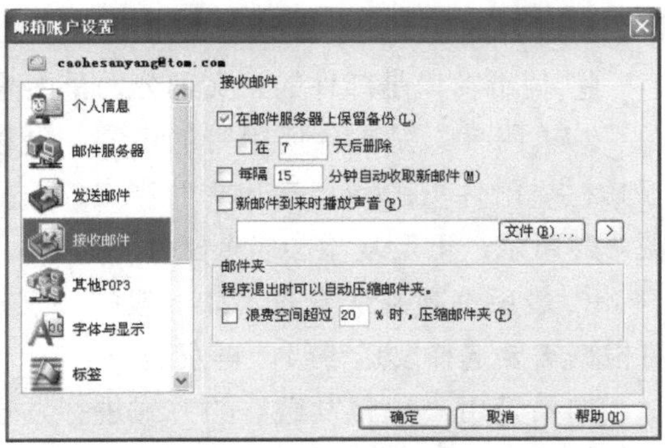

图7-26　邮箱账户设置

阅读邮件有两种方式：一种是简单浏览，点“收件箱”，出现收件箱列表，用鼠标单击所要阅读的邮件，在邮件列表窗口下面窗口将会出现所选邮件的内容，如图7-26所示。另一种是用鼠标双击所要阅读的邮件，单独打开一个邮件窗口阅读。

5）写邮件并发送。进入写邮件窗口界面有两种方式：一种是阅读完邮件单击“回复”，会弹出写邮件窗口；另一种是直接在Foxmail窗口界面的工具栏单击“撰写”，可以选择信纸进入写邮件窗口，如图7-27所示。

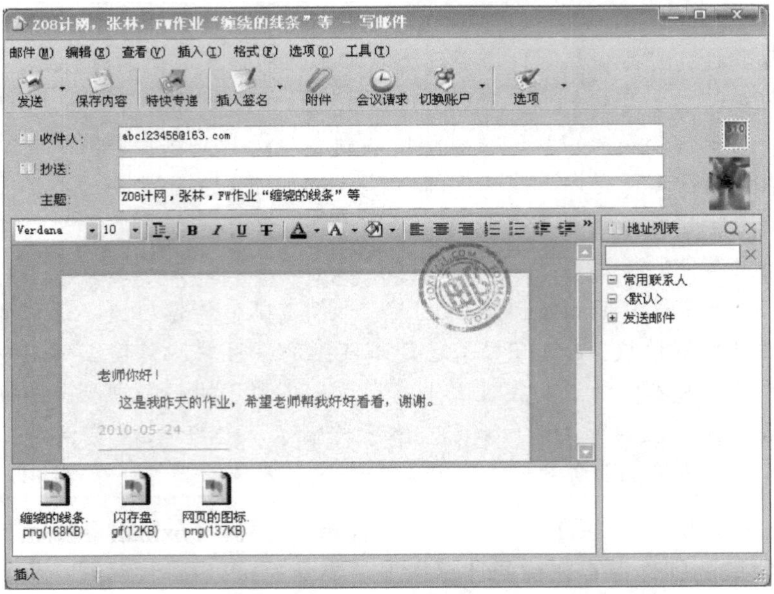

图7-27　写信窗口

那怎么写邮件呢？

① 必须填写的是“收件人”，这是邮件传送中最重要的一项。为了输入方便和以免输入错误，最好把常联系的人添加到“地址列表”中。

②“抄送”的意思是，邮件还可以同时发送给其他人的地址，如有两个或两个以上地址要用分号间隔。这一项可根据发件人实际情况进行添加。

③“主题”是你所发送的这封邮件的主要内容，它可以让收件人在不打开邮件的情况下了解邮件的主要内容。这项最好要有，这是邮件发送人的一种礼仪。

④ 信纸窗口是邮件的正文部分，里面是邮件的具体内容。

⑤“附件”是邮件所附带的内容，是以另一个单独文件的形式附加在邮件上的。单击工具栏“附件”图标，打开文件窗口，选择要发送的文件，添加进去，如有多个附件，如图7-28所示，可反复添加多个文件。

⑥ 最后选择发送方式，如一般邮件直接单击“发送”按钮即可，如是非常的紧急邮件可根据需要选择发送等级，再发送。

如果采用“独立发送”的方式进行发送邮件，那么每个收件人阅读邮件时都会看到这封邮件是唯一发送给自己的。

过节了，要发出节日祝贺，这是与客户沟通的一个重要环节，如一个一个地发客户太多，工作量相当大，但用通常的“抄送”功能显得诚意不足，这时候Foxmail 7.2.7新增的“独立发送”功能就可以发挥重要作用了。

① 首先还是写好邮件内容，输入要收件人的邮箱地址，抄送处多个地址要用分号“；”间隔，如图7-28所示。

② 输入完毕，单击“邮件”菜单下的“独立发送”，这样以上各收件人阅读邮件时会看到这封邮件是唯一发送给自己的，如图7-29所示。

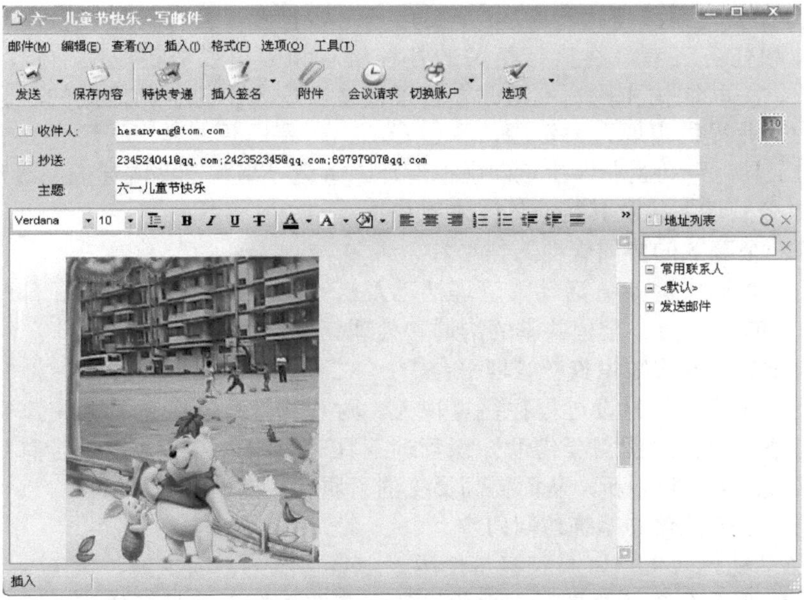

图7-28　群发邮件

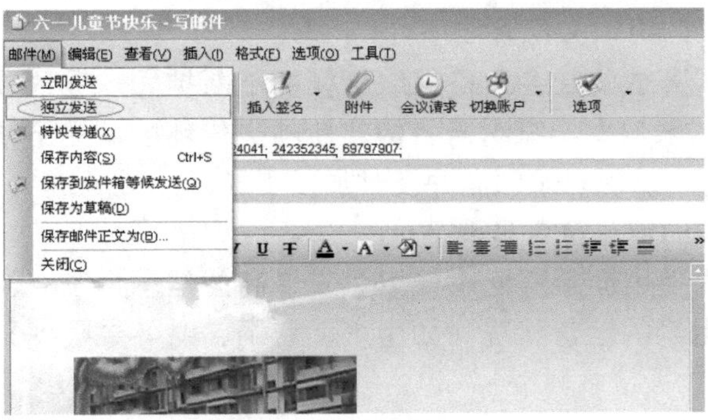

图7-29　独立发送

（三）网上办公——OA协同办公管理系统

OA是Office Automation的缩写，指办公室自动化或自动化办公。如今的OA变革的不仅仅是技术，更多的是将最新的管理思想、管理理念植入其中，使企业在面对外部环境的易变性与复杂性时，突破以往传统的严格的部门分工，打破使企业在高速发展过程中呈现出的多项目、跨区域、集团化的发展趋势受时间、地域、部门之间的限制所带来的信息孤岛，从而提升企业的整体竞争力和前进速度。

1. OA协同办公系统及其特征

OA协同办公管理系统不仅仅是企业办公的一种工具，更应该是一种有思想、有模式的懂管理的软件。目前市场上主流的OA协同办公管理系统就为现代企业发展注入了强劲的动力，OA协同办公管理系统是在研究现代组织实践案例和管理理论发展方向的基础上，结合神经网络的研究成果而设计的协同管理系统。它以动态组织为行为主体，以工作流为传导模型，以任务为处理模型，将组织行为的复杂性通过三者的结合充分表现出来，从而帮助实际组织解决管理过程中的复杂难题。

OA协同办公管理系统将执行中的3个要点——执行者、目标与过程管控——通过动态组织、工作流和任务三者，将执行相关的各种信息和应用紧密集成在一起，并用权变组织、网状沟通、关联结构和控制反馈四个管理模型实现各个执行体之间的融会贯通和统一管理，从而为企业提供实现人力资源、资金资源、产品资源、客户资源、知识资源的高度整合和统一的工具，帮助企业逐步走向虚拟管理、敏捷办事和互动沟通的高级形态。

OA协同办公管理系统及其特征具体表现在：

（1）**需要一个高效的协同管理工作平台**

能够将组织管理中的业务活动、管理活动及活动产生的信息在组织、部门、个人之间进行及时高效、有序可控、全程共享的沟通和处理。

（2）**需要一个有效的知识资产管理平台**

过去在组织的信息化建设过程往往重视人、财、物这些有形的物质资产管理，忽视了知识资产的管理，现在企业需要借助知识管理工具对组织内外的知识进行有效的获取、沉淀、共享、应用、学习和创新，从而提高员工的素质和技能、执行力。

（3）**需要一个个性化的系统访问门户**

传统的OA功能比较单一，员工容易使用，随着功能的不断扩展，员工对功能的需求也不尽相同，这就要求系统必须具有人性化设计，能够根据不同员工的需要进行功能组合，将合适的功能放在合适的位置给合适的员工访问，实现真正的人本管理。

（4）**需要一个良好的组织文化管理平台**

开放的社会造就了开放的社会人，组织规模的不断扩大，导致领导与员工、员工与员工间的直接沟通机会越来越少，组织需要构建新的文化环境，便于领导与员工、员工与员工相互沟通、增进了解、发现思想倾向并及时加以引导。

（5）**需要一个集中的信息整合呈现平台**

办公系统是组织内使用面最广泛、使用频率最高的信息系统，希望能够通过办公系统实时、直观地了解到组织的运营状况（如生产、营销、财务等数据），同时有效地解决组织内信息孤岛的问题。

（6）**需要一个灵活的业务流程整合平台**

当组织面临客户不断提出端到端的服务时，员工办公环境将会越来越复杂，因此需要将日常工作活动、管理活动、业务活动有机结合，以快速响应客户需求，同时减少不必要的重复工作，将管理流程与业务流程进行有效的整合。

综合上述各种新的需求不难发现，现阶段的OA系统将以知识管理为核心、以实时协作为技术支撑手段，以统一的知识门户为展现方式。

2. 技术架构及性能要求

网络办公OA系统源码OA自动化系统免费版是一套适用于公司、企业、政府行政、事业单位的通用型网络办公软件，该系统是网络办公环境下程序的最佳解决方案。采用领先的B/S（浏览器/服务器）操作方式，使得网络办公不受地域限制，为企业提供一个安全、稳定、高效、易用而快捷的网络办公环境，系统集成了包括内部电子邮件、短信息、日程安排、通信录、考勤管理、网络硬盘、讨论区、投票、聊天室、人事档案、工资管理、办公用品、会议管理、车辆管理、图书管理、CRM、电话区号查询、邮政编码查询、法律法规查询、万年历、世界时间等数十个极具价值的功能模块。

3．网络办公OA系统实例操作

本节以网软志成在线网络办公系统为例进行说明。

1）打开浏览器，在地址栏输入http://www.wygk.cn/oa，进入在线演示系统。输入用户名、密码和验证码（演示系统用户名和密码均为:admin），如图7-30所示。

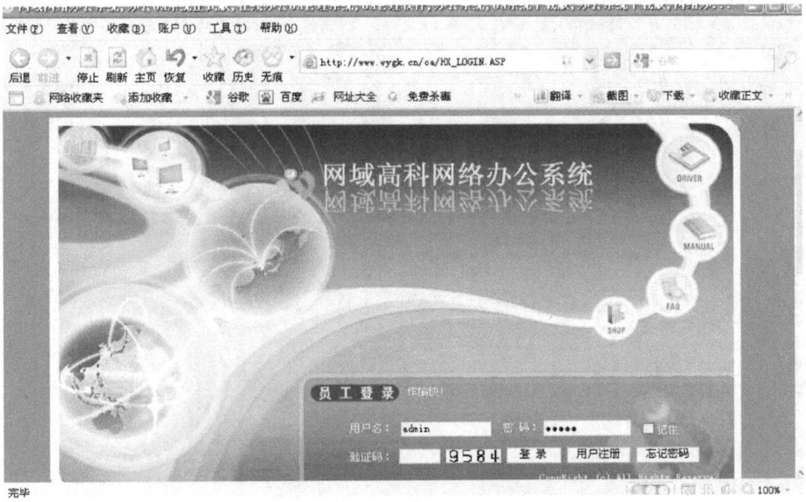

图7-30　网络办公演示系统登录界面

2）进入演示界面“我的办公桌”，如图7-31所示。

① 左边功能列表有个人办公、公文管理、公共事务、合同信息、工资查询、个人设置、外出登记、请假登记、上下班登记等。

右边窗口有今日值班、天气、日历、外出人员公告牌等。这样当天哪些人员不在便一目了然。

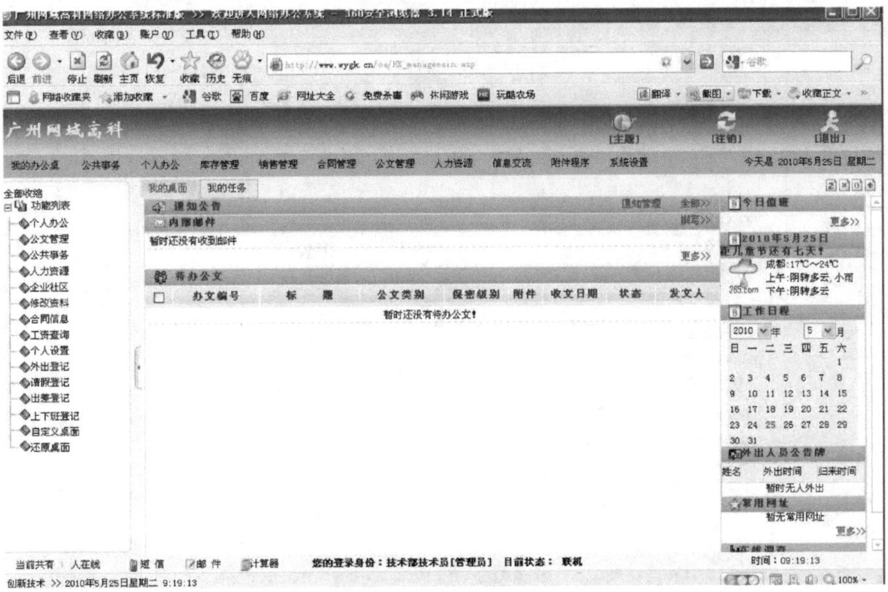

图7-31　“我的办公桌”窗口

②进入OA系统后，先进行“上下班登记”，如图7-32所示。

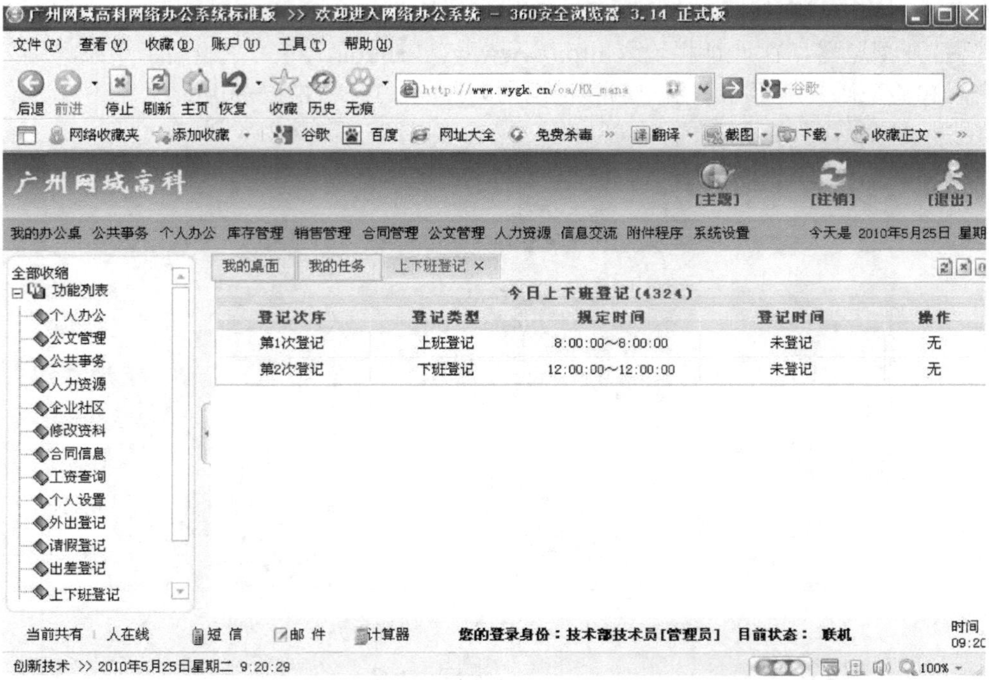

图7-32　上下班登记

③如果是第一次登录，先进入到“修改资料”项目（见图7-33），填写自己的资料。然后进入“个人设置”填写相关信息，如图7-34所示。

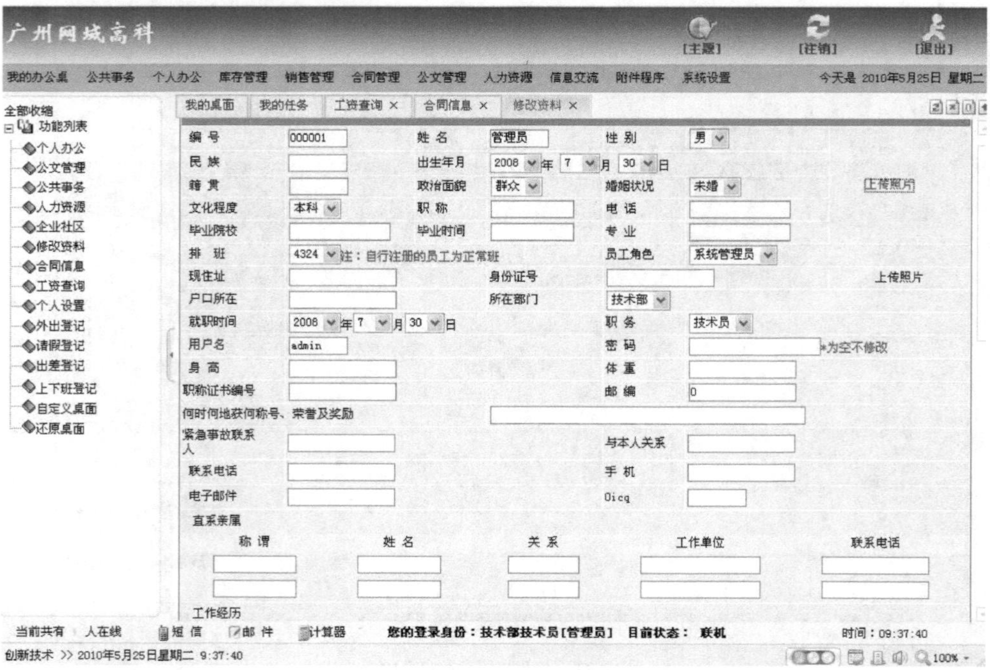

图7-33　修改资料

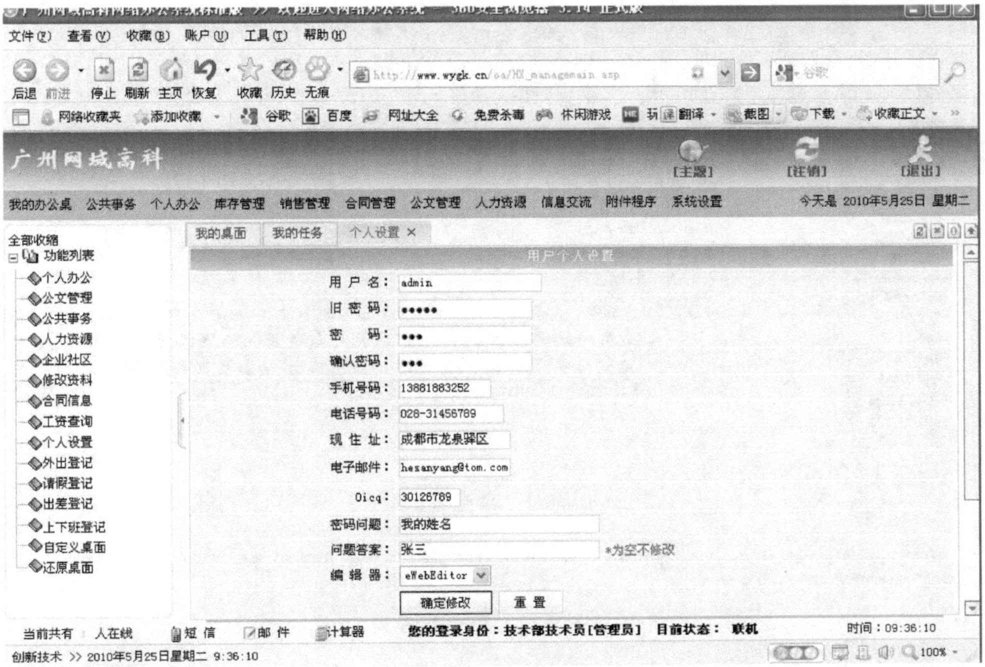

图7-34 个人设置

④ 如果是老用户，登录后的第一件事便是查看“我的任务”，然后根据任务的轻重缓急完成任务，如图7-35所示。

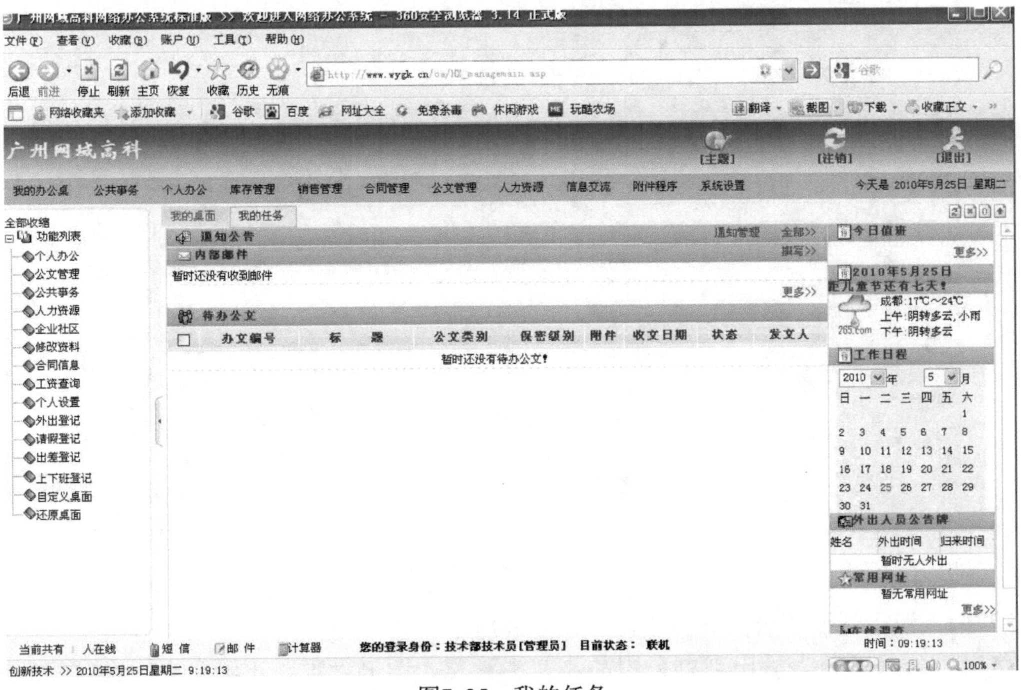

图7-35 我的任务

⑤ 如果你是一个管理人员需要下达任务，便进入“任务下达”选项，如图7-36所示。

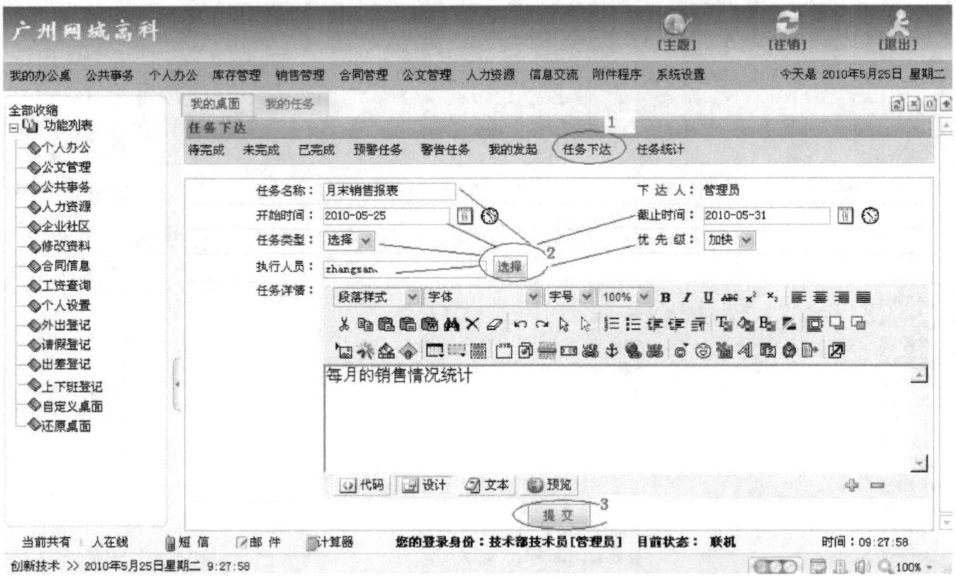

图7-36　任务下达

⑥选择“下达任务”后填写“任务名称”，选择任务开始时间和截止时间，选择任务类型，选择“优先级”，选择“执行人员”（见图7-37），输入任务详细情况后提交。

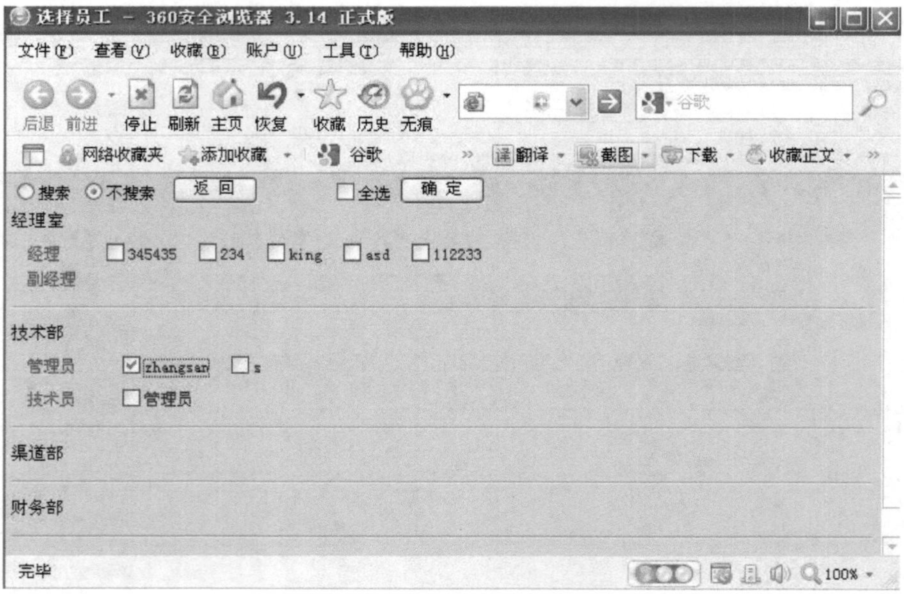

图7-37　选择执行人员

3）进入演示界面“公共事务”，如图7-38所示。

单击“公共事务”后出现办公用品、文档管理、图书管理、车辆管理、会议室管理等选项。

选择“文档管理”中的“新建文档”呈现如图7-39所示界面。

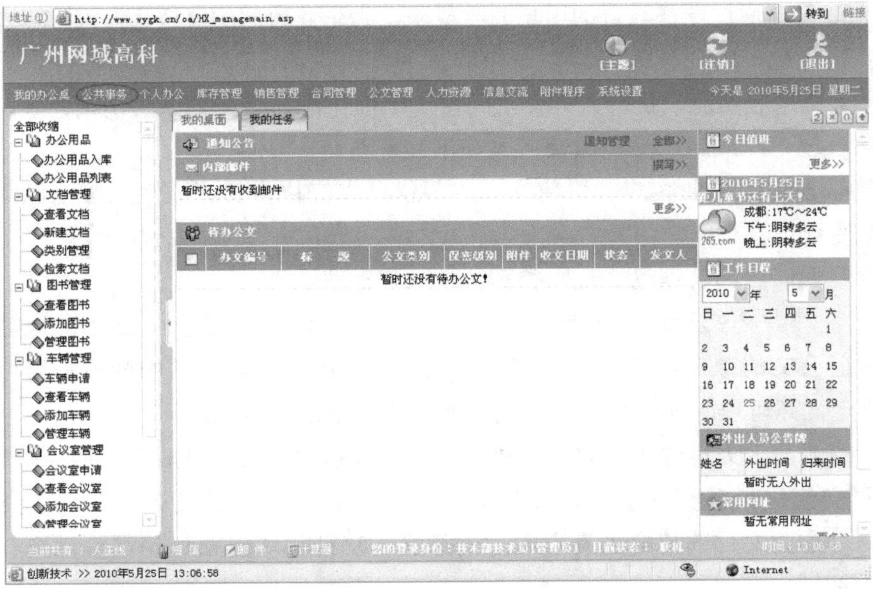

图7-38　公共事务

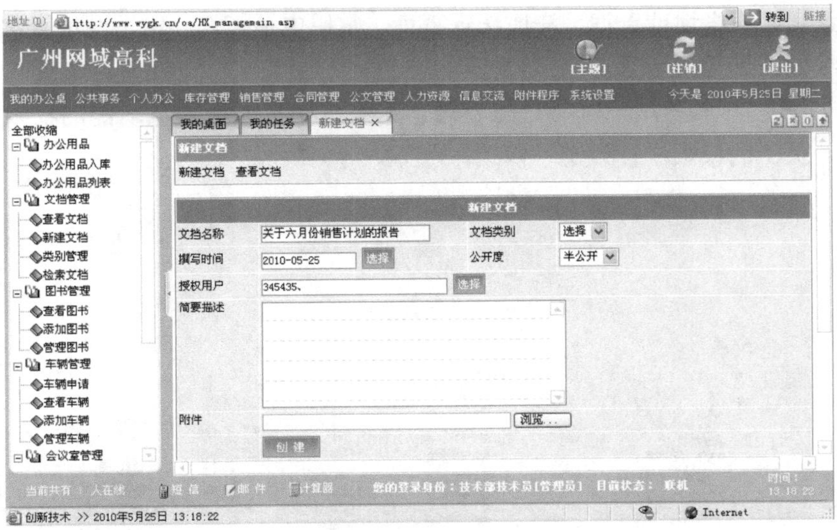

图7-39　新建文档

首先输入新建文档名称→选择文档类别→选择撰写时间→进行公开度设置→受权用户选择员工→单击“创建”按钮，如图7-39、图7-40所示。

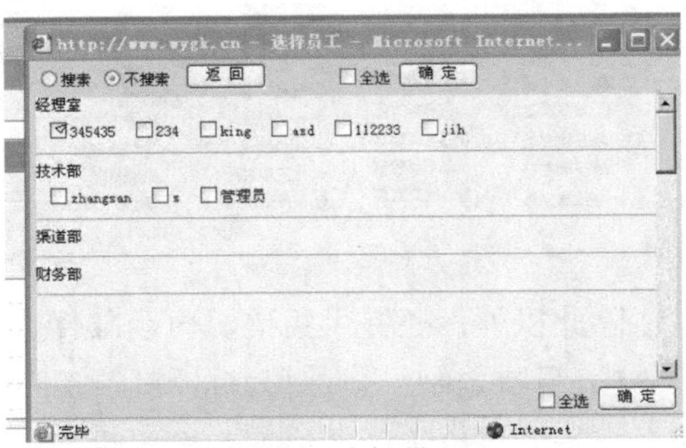

图7-40　选择员工

4）其他选项。

除前面两个项目以外，我们的办公系统还有很多其他的功能选项，如图7-41所示。

从左到右，主要功能如下：

①个人办公。通过严格设置的用户名与权限，为企业内部的每位不同岗位以及职责的员工在网络上建立起一个完整的虚拟办公空间，为其提供内部邮件、外部邮件、日程安排、通讯录、个人文档等功能，使个人办公空间富于个性化，而且变得条理清晰。

②库存管理。对最新产品、出货情况等进行管理。

③销售管理。把企业客户、供应商、财务信息、交往信息、联系人等信息集中到管理平台中，方便查找。

④合同管理。合同管理包括合同类别、录入和管理。

⑤公文管理。公文管理是根据企业实际办公流程设计，对企业公文进行管理的办公子系统，覆盖公文的拟定、审核、批准、发文、归档的全过程。其中的流程可以有多项选择，可以自定义亦可以专项定制，整个系统严谨而又极富灵活性。

⑥人力资源。人力资源用于对企业员工资料进行管理、工资发放等。

⑦信息交流。信息交流主要用以建立起一个企业公共信息发布、共享以及互动的窗口。此外，对企业文化的建立也有着深远的意义。功能模块包括讨论区、网络会议、网络硬盘、网络调查。

⑧附件程序。此模块包括很多实用的功能，如万年历、世界时间、公司简介、在线翻译、网络IP查询、手机地址查询、法律法规查询、常用电话查询、常用网址查询、身份证号查询、邮政编码及区号查询等。

⑨系统设置。对系统用户账号进行管理，为系统用户分配业务功能的权限。系统管理员可对部门、员工的权限进行设定、修改。

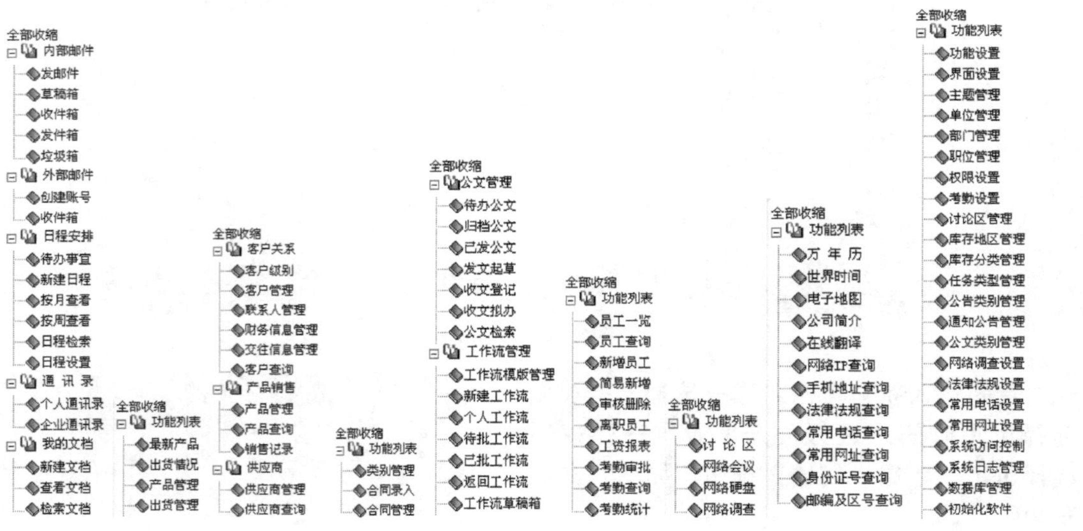

图7-41　其他功能

除此以外，还提供短信、电子邮件、计算器等服务。

5）量身定制。当然再好的模版都不可能适合所有企业，在OA网络办公系统方面软件公司会根据各单位不同的情况和要求进行量身定制。

知识链接

就现在开发OA的技术来说，主要分为3大类：基于C/S结构的应用程序开发，结合C/S结构和Web技术的复合应用程序，基于B/S结构的动态网页技术。以下将分析这3类技术各自的优缺点。

C/S结构系统：是传统开发模式，一般以数据库和客户端的两层结构实现，也有加入中间件的三层或多层结构，在OA早期是标准的系统模式，但随着计算机技术的发展和网络的发展，它已经无法满足现在的远程网络办公和移动办公，在逐渐被取代。

C/S Web技术：是为了补充C/S结构的不足，在C/S基础上加入Web技术来实现对远程数据的获取，但拥有一定局限性，如数据及时更新、软件升级等问题就无法很好地解决。

B/S结构系统：援用动态网页技术，加入OA的开发理念，完全适应网络办公和移动办公需求，是现代办公自动化系统的首选技术。

那什么是B/S结构呢？

B/S（Browser/Server）结构即浏览器和服务器结构。它是随着互联网技术的兴起，对C/S结构进行变化或者改进的结构。在这种结构下，用户工作界面是通过WWW浏览器来实现的，极少部分事务逻辑在前端（Browser）实现，主要事务逻辑在服务器端（Server）实现，形成所谓三层3-tier结构。这样就大大简化了客户端计算机载荷，减轻了系统维护与升级的成本和工作量，降低了用户的总体成本。

以目前的技术来看，局域网建立B/S结构的网络应用，并通过Internet/Intranet模式下数据库的应用，相对易于把握，成本也是较低的。它是一次性到位的开发，能实现不同的人员，从不同的地点，以不同的接入方式（比如LAN、WAN、Internet/Intranet等）访问和操作共同的数据库；它能有效地保护数据平台和管理访问权限，服务器数据库也很安全。特别是在Java这样的跨平台语言出现之后，B/S架构管理软件更能凸显其方便、快捷、高效。

项目评价

此项目的知识点覆盖范围集中，难度适中，学习本项目最重要的就是要有一个严谨的态度。

知识拓展

一、电子邮件营销

电子邮件营销（E-mail Marketing）通常也被称为邮件列表营销和许可E-mail营销。

E-mail营销是在用户事先许可的前提下，通过电子邮件的方式向目标用户传递价值信息的一种网络营销手段。E-mail营销有3个基本因素：用户许可、电子邮件传递信息、信息对用户有价值。3个因素缺少1个，都不能称之为有效的E-mail营销。

电子邮件营销（邮件营销）是利用电子邮件与受众客户进行商业交流的一种直销方式。同时也广泛应用于网络营销领域。电子邮件营销是网络营销手法中最传统的一种，可以说电子邮件营销比绝大部分网站推广和网络营销手法出现得都更早。

电子邮件营销是一个广泛的定义，凡是给潜在客户或者是客户发送电子邮件都可以被看作是电子邮件营销。然而电子邮件营销这个术语也通常涉及以下几个方面：

1）以加强与客户的合作关系为目的发送邮件，从而鼓励客户忠实于企业或者重复交易。

2）以获得新客户和使老客户立即重复购买为目的发送邮件。

3）在发送给自己客户的邮件中添加其他公司或者本公司的广告。

二、垃圾邮件

垃圾邮件现在还没有一个非常严格的定义。一般来说，凡是未经用户许可就强行发送到用户的邮箱中的任何电子邮件都是垃圾邮件。

在垃圾邮件出现之前，美国一个名为桑福德·华莱士（或称Spam Ford或“垃圾福”）的人，成立了一家公司，专门为其他公司客户提供收费广告传真服务，由于惹起接收者的反感，以及浪费纸张，于是美国立法禁止未经同意的传真广告。后来垃圾福把广告转到电子邮件中，垃圾邮件便顺理成章地出现。

真正的E-mail营销不是发送垃圾邮件，但垃圾邮件对于许可E-mail营销的影响是如此之大，以至于研究和应用E-mail营销，不能不涉及垃圾邮件的问题。事实上，一些用户正是通过垃圾邮件来对E-mail营销产生印象的，甚至将E-mail营销与垃圾邮件等同起来。下面是垃圾邮件的定义及其说明。

现时，多个国家已立法，试图设法杜绝垃圾邮件。不少网络服务供应商的服务政策也包含反垃圾邮件的条款，并设立用作投诉的电子邮件地址。也有一些网上团体，提供电子邮件分析及代客送往相关的ISP做出投诉的服务。

三、Skype网络即时语音沟通工具

1．简介

Skype是一款即时通信软件，其具备IM所需的功能，比如视频聊天、多人语音会议、多人聊天、传送文件、文字聊天等功能。它可以免费高清晰与其他用户语音对话，也可以拨打国内国际电话，无论固定电话、手机、小灵通均可直接拨打，并且可以实现呼叫转移、短信发送等功能。

Skype是全球免费的语音沟通软件。根据TeleGeography研究数据显示，2010年Skype通话时长已占全球国际通话总时长的25%。Skype用户免费通话时长和计费时长累计已经超过了2500亿分钟。37%的Skype用户将其作为商业用途，超过15%的iPhone和iPod touch用户安装了Skype。

2011年10月，微软正式收购Skype，成为微软的一个独立部门。

2013年3月，微软就在全球范围内关闭了即时通信软件MSN，Skype取而代之。只需下载Skype，就能使用已有的Messenger用户名登录，现有的MSN联系人也不会丢失。

Skype是最受欢迎的网络电话之一，拨打国际长途（手机、固话）最低1分钱/分钟起，可在计算机、手机、电视、PSV等多种终端上使用。

Skype之间的语音视频通话免费。Skype for 手机版/桌面版支持视频通话，允许用户进行跨平台的视频呼叫，可与使用iPhone、iPad、Mac、Android、Windows Phone、Windows PCs，甚至电视的Skype用户进行视频通话。新版本支持4G和Wi-Fi网络，无论在何处，都可以与朋友轻松分享精彩瞬间。

早在2012年，微软公司曾经对外展示过中文普通话的实时翻译技术。但是2015年4月9日是第一次作为相对成熟的技术，增加到Skype的翻译功能中。此次除了新增两种语言之外，微软也根据用户的反馈意见，对于Skype翻译器进行了优化调整。Skype还新增加了一个功能，即不同语言的用户在利用多个语言进行文字聊天时，可以选择读出聊天文字。在Skype的网络电话功能中，可以支持连续性的实时口语翻译。即对方可以连续说话无需中断，Skype后台将长时间实时翻译。Skype对于音量控制也进行了调整，用户可以选择让实时翻译静音，另外可以在用户这一端用较大的音量聆听翻译结果，但是通话的另外一方，只会以很小的音量听到口译结果。

Skype中国官方网站如图7-42所示。

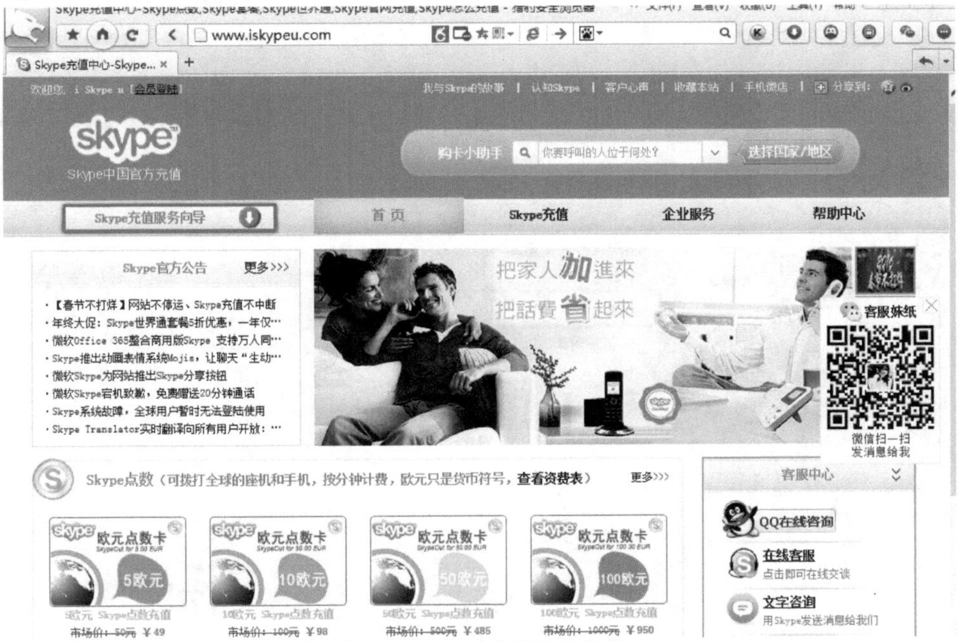

图7-42 Skype中国官方网站

2. Skype如何注册

有了账号就可以登录了如图7-43～图7-46所示。其操作与QQ大同小异。

图7-43　Skype注册页面

图7-44　Skype登录界面

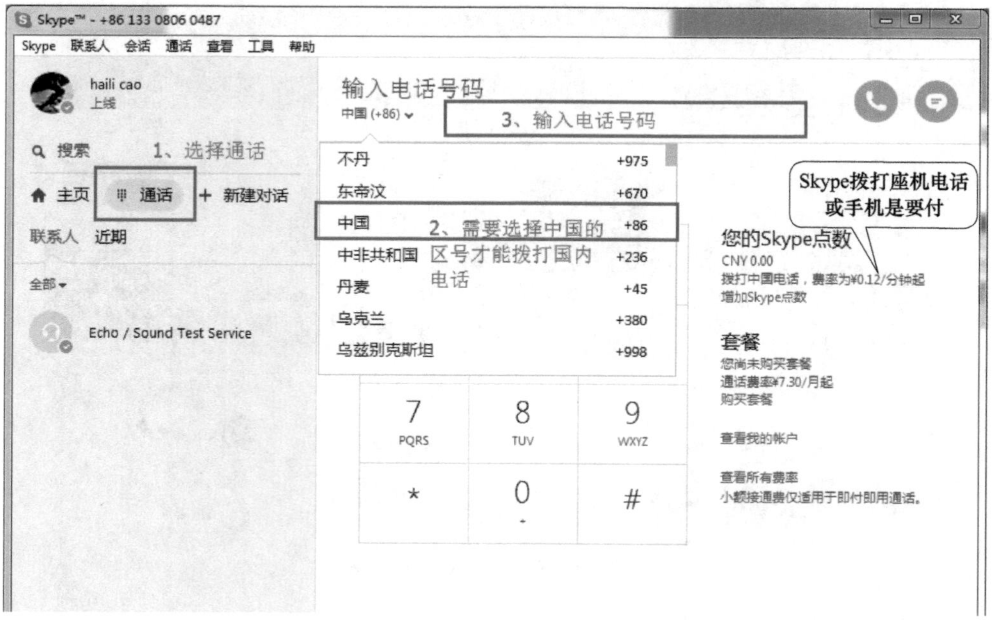

图7-45　Skype拨打座机

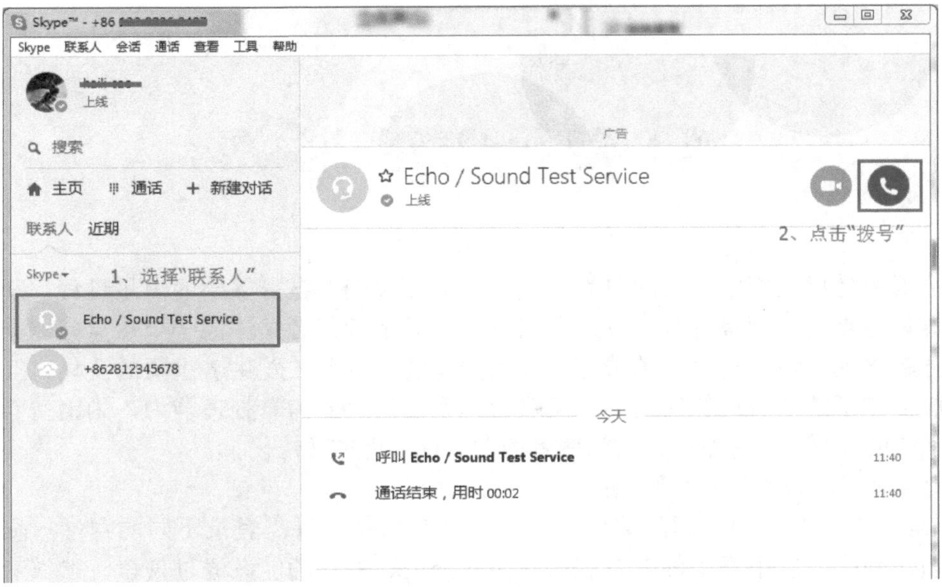

图7-46　Skype用户间拨打

注：Skype用户间拨打是免费的，如要拨打固话则可到官方充值网上充值才可拨打。

归 纳 总 结

本篇主要讲解的4款工具在国内企业中的应用各有所长。当然OA协同办公管理系统更为全面，但在一些小型企业，或客户交流非正式团体目前还没覆盖。电子邮件的应用更为广泛，无论是朋友的交流还是企业与客户的沟通，它都更为直接，而且可存档。而即时通信工具如QQ就更为灵活了，特别是它的群的功能，使得它在一些非正式团体的应用无人能及，有人就有商机，所以企业QQ也成为众多商家为那庞大QQ用户而设定的必备之物。Skype也是即时通信工具之一，它与QQ各霸一方，QQ在中国是所向无敌的，但企业要走向高端化、国际化，Skype在这方面就要技高一筹了。

不能说学好了这4款工具工作就会做得多好，但如果不会这些的话在工作上可能会遇到一些阻力。当然，还有很多优秀的企业软件，为工作带来很大的帮助，在这里就不一一介绍了。

课 后 练 习

1. 企业QQ和营销QQ有什么区别？
2. 电子邮件地址的组成是怎样的？
3. 举例说明怎样把一份命名为"a123.doc"的论文以电子邮件方式发送到指导老师的ABC@163.com邮箱中。
4. 为什么要用OA协同办公管理系统？

第8篇　网络消费

网络消费是指人们以互联网络为工具、手段而实现其自身需要的满足过程。从网络消费者的群体特点看，消费者行为以及购买行为永远是营销者关注的一个热点问题。由于互联网商务的出现，消费观念、消费方式和消费者的地位正在发生着重要的变化，互联网商用的发展促进了消费者地位的提高；网络营销系统巨大的信息处理能力，为消费者挑选商品提供了前所未有的选择空间，使消费者的购买行为更加理性化。

网上消费蓬勃发展的几个原因：

1）购物成本低。网上商品购买者对比各家的商品，只需登录不同的网站。查找商品也更容易，网络商店中基本都具有店内商品的分类、搜索功能，通过搜索，购买者可很方便地找到需要的商品。很多网上商品由商家负责送货，不仅节省了购买者的时间，还免去传统购物中舟车劳顿的辛苦，时间和费用成本大大降低。日常生活中的一些支付，如水电费、网费等，通过网络直接支付，省去了很多排队等待时间。而当地没有的特色商品，消费者更是可足不出户地通过网络进行“零距离”选购。

2）商品价格低。与维护一个商场所需的场地费、人工费、广告费和各种其他费用相比，维护一个网上商店的费用要低廉得多。商品的附加费用很低，商品的价格也就低了。有很多网上商店甚至没有实体店铺，这就进一步节省了各种中间费用。虽然价格不是决定消费者购买的唯一因素，但却是消费者决定购买商品的重要原因。

3）无时间限制。网上商店可24小时对客户开放，传统商店则很难做到这一点。只要用户在自己空闲的时间登录网站，就可挑选自己需要的商品。调查显示，网络消费者购物时间在零点之后的呈上升趋势。这正是网上购物相对于传统购物方式的最大优点之一。

网络消费的购买过程可分为以下5个阶段：确认需要→信息收集→比较选择→购买决策→购后评价。

项目　安全的网上支付

网上支付是电子支付的一种形式，它是通过第三方提供的与银行之间的支付接口进行的即时支付方式，这种方式的好处在于可以直接把资金从用户的银行卡中转账到网站账户中，汇款马上到账，不需要人工确认。客户和商家之间可采用信用卡、电子钱包、电子支票和电子现金等多种电子支付方式进行网上支付，采用在网上电子支付的方式节省了交易的开销。

项目情境

小刚是一个才参加工作的应届毕业生，几个同学合租了一套房子，一段时间过去了觉得独立生活还行，可慢慢发现生活中的各种缴费非常耽误时间。同事给他支招，去办理一个网银，即使下班了也可以进行生活缴费，除此之外还可以在网上转账交房租等。

项目分析

此项目要用到网上支付，那网上支付方式主要有：

（1）网银支付

直接通过登录网上银行进行支付的方式。要求：开通网上银行之后才能进行网银支付，可实现银联在线支付、信用卡网上支付等，这种支付方式是直接通过银行卡支付的。

（2）第三方支付

第三方支付本身集成了多种支付方式，流程如下：

1）将网银中的钱充值到第三方。

2）在用户支付的时候通过第三方中存款进行支付。

3）花费手续费进行提现。第三方的支付手段是多样的，包括移动支付和固定电话支付。

最常用的第三方支付是支付宝、财付通、环迅支付、易宝支付、快钱、网银在线，其中对于独立网商或有支付业务的网站而言，最常选择的不外乎支付宝、环迅支付、易宝支付、快钱这四家。

此项目以开通工商银行的网银卡为例进行讲解。其主要知识点为：

1）了解口令卡或U盾的使用方法。

2）了解并熟练使用“工行网银助手”软件。

3）了解支付或者转账流程。

4）学会判断网络支付安全环境。

项目实施

1．开通U盾

要想快速完成网上支付首先要有一张银行卡，可以带上本人身份证或其他有效身份证件、工商银行卡到中国工商银行营业大厅办理开通网上银行业务，此业务是免费的，同时可以选择交易保密方式：口令卡或U盾（USB key）。

注：自助注册的网上银行不支持委托代扣业务。你可本人持有效身份证件及网银注册卡到网点柜面申领U盾或电子银行口令卡作为网银安全认证介质，一并可将网银注册方式修改为柜面注册，办理后即可使用该项功能并在缴费时使用U盾或口令卡进行验证以提高网银安全性。

然后通过登录个人网上银行，选择“缴费站”，按所需缴费业务及缴费提示进行缴费。但由于各地区缴费业务略有不同，您所在地区个人网上银行可否缴纳该费用及具体操作流程，可以咨询当地95588。

小额交易可以选择口令卡，携带方便，操作简单；在交易额比较大的情况下，可以选择U盾，每次交易需要插入U盾，安全性高。每个地区的收费情况略有不同，有的是选择口令卡和U盾全免费，有的地方选择U盾，收取30元左右的费用，在规定的时间内交易3次，30元即可返还。申请的时候可以向工作人员询问清楚具体情况，以免带来不必要的麻烦。如果开通此业务主要是为了交话费或网上购物等小额支出，建议选择口令卡即可。

新申请的U盾，在第一次使用支付前必须先登录工商银行安装驱动和下载证书。在计算机USB插口插入U盾，U盾会自动运行，弹出对话框，提示选择安装语言，如果没有自动运行，可进入“我的电脑”双击“ICBC eBanking”盘符，程序便会自动运行，完成安装，如图8-1所示。

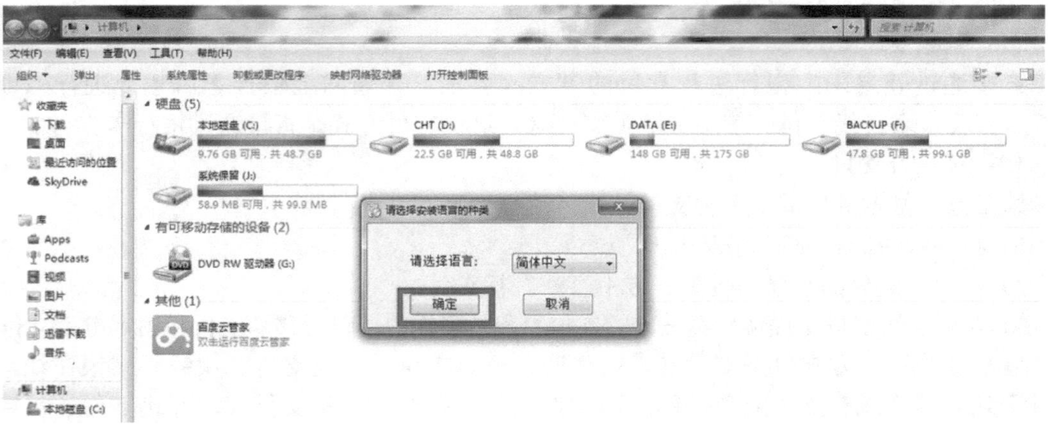

图8-1　U盾插入弹出对话框

登录工商银行官网，单击“个人网上银行”，如图8-2所示。

图8-2　工行官网首页

输入账号和密码及验证码，单击“登录”按钮，如图8-3所示。

进入个人网银账户页面，单击“安全中心”，如图8-4所示。

进入安全中心后单击左侧“U盾管理”，确认U盾插入USB接口后，单击“开始下载”按钮，如图8-5所示。

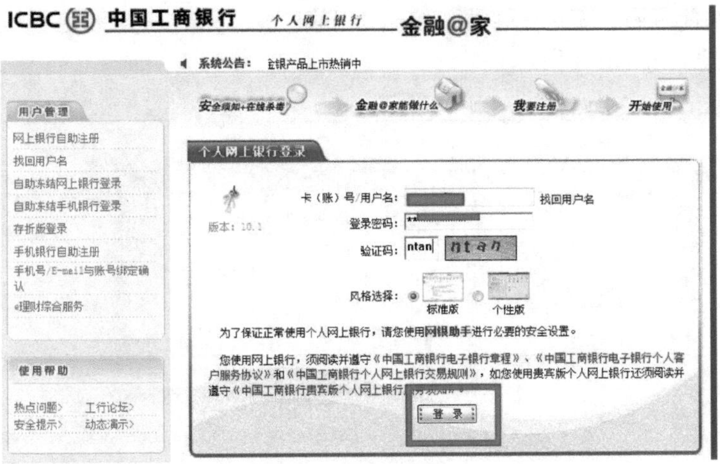

图8-3　网银登录

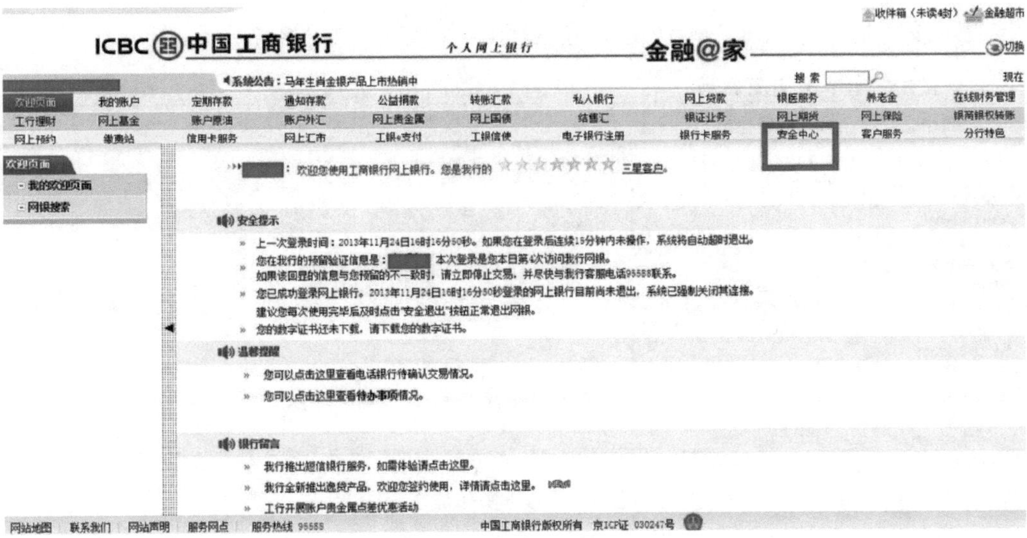

图8-4　网银账户页面

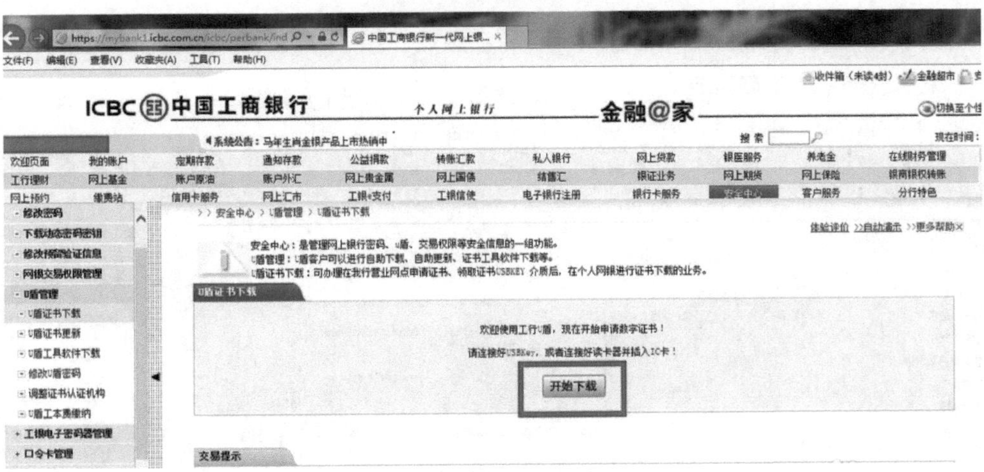

图8-5　下载U盾数字证书

进入相关品牌U盾证书下载页面，单击“下载”，下载完成后设置U盾密码，单击“确定”按钮完成设置，如图8-6所示。

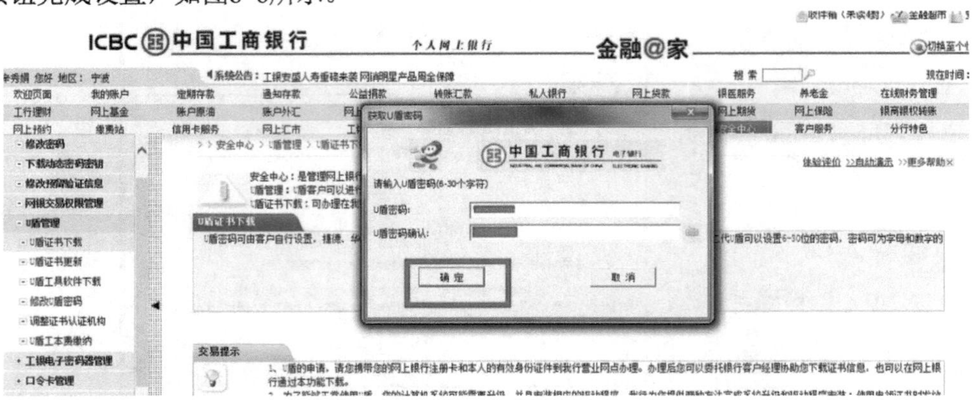

图8-6　U盾密码设置

按提示按U盾上的“OK”确认键，U盾显示操作成功，如图8-7所示。

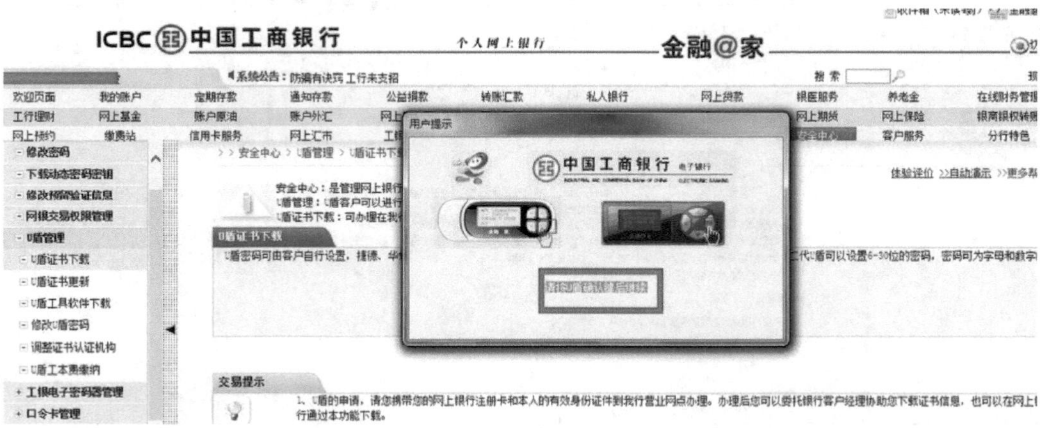

图8-7　U盾操作成功

数字证书下载完毕后，会出现安装数字证书提示，单击“是”按钮即可开始安装，如图8-8所示。

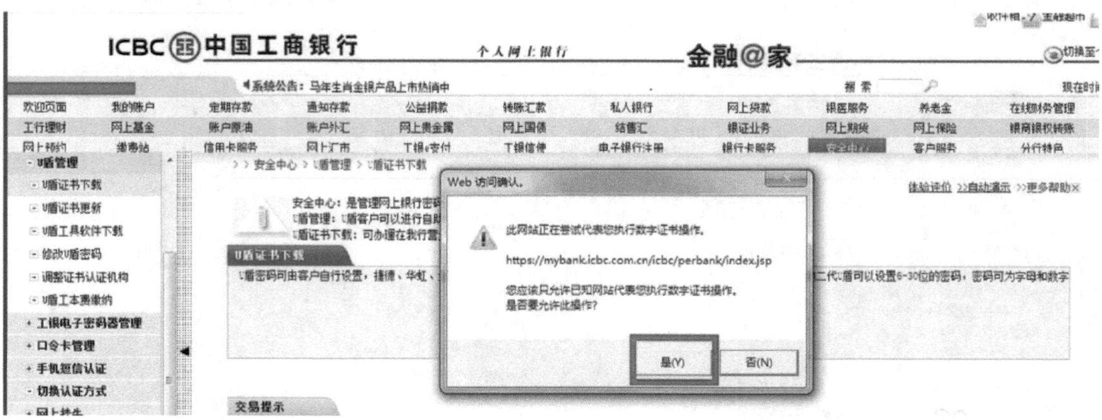

图8-8　安装数字证书

安装完毕，U盾下载成功，就可以通过U盾进行各种网上银行操作了，如图8-9所示。

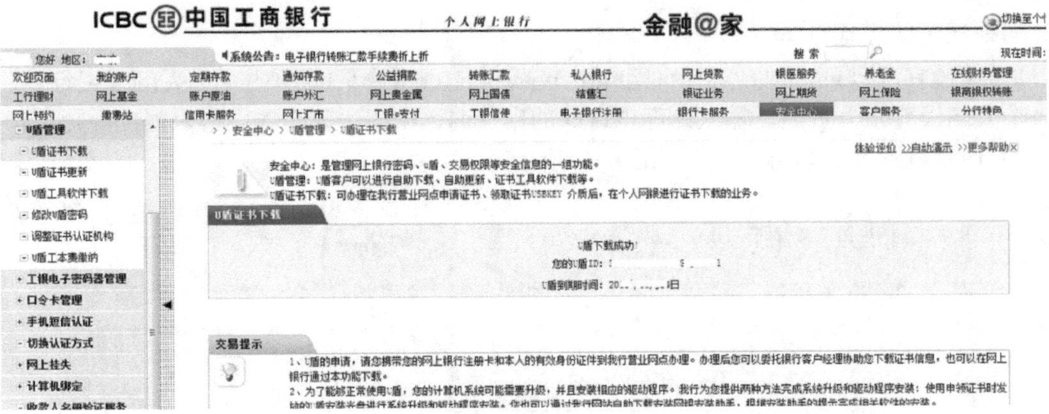

图8-9　U盾下载成功

2．下载安装“工行网银助手”

进入工行官网http://www.icbc.com.cn/icbc/，单击“个人网上银行”（见图8-2）进入“网银系统”，单击如图8-10所示“工行网银助手”即可下载安装工行网银助手软件。

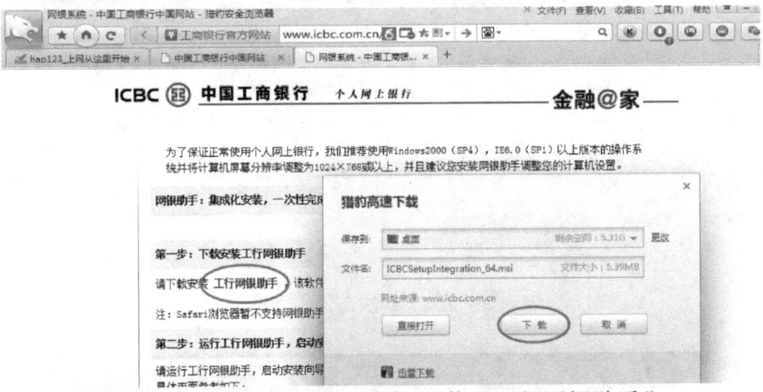

图8-10　工行官网-网银系统-下载“工行网银助手”

启动“工行网银助手”，进入“启动向导”界面，根据自己所用网银类型进入“有U盾客户快捷安装”或者“无U盾客户快捷安装”界面，安装完成我们就可以在安全可靠的网络环境下进行网上银行操作了，如图8-11、图8-12所示。

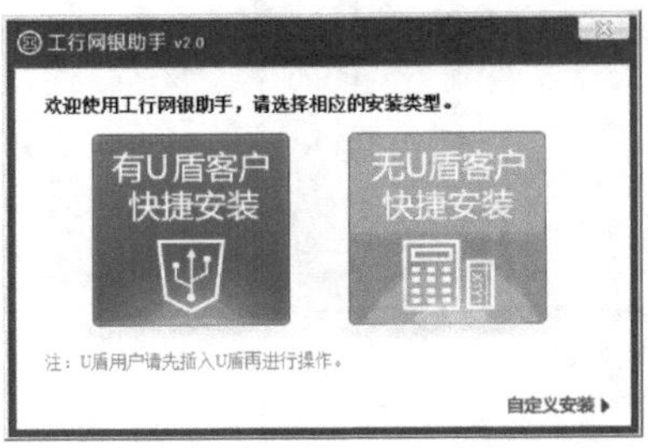

图8-11 “工行网银助手”安装向导

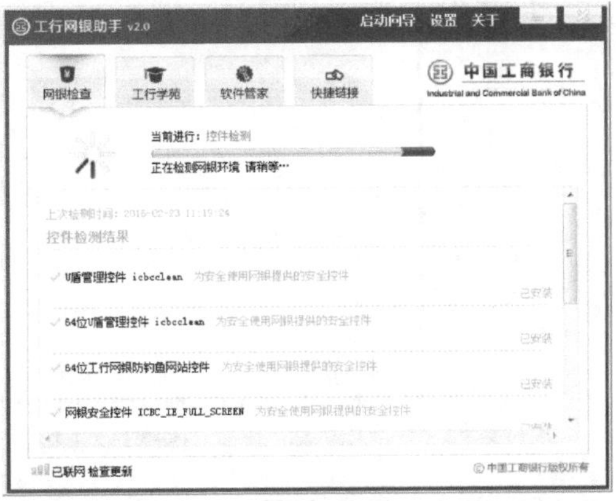

图8-12 “工行网银助手”工作界面

3. 网银登录

网银登录的方式有3种：

1）通过官网登录。进入工行官网http://www.icbc.com.cn/icbc/单击“个人网上银行”，进入“个人网银登录”页面，输入前面申请好的用户名、密码进入个人中心，如图8-13所示。

2）通过网银助手软件登录，如图8-14所示。

图8-13　工行官网登录

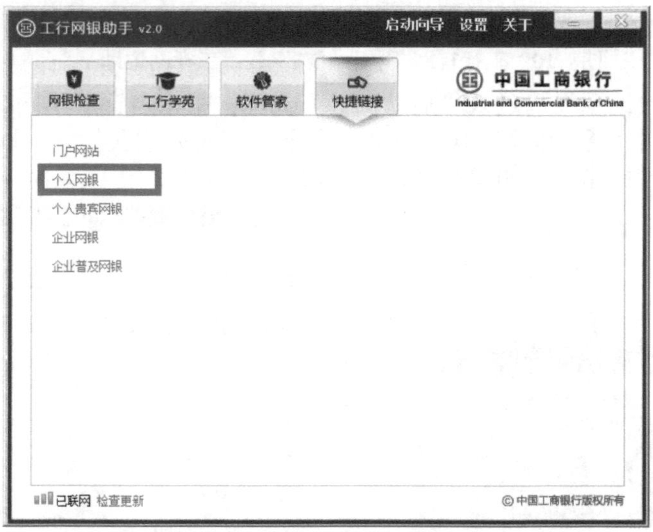

图8-14　工行网银助手登录

3）通过电商支付页面登录，如图8-15所示。

图8-15　电商网银支付

4．网银操作实例

（1）中国工商银行网上银行交话费

银行卡开通网上银行后，只要你的计算机能上网，便能轻轻松松解决手机欠费问题。不用到营业厅排队，无须过久等待，登录网上银行，几分钟便可让话费到账，让你的手机不再停机。

进入“个人网上银行登录”界面，输入账号、密码和验证码，单击“登录”按钮，如图8-16所示。

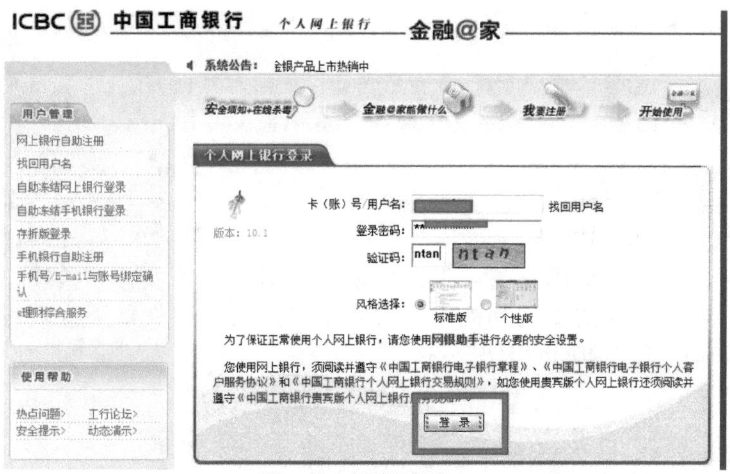

图8-16　网银登录

然后进入“个人网上银行”主页，在右侧可以看到“我的常用功能”下的常用功能键，双击“我要缴费”，如图8-17所示。

图8-17 “我要缴费”

打开“我要缴费”功能菜单，可以看到“手机/固话费”，选择相应的运营商，单击。然后在打开的对话框中输入手机号码和验证码，单击“提交”按钮，如图8-18所示。

图8-18　输入缴费信息

随后弹出确认信息，如用户号码和话费余额情况，以及支付卡号（如果绑定有多个账户，此处可以进行账户间切换）、缴费金额（可以是1元以上任意金额）和验证码，最后单击“提交”按钮，如图8-19所示。

然后输入电子口令卡上的密码（提示行对应的电子口令卡上纵横交叉点的6位数字）和验证码，再单击“提交”按钮（需要在规定的时间“84秒”内输入口令卡密码，每一次交易该密码都不同，如果规定时间内未填写，系统会自动刷新，出现另外一组口令卡密码），如图8-20所示。

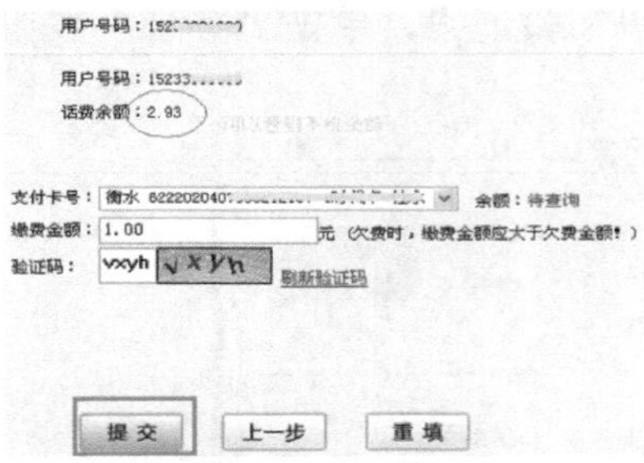

图8-19　确认缴费信息

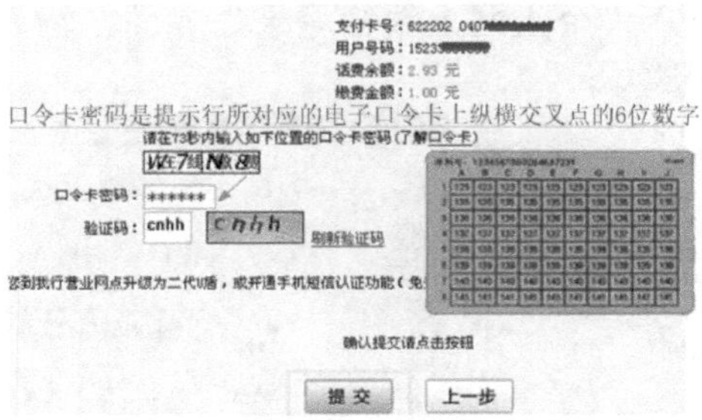

图8-20　口令卡缴费

交易完成后，系统会弹出交易结果，单击一下后面的“保存”按钮，登录到“个人网上银行”主页后，在“我的常用功能”下方有个“交易快照”，下次双击该图标就可以快速进入手机缴费页面了，如图8-21所示。

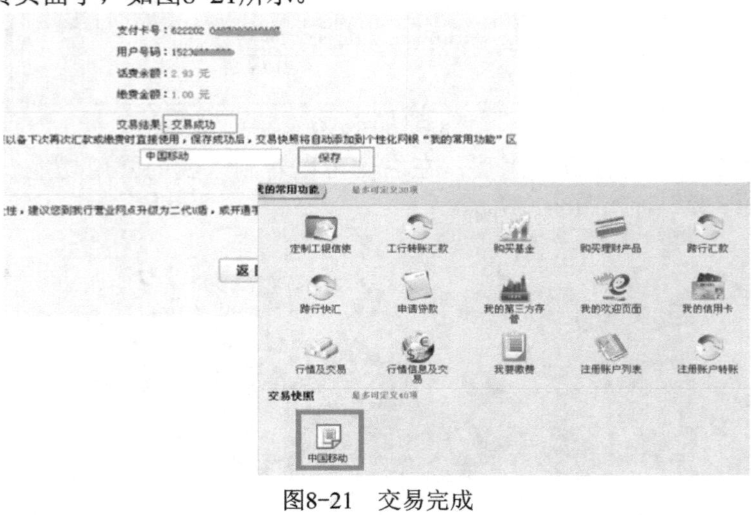

图8-21　交易完成

（2）中国工商银行网上银行转账

对外转账、个人汇款、代缴学费等要携带本人身份证件及注册卡到工商银行营业网点开通，可以用U盾，也可以用账号支付密码、验证码的方式进行操作，以下我们以更为安全的U盾方式为例进行讲解。

通过中国工商银行官方网站，单击“个人网上银行”登录，在登录页面输入网银账号（卡号）及密码和验证码，单击“确定”按钮进入下一步，如图8-16所示。

进入转账汇款页面，选择需要转账汇款的类型，本例以工行间转账汇款为例，在工行转账汇款栏位后面单击“转账汇款”，如图8-22所示。

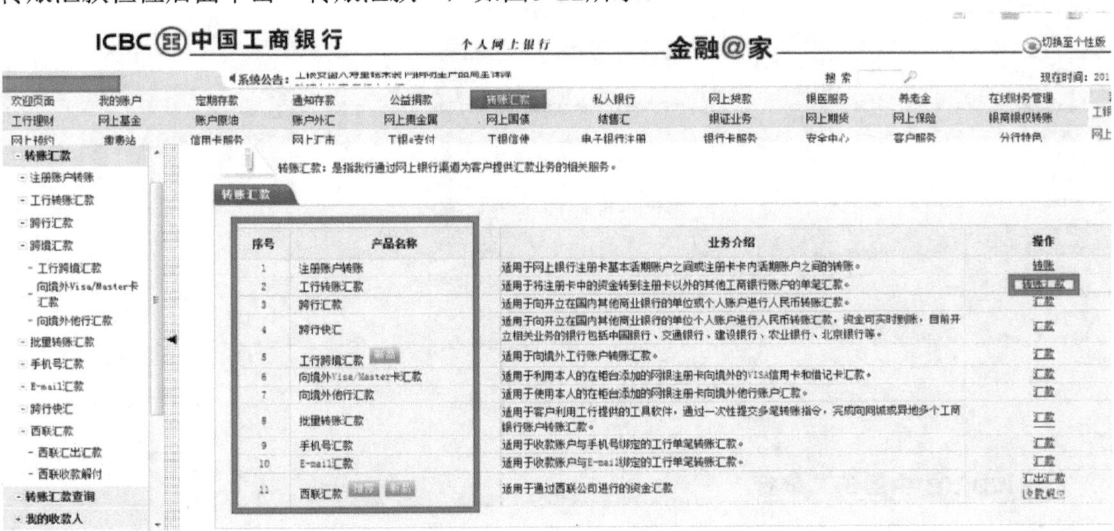

图8-22　转账汇款页面

依次填写3步相关的转账信息，单击“提交”按钮，可以选择填写汇款成功短信提醒，不需要的话不要填手机号，如图8-23所示。

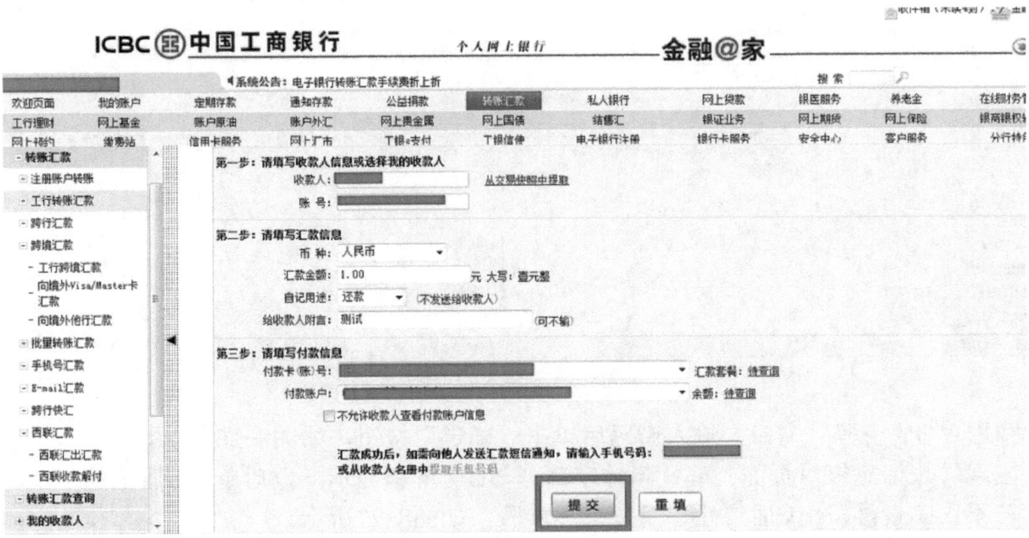

图8-23　相关的转账信息录入

系统提示插入U盾，在计算机上插入U盾后输入相关信息最后单击“确认”按钮，如图8-24、图8-25所示。

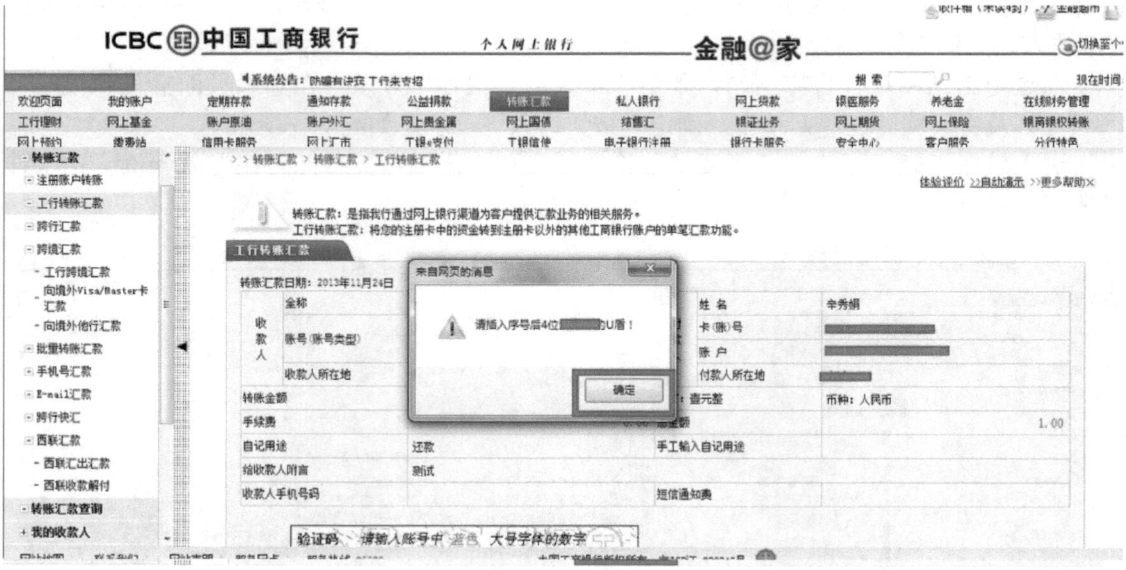

图8-24　插入U盾

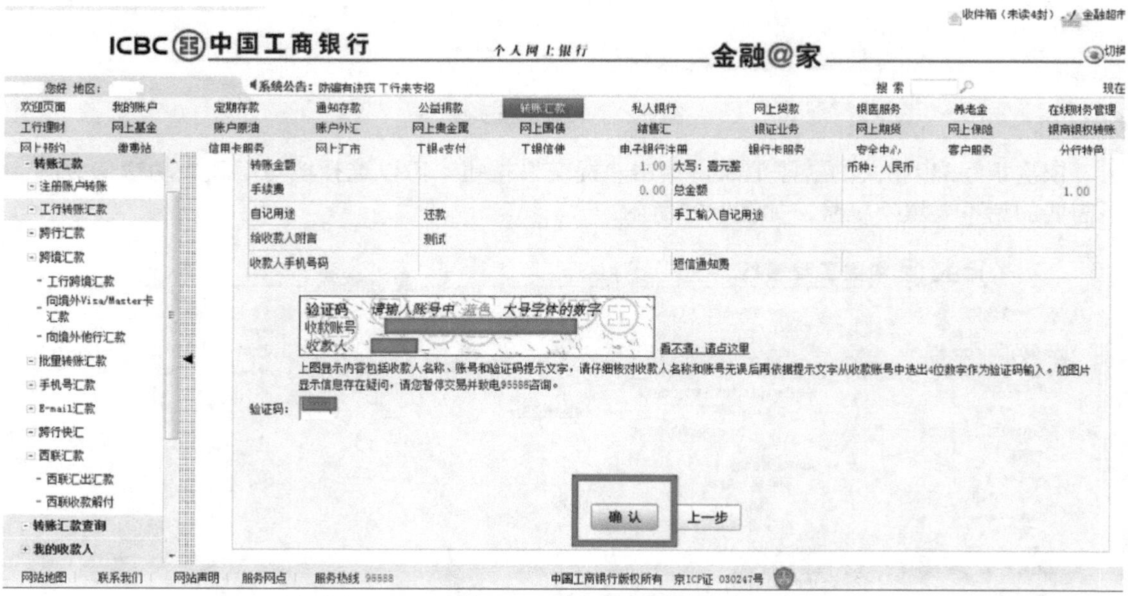

图8-25　输入验证码

弹出“U盾密码”窗口，输入密码后单击“确定”按钮，如图8-26所示。

出现转账信息核对页面，确认粗体字部分与U盾屏幕显示一致后单击U盾上的“OK”确认，若不正确直接拔出U盾终止，重复上述步骤，如图8-27所示。

确认后出现转账成功页面，如图8-28所示。

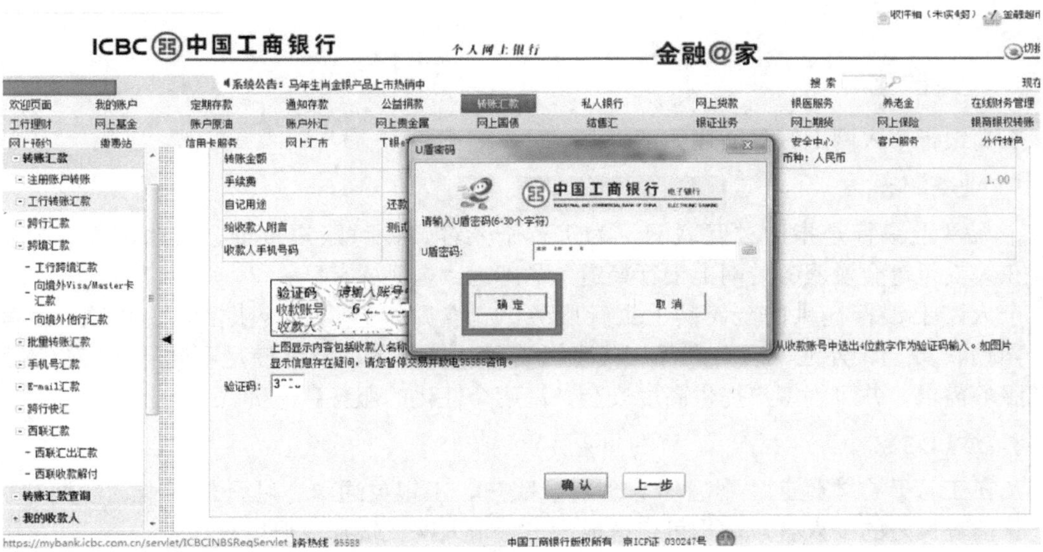

图8-26　输入U盾密码

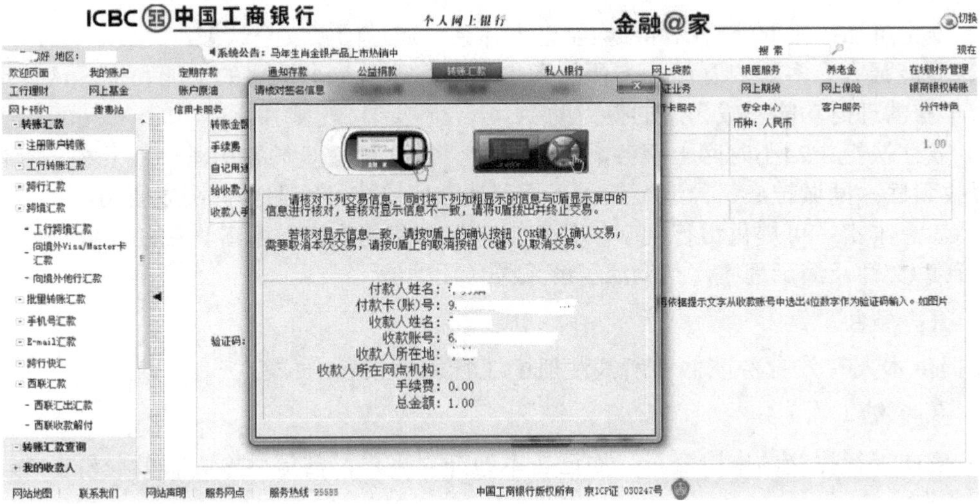

图8-27　核对签名信息

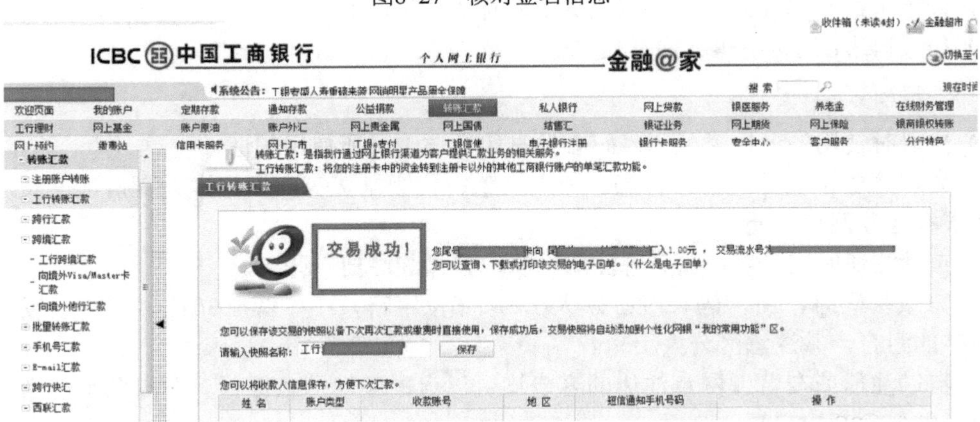

图8-28　交易成功

知识链接

工商银行个人网上银行简述如下。

1. 业务简述

个人网上银行是指通过互联网，为工行个人客户提供账户查询、转账汇款、投资理财、在线支付等金融服务的网上银行渠道，品牌为“金融@家”。

个人网上银行提供的全新网上银行服务，包含账户查询、转账汇款、捐款、买卖基金、国债、黄金、外汇、理财产品、代理缴费等功能服务，能够满足不同层次客户的各种金融服务需求，并可为客户提供高度安全、高度个性化的服务。

2. 适用对象

凡在工行开立本地工银财富卡、理财金账户、工银灵通卡、牡丹信用卡、活期存折等账户且信誉良好的个人客户，均可申请成为工行个人网上银行注册客户。

3. 特色优势

1）安全可靠：采取严密的标准数字证书体系，通过国家安全认证。

2）功能强大：多账户管理，方便您和您的家庭理财；个性化的功能和提示，体现您的尊贵；丰富的理财功能，成为您的得力助手。

3）方便快捷：24小时网上服务，跨越时空，省时省力；账务管理一目了然，所有交易明细尽收眼底；同城转账、异地汇款，资金调拨方便快捷；网上支付快捷便利。

4）信息丰富：可提供银行利率、外汇汇率等信息的查询，配备详细的功能介绍、操作指南、帮助文件及演示程序，帮助您了解系统各项功能。

4. 开办条件

需提供本人有效身份证件和所需注册的工行本地银行卡或存折。

5. 开通流程

1）应向工行提交的申请资料：如已在本地开立账户，需提供本人有效身份证件、需注册的银行卡。

2）如果未在本地开立账户，需提供本人有效身份证件。

3）如果自带U盾需提供相应介质。

6. 注意事项

1）注册时使用的证件类型和号码必须与申领该卡时所使用的证件一致。

2）为保障资金安全，对外转账、个人汇款、代缴学费等要携带本人身份证件及注册卡到工商银行营业网点开通。

3）自助注册时同一客户只允许注册一次，且只能注册一张卡。

4）修改密码时，新密码长度必须大于等于6位字符，小于等于30位字符，须设置为字母与数字的组合，并注意区分大小写。

5）自助注册或在营业网点注册的客户均可以自助注销网上银行。在自助销户当天，建议不要再做任何开户交易。

项目评价

本项目的知识点难度适中，主要功能体现在以下几个方面：

1. U盾

U盾是工行推出并获得国家专利的客户证书USBkey，是工行为客户提供的电子银行业务高级别安全工具。U盾内置微型智能卡处理器，通过数字证书对电子银行交易数据进行加密、解密和数字签名，确保电子银行交易保密不可篡改，以及身份认证的唯一性。U盾可通过USB接口与计算机相连，其中通用U盾还可通过音频接口与手机等移动设备相连。

本项目中重点讲解了U盾的安装与操作，它为我们日常大金额事务的处理提供了一种安全、方便、快捷的途径。

2. 电子银行口令卡

电子银行口令卡是指以矩阵形式印有若干字符串的卡片，每个字符串对应一个唯一的坐标。它是工行为了满足广大电子银行用户的要求，综合考虑安全性与成本因素而推出的一款全新的电子银行安全工具。

在使用工行电子银行相关功能时，按系统指定的若干坐标，将卡片上对应的字符串作为密码输入，系统便会校验密码字符的正确性。

本项目中简要讲解了电子银行口令卡的操作，它为我们日常小金额事务的处理提供了一种安全、方便、快捷的途径。

3. 工行网银助手

工行网银助手是在工行现有各厂商证书驱动、CSP软件、网银和证书所用的控件自动化安装软件以及微软相关补丁的基础上，开发的一款将所有网银和证书所用的软件嵌入程序，利用程序去调用下载客户证书信息的软件。

工行网银助手可通过其安装向导功能，直接根据系统提示完成整个证书驱动、控件以及系统补丁的安装，真正实现一站式的下载安装，更便于客户的使用操作。在此项目中它起到了一个安全工具软件的作用。

项目拓展

到银行营业大厅办理业务需要排队等候，非常消耗时间，如只是电商消费的话则只需在网上申请即可。

网上网银申请注册

进入工行官网http://www.icbc.com.cn/icbc/，在工行官网首页的“快捷服务”项中单击“网上申请”图标，如图8-29所示，进入网银申请页面，选择第二项“申请电子银行”。打开“网上自助注册须知”网页，选择“注册个人网上银行”，在注册向导的提示下输入相关个人信息完成注册，如图8-30、图8-31所示。

图8-29　网上申请

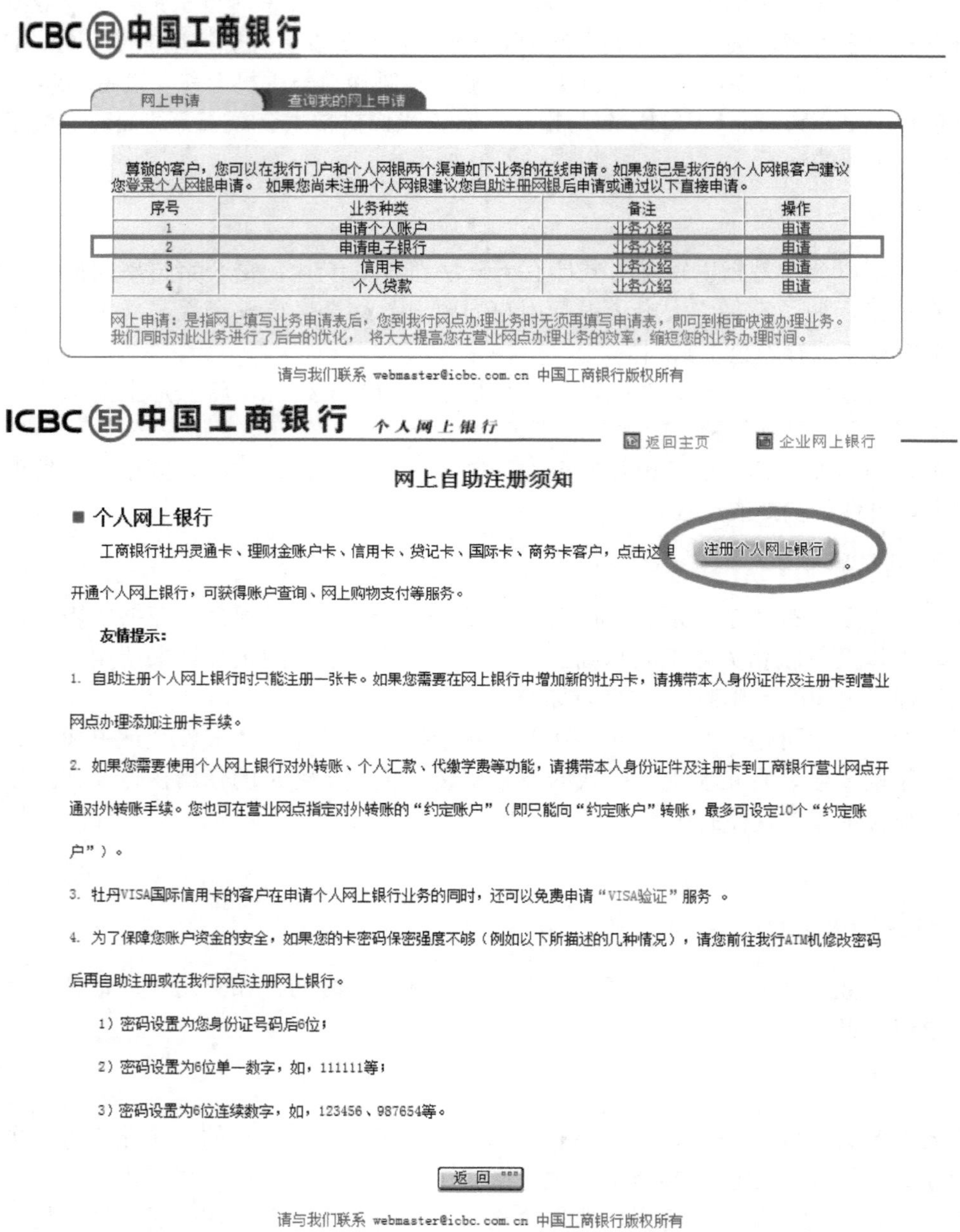

ICBC 中国工商银行
网上申请
查询我的网上申请
尊敬的客户，您可以在我行门户和个人网银两个渠道如下业务的在线申请。如果您已是我行的个人网银客户建议您登录个人网银申请。 如果您尚未注册个人网银建议您自助注册网银后申请或通过以下直接申请。

序号	业务种类	备注	操作
1	申请个人账户	业务介绍	申请
2	申请电子银行	业务介绍	申请
3	信用卡	业务介绍	申请
4	个人贷款	业务介绍	申请

网上申请：是指网上填写业务申请表后，您到我行网点办理业务时无须再填写申请表，即可到柜面快速办理业务。我们同时对此业务进行了后台的优化， 将大大提高您在营业网点办理业务的效率，缩短您的业务办理时间。
请与我们联系 webmaster@icbc.com.cn 中国工商银行版权所有
ICBC 中国工商银行 个人网上银行
返回主页
企业网上银行
网上自助注册须知
■ 个人网上银行
工商银行牡丹灵通卡、理财金账户卡、信用卡、贷记卡、国际卡、商务卡客户，点击这里 注册个人网上银行 。
开通个人网上银行，可获得账户查询、网上购物支付等服务。
友情提示：
1. 自助注册个人网上银行时只能注册一张卡。如果您需要在网上银行中增加新的牡丹卡，请携带本人身份证件及注册卡到营业网点办理添加注册卡手续。
2. 如果您需要使用个人网上银行对外转账、个人汇款、代缴学费等功能，请携带本人身份证件及注册卡到工商银行营业网点开通对外转账手续。您也可在营业网点指定对外转账的“约定账户”（即只能向“约定账户”转账，最多可设定10个“约定账户”）。
3. 牡丹VISA国际信用卡的客户在申请个人网上银行业务的同时，还可以免费申请“VISA验证”服务 。
4. 为了保障您账户资金的安全，如果您的卡密码保密强度不够（例如以下所描述的几种情况），请您前往我行ATM机修改密码后再自助注册或在我行网点注册网上银行。
1）密码设置为您身份证号码后6位；
2）密码设置为6位单一数字，如，111111等；
3）密码设置为6位连续数字，如，123456、987654等。
返 回
请与我们联系 webmaster@icbc.com.cn 中国工商银行版权所有

图8-30　网上申请页面

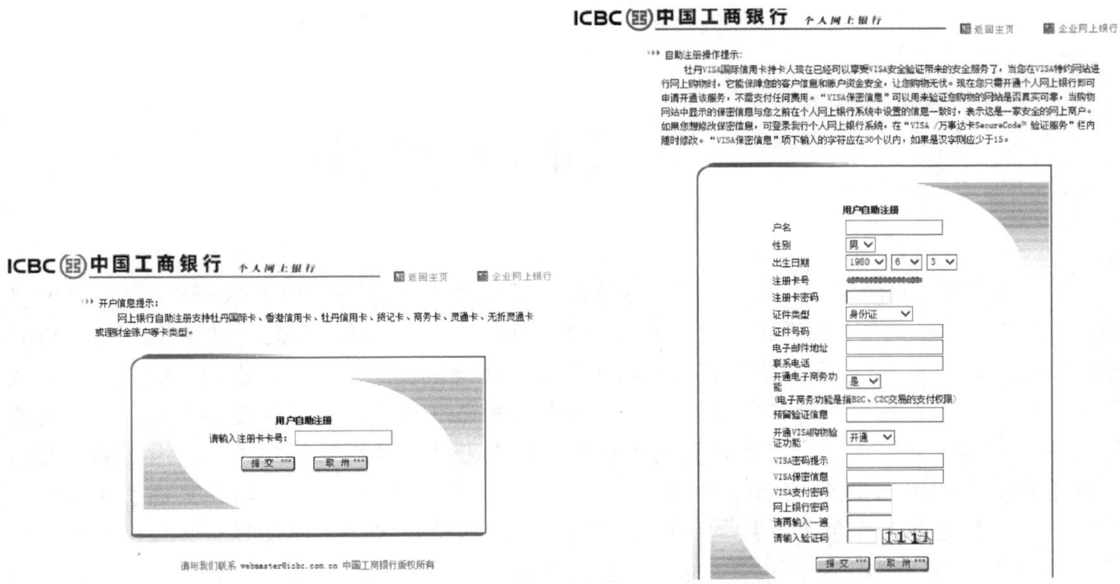

图8-31　个人网银申请注册

归纳总结

网络消费是指人们以互联网络为工具、手段，实现其自身需要的满足过程。网络用户是网络营销的主要个体消费者，而目前计算机使用者绝大部分也是网络用户，所以说本篇的知识点是目前计算机用户应该具备的。

本篇主要就如何申请网银，开通U盾，实例讲解我们日常生活中的网络支付。

课后练习

一、填空题

1．网上银行就是银行机构利用______________技术，为客户提供的______________、__________银行业务服务。

2．支付宝是淘宝网推出的__________工具。

二、操作题

1．试着体验一下浏览自己需要查看的商品。

2．简述在购买商品时查看卖家的信用度。

3．尝试在淘宝网购买一件小饰品。

4．常见的网上支付方式有哪些，举例说明。

第 9 篇　网 络 安 全

如今上网是一件非常容易的事情，截至2015年12月，中国网民规模达6.88亿，互联网普及率为50.3%；手机网民规模达6.2亿，占比提升至90.1%，无线网络覆盖明显提升，网民Wi-Fi使用率达到91.8%，网络正在成为我们日常生活中不可分割的一部分。随之而来的网络安全成了现在网络中一个相当重要的问题。在网络病毒、木马、和恶意程序泛滥的今天，一个普通的上网用户该如何来保护自己的计算机不被侵害呢？专业的杀毒软件如诺顿、卡巴斯基等可以查杀和防范网络病毒，而360安全卫士、QQ医生等则可以防范盗号木马和其他恶意程序。网络安全不仅是靠一个软件系统就可以实现的，所以应该从多个方面加强对计算机系统的保护。只有我们自己网络安全的意识提高，去维护我们的网络，才有网络安全可言。本章将介绍两类网络安全软件，让大家学会保护自己的计算机系统。

项目　创建安全的网络环境

项目情境

小李是一个网民，经常在网上购物，但他知道现在的网络存在许多不安全因素，比如网络病毒、木马、黑客等，为了让自己的账号更安全，网络购物更加放心，他需要搭建一个安全的网络环境。

项目分析

1）掌握360安全卫士中日常的木马查杀和恶意软件删除。

2）学会用360安全卫士为系统和应用程序安装补丁软件。

3）学会清理系统中的垃圾文件和上网信息。

4）掌握通过设置360安全卫士来自动保护系统的方法。

5）学会使用诺顿防病毒软件来查杀计算机病毒。

6）掌握设置诺顿防病毒软件的防火墙来实时保护计算机系统的方法。

7）学会360保险箱的使用方法。

8）了解QQ医生的特点。

网络安全是关系到网络中每一个用户的问题。网络安全首先要从自身做起，搭建一个安全的网络环境就是其中的重要部分。从目前的网络大环境看来，要组建一个自己的安全网络环境需要多个安全软件的协同工作。

项目实施

网络安全工作的重点应该是对网络中四处传播的计算机病毒的防范，防病毒的软件称之为杀毒软件。市面上的杀毒软件非常多，还有不少是免费的。但综合起来考虑，我们还是应该使用一些存在时间较长、评价较高的软件。其次我们主要针对网络中存在的不良软件和木马病毒予以防范。本章节主要介绍的是杀毒软件诺顿访病毒和360安全卫士。

一、创建网络安全环境前的准备

1）有一台个人计算机用于互联网操作。
2）需要对目前网络中存在的不安全因素有一定的认识。
3）对网络安全产品有一定的了解。

二、工具软件的学习

（一）计算机病毒克星——诺顿杀毒软件

诺顿杀毒软件是美国企业赛门铁克公司的产品。这是1982年就成立的一家专业为互联网提供网络安全产品的老企业。目前诺顿杀毒软件的杀毒能力和主动防御能力已经使其成为一款全球知名的网络安全软件。其基于低层的杀毒机制，对计算机病毒的查杀是最强的，而且从多年的使用中我们了解到，它的稳定性很好。

1. 诺顿Norton Security的安装

诺顿软件都属于付费软件，用户可以在网上购买注册号，然后下载一个注册号对应的版本或是到实体店去购买软件的安装光盘。买到后，单击安装程序开始安装，如图9-1所示。初次使用用户可免费试用30天，以下我们以Norton Security试用版为例给大家讲解。

进入诺顿官网http://cn.norton.com，单击“热门下载”菜单下的“免费试用版”即可下载Norton Security试用版。

图9-1　诺顿官网首页

下载完成，双击安装包进入Norton Security安装向导设置界面，如图9-2所示。在这个界面中我们可以选择是否通过“我的电脑”向赛门铁克公司（symantec）转发安全威胁信息，默认为“是”。也可以根据自己的实际情况自定义安装到如图9-3所示设置要安装的位置。还可以在线查看“隐私政策”和“第三方声明”，查看完毕后如没异意单击“同意并安装”按钮就可自动安装了，如图9-4、图9-5所示。

图9-2　诺顿安装设置界面

图9-3　自定义诺顿安装位置

图9-4　诺顿安装

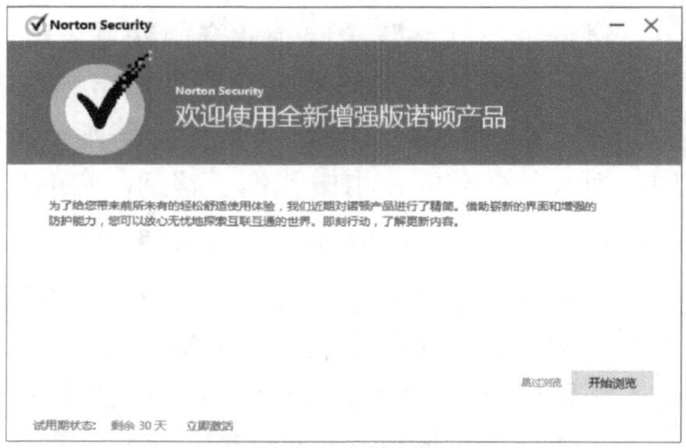

图9-5　诺顿安装完成

安装完毕可以看到图9-6所示诺顿主界面，但还没完成，必须登录或者创建诺顿账户才能激活试用版并保护我们的计算机。单击图9-7中的“立即激活”按钮，将出现在图9-8所示与诺顿服务器通信界面，初次使用者可单击图9-9中的“创建诺顿账户”创建账户，并完成注册（见图9-10）已经有账户的可直接登录。

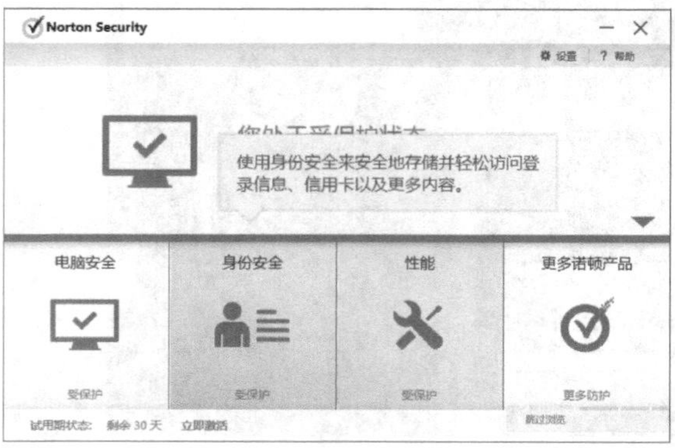

图9-6　诺顿主界面

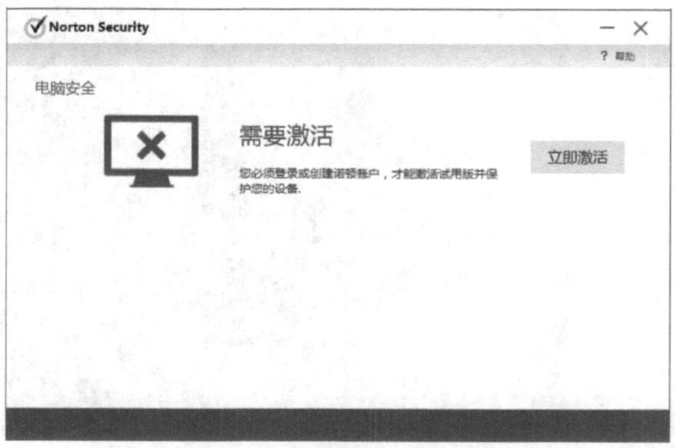

图9-7　诺顿激活

图9-8　诺顿与服务器连接

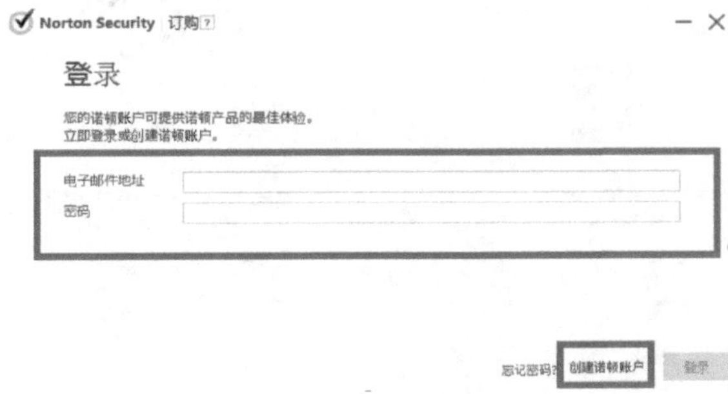

图9-9　诺顿登录界面

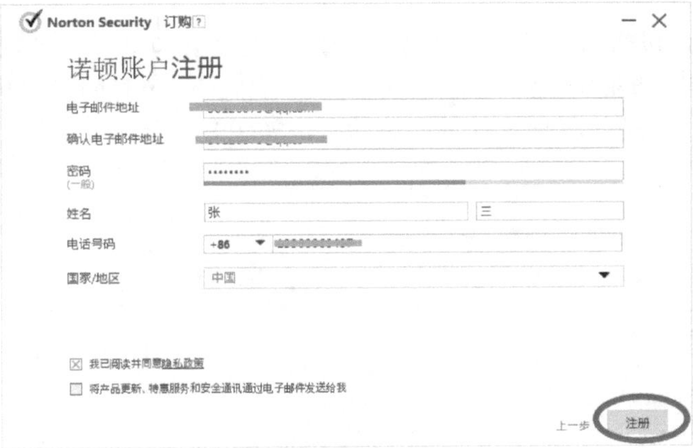

图9-10　诺顿账户注册

登录后可快速扫描一下计算机，从而对其进行全面保护，如图9-11所示。

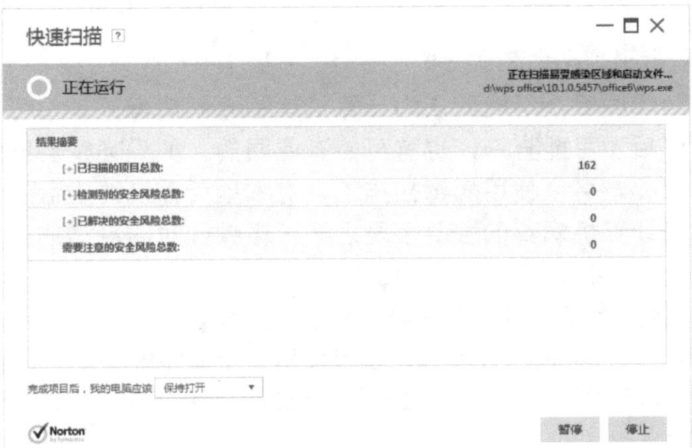

图9-11　诺顿账户登录后扫描

扫描后发现存在风险，通过颜色可以看到，绿色表示安全，红色表示有危险（见图9-12），单击“立即修复”按钮，修复完成后界面如图9-13所示。

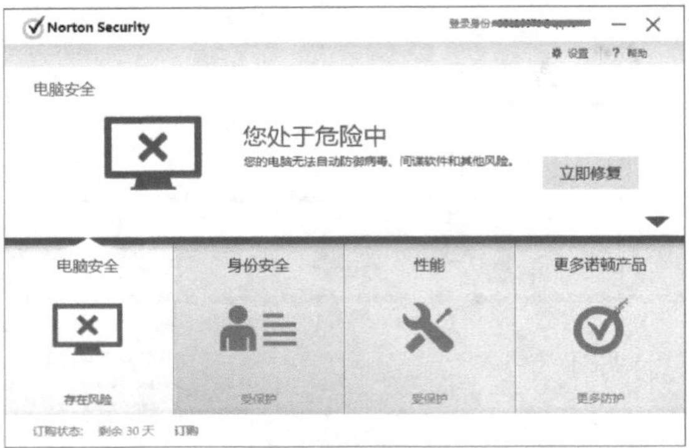

图9-12　诺顿扫描后发现存在问题

图9-13　修复问题后

单击“设置”可以进入“设置”界面，用户可根据各自计算机的具体情况进行设置，如图9-14所示。值得一提的就是“静默模式”，它可以在规定时间里阻止警报显示，并阻止后台活动发生。比如在进行屏幕录制时可启动它，如图9-15所示。

图9-14　诺顿设置界面

图9-15　启用诺顿“静默模式”

2. 诺顿杀毒软件的使用方法

安装了诺顿杀毒软件后，不能就认为计算机就不会中病毒了。杀毒软件对大多数病毒都是采取更新病毒库后才可能查杀，也有可能有漏网的。如果怀疑自己的计算机中了病毒我们怎么去查杀病毒呢？可以使用病毒扫描工具对本地计算机的磁盘进行病毒扫描。这是计算机用户日前防范计算机病毒的主要手段之一。诺顿针对磁盘扫描共有四种扫描方式。它们分别是扫描软盘、自定义扫描、快速扫描和全面扫描。

“快速扫描”，检查计算机的关键区域，扫描时间很短。

“全面系统扫描”，检查整台计算机，建议使用“全面系统扫描”，查杀病毒更彻底。

如果有木马、病毒杀不掉，或需要删除的文件删除不掉，请使用“诺顿强力清除器”，彻底清除。

如果只让诺顿扫描一部分磁盘内容，而有的文件不能让诺顿扫描，这时可以选择“诺顿智能扫描”，确定哪些文件需要扫描。

病毒查杀

1）快速扫描。快速扫描最方便，双击计算机桌面右下角“”诺顿图标，打开诺顿杀毒软件，在诺顿杀毒主界面直接单击“快速扫描”即可开启快速扫描。

2）全面系统扫描。在诺顿杀毒主界面，单击“ ▼ ”（见图9-16），“电脑安全”相关操作将出现，单击“运行扫描”按钮将看到扫描任务有四个，初次安装最好对计算机进行全面扫描，如图9-17～图9-19所示。

图9-16　诺顿主界面

图9-17　诺顿“电脑安全”相关操作

图9-18　诺顿扫描任务选择

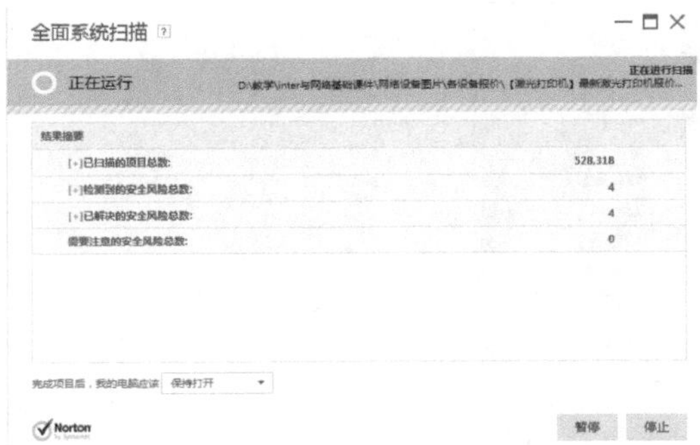

图9-19　诺顿全面系统扫描

诺顿全面系统扫描将对计算机进行全方位扫描，所以需要花上一些时间，扫描完毕后我们将看到如图9-20所示扫描结果，如显示“×”并颜色为红色横条则表示检测到了威胁，如显示“√”并颜色为绿色横条则表示计算机安全，当然解决了威胁也会显示“√”并颜色为绿色，如图9-21所示。

图9-20　诺顿扫描检测到威胁

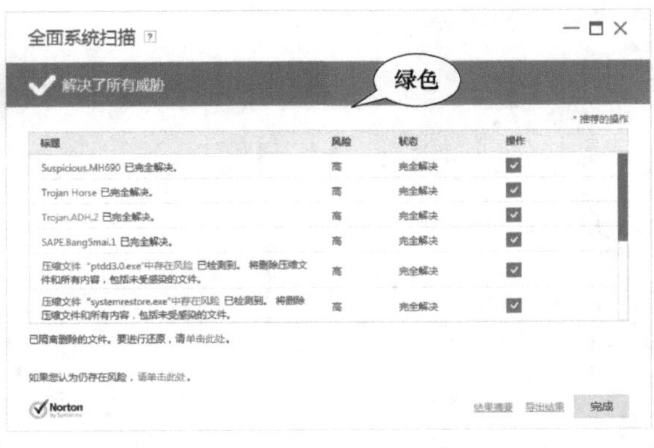

图9-21　解决所有威胁后

发现并消除了威胁最好将计算机重启一下，有些风险是需要重启才能完全清除掉的。建议大家每个月全盘扫描一次，以保证计算机系统安全，如图9-22所示。

图9-22　诺顿重启计算机

3）自定义扫描。与系统全面扫描一样，先进入“扫描任务”选择，单击“自定义扫描”，出现如图9-23所示窗口。单击“创建扫描”，将弹出如图9-24所示窗口。

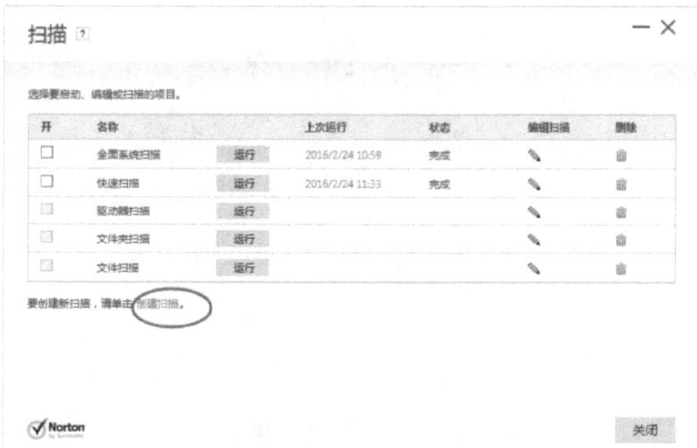

图9-23　创建自定义扫描

图9-24　自定义扫描项目

先添加扫描名称，输入“教学文件”，再添加扫描项目内容，可以添加驱动器，可以添加文件夹，也可以添加文件，此处选择“添加文件夹”，选中D盘中的“教学”目录，单击“添加”按钮。项目选择完毕后，单击“下一步”按钮（见图9-25），将进入扫描日程表设置，如图9-26所示。

图9-25　自定义扫描日程表（1）

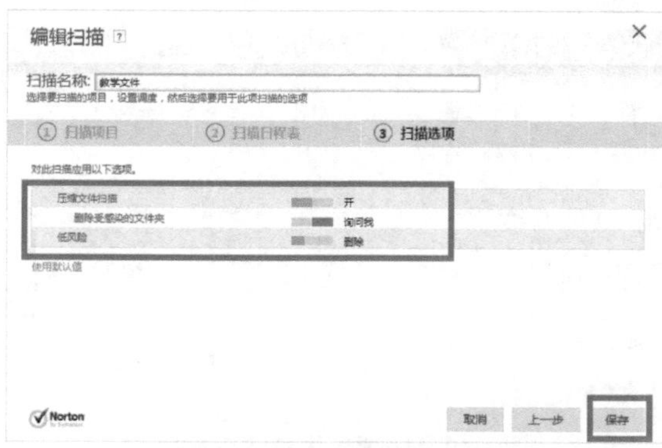

图9-26　自定义扫描选项

在“扫描日程表”中第一项为“不调度此扫描”，意思为当前创建扫描编辑完成后仅保存在扫描任务列表中，并不会执行，需要手动勾选才会被执行。

最后一项为“扫描选项”设置，它可以设置在扫描过程中发现受到感染的文件的处理办法。全部设置完毕后，单击“保存”按钮即可把当前设置的扫描任务保存到列表中。

如需要扫描已经定义好的任务（以“教学文件”为例），则单击“电脑安全”→“运行扫描”→“自定义扫描”会弹出如图9-27所示窗口，鼠标单击“教学文件”的运行图标，将直接调动此扫描任务进入如图9-28“教学文件”扫描状态。

图9-27　自定义扫描日程表（2）

图9-28　自定义扫描选项

3. 诺顿更新

Norton LiveUpdate：将软件和病毒库升级到最新版本，计算机更安全。每天至少要升级更新1～3次，以便查杀新病毒或未知病毒，如图9-29、图9-30所示。

图9-29　LiveUpdata

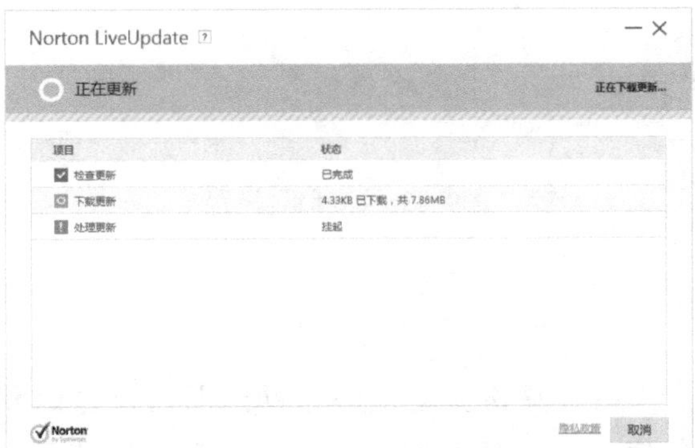

图9-30　诺顿杀毒正在更新

4. 诺顿安全历史记录

安全历史记录：可以看到计算机有没有被黑客入侵、软件活动情况等，如图9-31、图9-32所示。

图9-31　历史记录

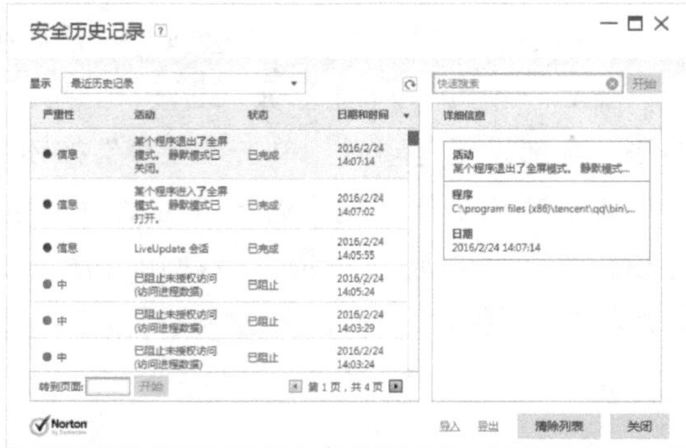

图9-32　诺顿“安全历史记录”

5．诺顿“高级”设置

高级设置包括防病毒、反间谍软件、主动防护、防火墙、网页防护设置等。默认全部为“打开”，如果你需要关闭某一项功能，可以根据需要，暂时关闭。建议普通用户不要轻易更改默认设置，高级用户可以根据需要做出调整，如图9-33、图9-34所示。

图9-33　“高级”设置

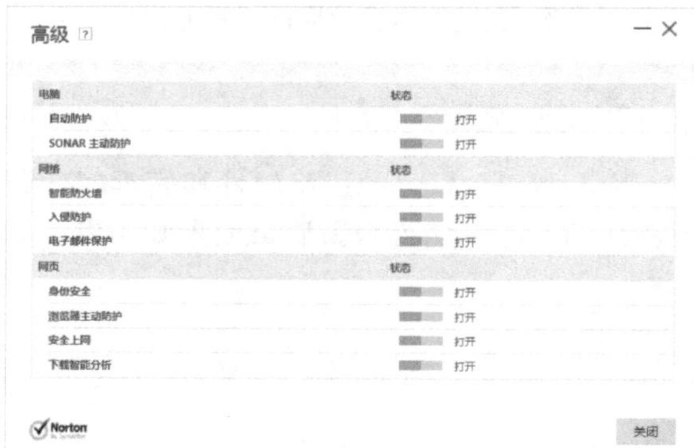

图9-34　诺顿“高级”设置选项

6．诺顿身份安全

诺顿身份安全能够帮助注册用户存储和管理敏感信息，如登录信息、个人信息和财务信息。“身份安全”可对所有敏感信息进行加密并存储到基于云的保管库。用户可以使用密码从个人计算机、便携式计算机、平板电脑、智能手机和诺顿身份安全网站访问云保管库。

除了存储敏感信息外，“身份安全”还提供以下功能：

1）确保用户在进行在线交易时免遭身份盗用和欺诈性或可疑网站的攻击。

2）让用户轻松管理和自动填写多个信用卡信息。

3）用户可随时随地轻松地安全携带和使用敏感信息。通过将数据保存到云保管库，用户可以从安装了诺顿安全产品的任何计算机或通过诺顿身份安全网站访问自己的敏感数据。

“身份安全”包括身份安全、ID设置、统计信息、密码生成器，如图9-35所示。

（1）创建新的保管库

“身份安全保管库”是一个非常重要的功能，它提供场外备份管理功能。保管库自动处理场外介质循环（任何备份或灾难恢复策略的关键部分）。保管库为原始备份、重复备份和目录库备份管理介质的场外存储和检索。在线云端的身份安全保管库不仅能够省略家庭用户在多台PC之间用U盘导出配置文件再导入的麻烦，同时也大大增强了身份安全文件的安全性。

单击身份安全项，如是初次使用用户将弹出如图9-36所示“创建新的保管库”窗口，创建保管库密码须满足下面强密码要求，每符合一项，相应的项目前的“×”将自动变成“√”，如图9-37、图9-38所示。

图9-35 “身份安全”包括内容

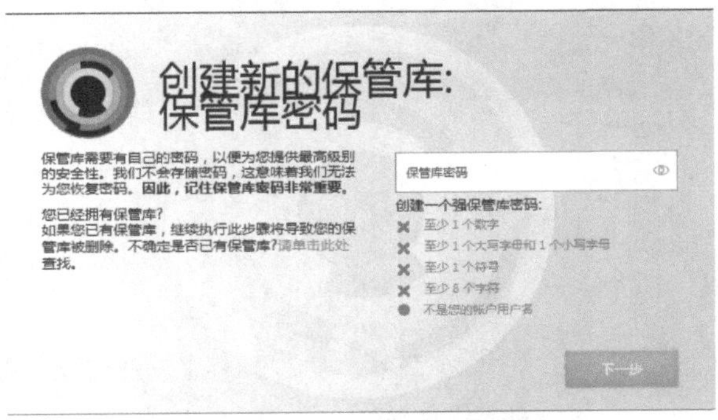

图9-36 诺顿“创建新的保管库”

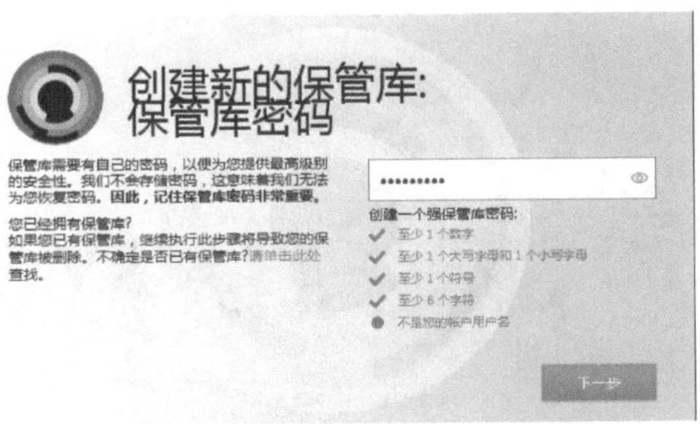

图9-37 “身份安全”设置

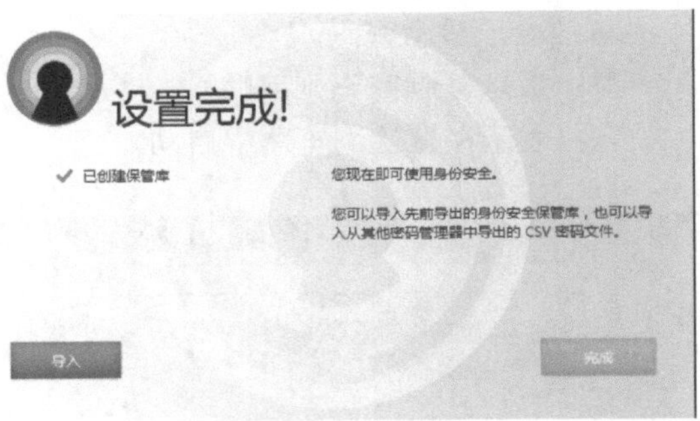

图9-38 诺顿“创建新的保管库”

（2）身份安全

创建好保管库后我们就可以登录进入“身份安全”设置了。身份信息有登录信息、地址、钱包（付款方式）、备注和标记，如图9-39～图9-46所示。

图9-39 “身份安全”

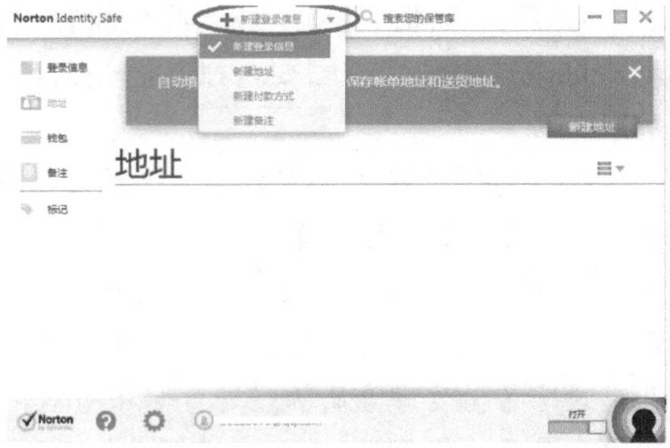

图9-40 诺顿“身份”信息录入

登录信息：“身份安全”允许添加新登录信息或更改在“登录信息”窗口中保存的登录信息的标题、URL、用户名和密码。当用户下次访问该网页时，将自动填写更新后的信息，还可以使用 URL 旁的箭头快速启动登录网页。

图9-41 “创建登录信息”

图9-42 登录信息

在“登录信息”窗口中，每条登录信息右边都有三个图标，它们分别是：

：表示显示密码。

：表示复制密码到剪贴板。

→：表示在默认浏览器中启动。

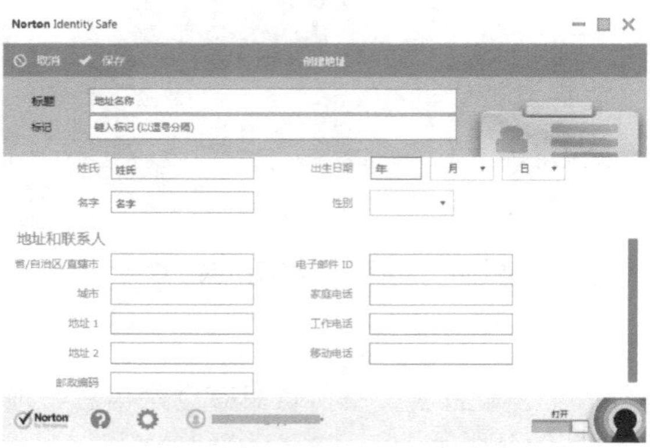

图9-43 “创建地址信息”

图9-44 地址信息

图9-45 “创建付款信息”

图9-46 钱包信息

（3）ID设置

用好身份防护，使用户的在线身份更安全。相对于智能防火墙，身份防护模块受到关注的程度就要低很多了。实际上，用好这个功能会给用户上网浏览提供很大的便利，当然，安全性自然也会大大提高，如可防网页仿冒、保障网页安全、阻止恶意页面、进行欺诈智能分析等，如图9-47所示。

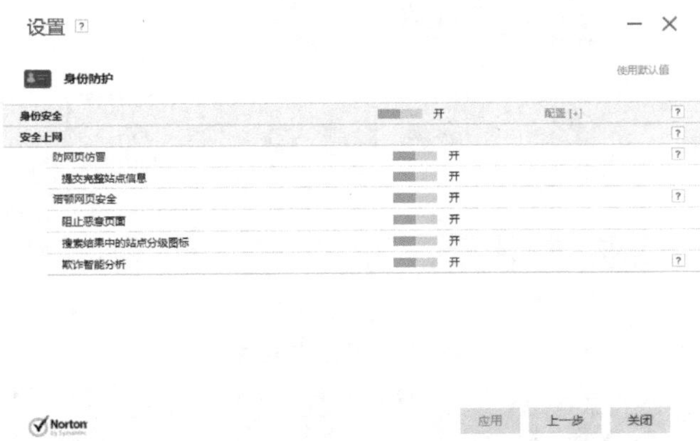

图9-47 ID设置

（4）统计信息

“统计信息”窗口可帮助用户了解使用“诺顿在线身份安全”的有效程度。通过查看饼图，可以了解保管库中存储了多少项目以及使用这些项目的次数，如图9-48所示。

“统计信息”窗口中的饼图显示以下内容：

①存储的登录次数。

②存储的地址数量。

③使用“密码生成器”功能创建强密码的次数。

④“诺顿在线身份安全”在用户访问的网站上自动填写登录信息的次数。

⑤“填写助手”窗格帮助用户填写在线表单的次数。假如没有创建保管库，现在可以创建一个新的保管库。

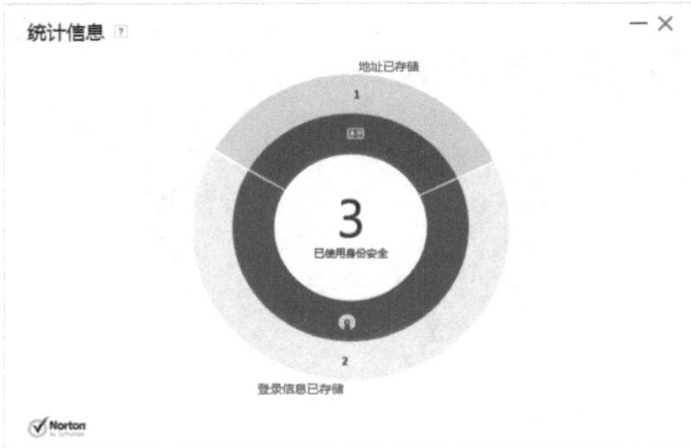

图9-48　统计信息

（5）**密码生成器**

使用诺顿身份安全密码生成器可创建难以破解或猜测的高安全性密码。只需选择所需密码的条件，然后单击“生成密码”即可。请记住，选择的选项越多，生成的密码就越安全。可在线登录使用，也可免费下载，如图9-49、图9-50所示。

图9-49　密码生成器

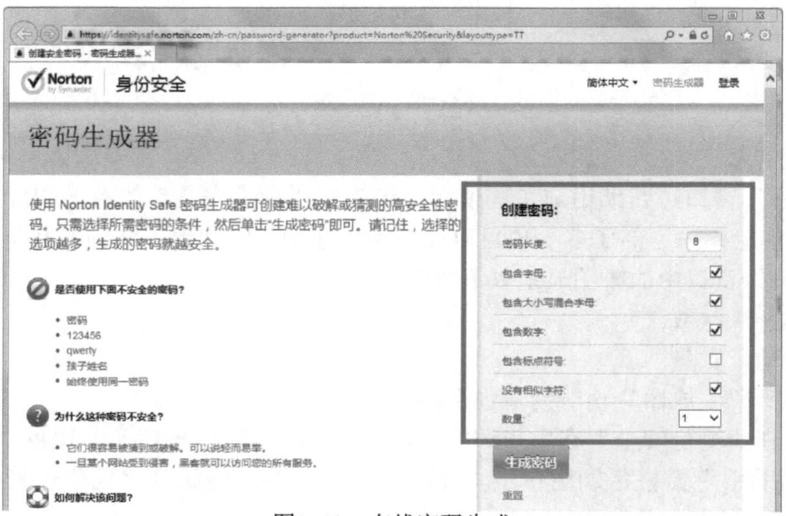

图9-50　在线密码生成

7．诺顿“性能”

诺顿“性能”包括优化磁盘、文件清理、启动管理器、图表，如图9-51所示。

（1）**优化磁盘**

“优化磁盘”可对硬盘和可用空间进行碎片整理。

（2）**文件清理**

“文件清理”会删除浏览网页后遗留在计算机硬盘上的临时文件，以及安装或更新程序后在 Windows 临时文件夹中遗留的不需要的文件。随着时间的推移，计算机中的永久磁盘上会累积许多临时文件和不需要的文件。最终，这些文件会严重减少可用磁盘存储空间并影响计算机的性能。诺顿产品可计算机将临时文件和不使用的文件自动删除。

（3）**启动管理器**

“启动管理器”可在计算机开机时，设置哪些程序可以启动，哪些程序禁止启动，缩短计算机开机启动时间，快速进入Windows桌面，如图9-52所示。

（4）**图表**

“系统智能分析”可提供一个可用于查看和监视系统活动的集中位置。“系统智能分析”会在“图表”窗口中显示此类信息。用户可以查看在过去三个月内执行的重要系统活动的月度历史记录，据此分析诺顿产品对计算机性能的影响。

图9-51 “性能”选项

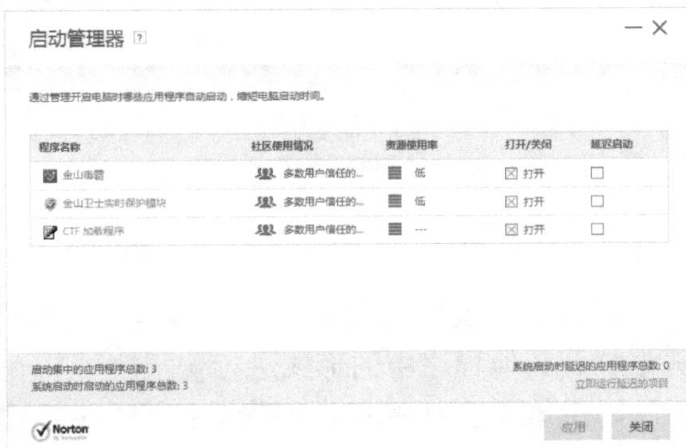

图9-52 启动管理器

8．更多诺顿产品（图9-53）

（1）**身份安全**

身份安全可以安全存储所有信息，包括用户名、密码、银行卡号、用户资料等，不需要每次登录时都输入，方便、快捷。可以在计算机、智能手机、平板电脑上自由切换。

诺顿在线身份安全：个人隐私是全世界黑客们制造木马病毒等威胁的一切利益驱动之源，他们挖空心思一心想要得到的就是每个人计算机中的那些银行账户密码等私密信息。黑客一旦得到这些资料，就犹如你的家门洞开一般，因此保护好个人隐私安全是异常重要的。

（2）**添加设备**

用户可以在计算机、智能手机、平板电脑上，同时安装诺顿安全软件，而且可使用同一授权许可证。

(3) **家庭**

可通过它了解孩子的计算机、手机、平板电脑上网情况，以及其他活动情况。

(4) **诺顿云管理**

在诺顿官方网站，管理订购、账户信息等，可以在一个位置完成所有操作。

(5) **诺顿在线备份**

诺顿在线备份功能，其实今天很多公司提供了类似服务，比如百度网盘、360云盘、金山快盘等，这是一个实用的功能，把资料放在第三方服务器上，储存起来，需要时调用。

图9-53　更多诺顿产品

病毒是以破坏为目的的能自我复制的程序代码。大部分病毒有寄生性，可以将特征代码复制到其他程序中的形式进行传播。

防火墙是在计算机内网和外网间或在计算机和其他计算机间设置的一道屏障，用来阻隔来自外部的非法入侵。

9. 防火墙设置

网络中有大量的针对文件的危险程序，如木马、恶意插件、间谍软件等。诺顿安全软件带有一个自动运行的防火墙，用来保护计算机的文件系统。这个防火墙会在诺顿安装好后自动运行。其主要功能是对进出系统的文件进行安全检查，并且能对非法的篡改进行阻拦。防火墙设计是现在杀毒软件的一个重要部分。大量的网上活动带来的数据量是巨大的，而这些进出计算机的数据有多少是危险的我们不可能知道，所以防火墙自动对这些数据进行扫描对我们的计算机系统是一个强大的保护。

诺顿产品中的“防火墙”设置可检查计算机的互联网连接以阻止不需要的通信活动和互联网入侵。

操作步骤如下：

单击诺顿主界面右上角的“设置”选项。诺顿防火墙有5项设置，分别是常规设置、程序控制、通信规则、入侵和浏览器主动防护、高级程序控制，如图9-54、图9-55所示。

图9-54　系统设置界面

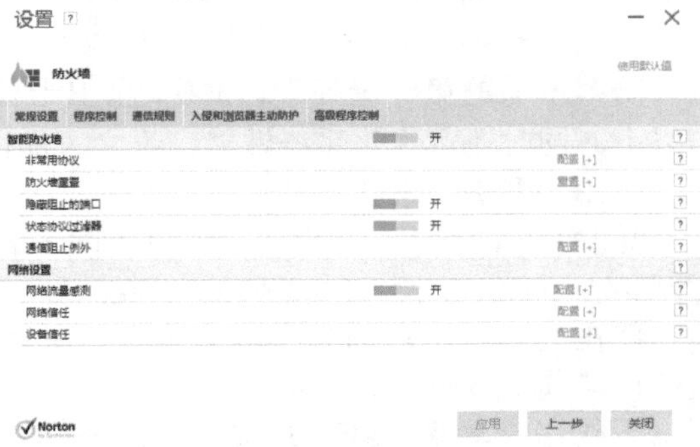

图9-55　防火墙设置界面

10．在线订购

诺顿免费试用仅有30天，试用结束还想再用就要花钱买了，方法为：在诺顿主界面下方单击“订购”按钮（见图9-56），计算机将联系诺顿服务器，然后弹出如图9-57所示页面。如已经有密钥或者号码单击右下方可直接输入，如没有单击“订购”按钮可在线购买，如图9-58、图9-59所示。

图9-56　诺顿主界面

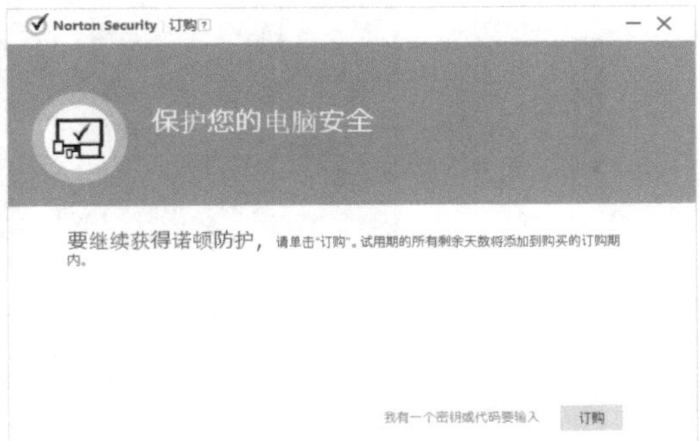

图9-57　订购页面

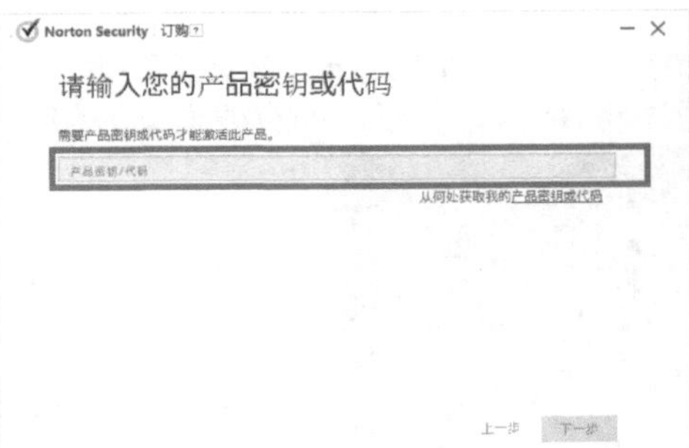

图9-58　输入密钥

图9-59　在线登录购买

（二）上网计算机保护神—360安全卫士

360安全卫士是由奇虎360公司开发的针对网络安全的一款软件。是当前功能强、效果好、广受用户欢迎的上网必备安全软件，而且永久免费。

目前木马威胁之大已远超病毒，360安全卫士运用云安全技术，在杀木马、打补丁、保护隐私、保护网银和游戏的账号密码安全、防止计算机变“肉鸡”等方面表现出色，被誉为“防范木马的第一选择”。360安全卫士自身非常精巧，查杀速度比传统的杀毒软件快10倍以上，同时还可优化系统性能，可大大加快计算机运行速度。

1．360安全卫士的安装

360安全卫士是一个免费的计算机防护软件，操作简便、功能强大，用户可以到它的官方网站去下载，官网：http://www.360.com。

现在大多数用户均为在网络用户，所以默认免费下载为在线安装版，如是离线用户安装的话请选择下载“离线安装包”。

下载完成，双击SETUP文件开始进行安装向导，勾选许可协议，设置安装驱动器，还可以自定义安装，设置完毕单击“立即安装”按钮便可自动安装了。

单击“完成”按钮后，360安全卫士就安装完毕了。由于360卫士是一款可以自动检测计算机系统中一些进出数据的安全软件，所以每次开机时都会自动启动，并会在Windwos系统桌面的右下角出现图标。可以双击这个图标来启动360卫士的主界面，如图9-60所示。

图9-60　360安全卫士主界面

360安全卫士最好从官方网站下载，从其他网站上下载要小心网站上有木马或是病毒。

2．360安全卫士的使用方法

双击右下角的图标启动360安全卫士主界面如图9-61。当前360安全卫士领航版，在在线情况下单击左上角“ ”图标，可自动连接服务器检测是否有更新，如有便自动升级。

图9-61　360安全卫士升级

（1）**电脑体检**

360安全卫士电脑体检。通过计算机体检，360安全卫士为系统安全打分，并列出打分的项目和出现的问题。如图9-62所示，该系统检查为80分，问题较多，其中有一个危险较高的问题，可能存在恶意软件，这样的系统非常不安全。问题出现后，可单击相应按钮来处理问题。

体检过程，共分为四步：

第1步，检测电脑系统、软件是否有故障。

第2步，检测电脑里没用的文件缓存、文件垃圾等。

第3步，检测是否有病毒、木马、漏洞等。

第4步，检测是否存在可优化的开机启动项。

操作方法如下：

电脑体检在每一次重新开启360安全卫士时会自动出现在主界面正中，单击即可运行。如图9-63、图9-64所示。

图9-62　360安全卫士正在体检

图9-63　360安全卫士主界面“立即体检”

图9-64　360安全卫士体检后优化

最新版本的360安全卫士提供多种个性化界面如图9-65所示。单击主界面右上的“换肤”按钮就可以有多种界面主题选择，如图9-65所示。

图9-65　360安全卫士换肤功能

（2）**查杀流行木马**

现在我们把包含了可以控制用户的计算机系统的程序，能造成系统被破坏甚至瘫痪或是盗取重要资料的计算机程序统称为“木马病毒”。目前，木马已成为互联网中，对计算机资源危险最大的病毒之一，它会盗取用户的各种账号，破坏用户的系统资源和数据，而且木马有较强的隐蔽性，其安装和运行都在系统的后台进行让人防不胜防。360安全卫士的主要功能之一就是防范和查杀木马病毒。

操作步骤如下：

单击360安全卫士主界面最上面的图标“杀木马”进入查杀木马界面进行木马扫描，如图9-66～图9-71所示。

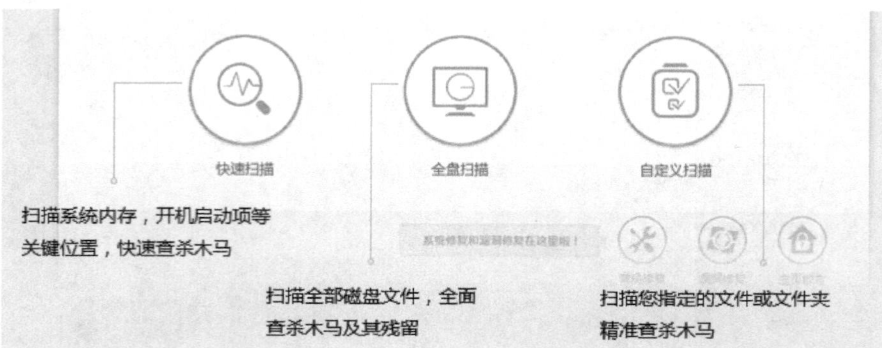

图9-66　360安全卫士木马扫描界面

图9-67　360安全卫士正在木马快速扫描

图9-68　木马全盘扫描

图9-69　顽固木马扫描

图9-70　木马全盘扫描结束

图9-71　木马扫描处理完成

目前360安全卫士采用云查杀的技术进行木马扫描和清除。从图9-66中大家可以看到共有以下3种木马扫描方式：

（1）快速扫描。只扫描系统中关键的部位，比如系统内存区、启动程序所在的位置等。这种方式速度较快，但扫描范围有限，适合于日常扫描。该方式为360安全卫士推荐扫描方式。

（2）全盘扫描。扫描计算机中所有磁盘中的文件。这种方式速度较慢，但查杀计算机中所有磁盘，使木马没有躲藏之处。

（3）自定义扫描。手动定义要扫描的磁盘位置，可以扫描外部存储设备，如闪存、移动磁盘等。

我们使用快速扫描方式对计算机进行扫描。在图9-72中我们可以看到，查杀模式主要是对我们日常常用的部位进行扫描。

本例中，Windows系统中有一木马，如图9-72所示。360安全卫士会用红色的字体提醒系统中查到的危险，并显示出所查木马所在的路径及文件名字。我们使用界面中“立即处理”按钮来处理木马，并可以在查杀历史中看到以往查杀木马的结果。

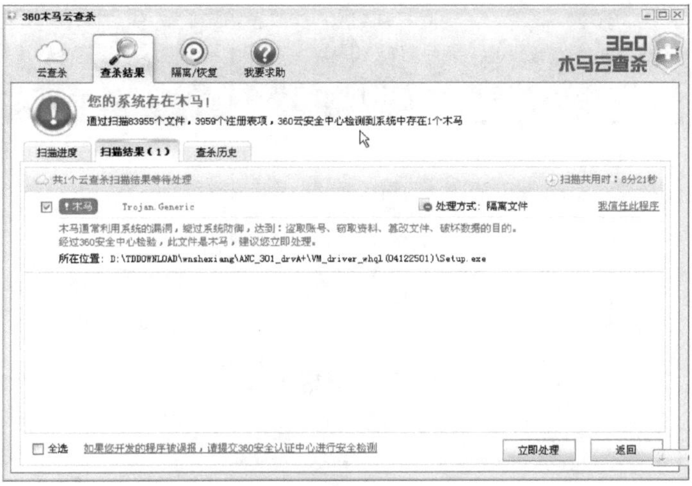

图9-72　处理木马

（4）**电脑清理**

Windows系统在经过一段时间运行后，都会产生一些没有用的文件，我们称这些文件为垃圾文件。垃圾文件多了以后会影响系统的运行速度，占用大量的系统资源，所以定期清理垃圾文件是维护我们计算机系统的必要手段。建议大家每周清理一次垃圾文件，以保证计算机系统的整洁。

电脑清理的内容主要有清理垃圾、清理痕迹、清理注册表、清理插件、清理软件、清理cookies（.txt格式的文本文件）。

操作步骤如下：

单击主界面下方“电脑清理”图标即可进入清理界面，勾选六种选项，单击“一键扫描”按钮便可开始清理了。

有个别恶意软件360安全卫士不能删除，这时可以进入Windows系统的安全模式下再启用360安全卫士进行清理，如图9-73～图9-76所示。

图9-73　选择清理项目

图9-74　正在扫描清理垃圾

图9-75　清理扫描完成

图9-76　一键清理完成

(5）修复漏洞

所有的软件在使用过程中，或多或少地都会有一些程序上设计不完善的地方或是缺陷，我们把这种缺陷叫程序漏洞。非法用户、计算机病毒、木马或恶意软件可能通过这些漏洞来攻击我们的计算机系统，给我们带来很大的安全隐患。当然，软件公司也在想法弥补程序上的漏洞，其方法就是使用补丁程序来完善软件，修复漏洞。360安全卫士在修复漏洞上有比较强大的能力。原因有二：其一，360安全卫士会根据网上软件的漏洞补丁发布情况，自动提醒用户下载和安装补丁程序；其二，它会自动帮助用户选择适合用户操作系统的补丁。

操作方法如下：

单击360安全卫士主界面（见图9-77）上的“查杀修复”选项卡，出现界面如图9-78所示。单击“漏洞修复”360安全卫士会自动查找各种补丁，包括各种系统补丁和应用程序补丁。在图9-79中，我们看到该项系统有1个必须要修复的高危漏洞。但有21个漏洞是可选择性修复的或是360安全卫士不推荐修复的。标记为高危的补丁所修复的程序漏洞一般容易被一些非法用户用来破坏计算机的系统，所以一定要及时修复，如图9-80所示。

图9-77　360安全卫士主界面

图9-78　查杀修复界面

图9-79　漏洞扫描结果

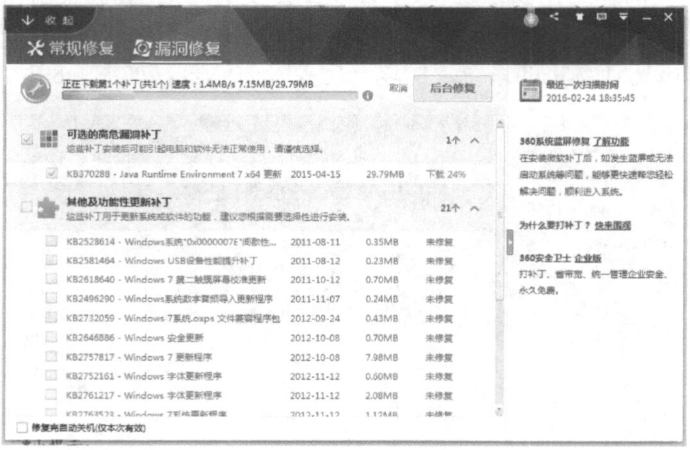

图9-80　漏洞修复

（6）优化加速

新一键优化，将之前版本的“一键优化”和“深度优化”整合在一起，让计算机运行速度变快，只需一键。其加速项目共有四个选项：开机加速、系统加速、网络加速、硬盘加速。

1）开机加速：极致优化软件的自启动状态，开机更快。

2）系统加速：优化系统和内存设置，加快系统速度。

3）网络加速：优化网络配置，加快上网速度。

4）硬盘加速：优化硬盘传输效率，加快计算机速度。

操作方法如下：

打开360安全卫士，单击“优化加速”标签，直接进入“一键优化”选项卡，如图9-81、图9-82所示。

加速球让您随时给计算机加速，方便快捷，主要有3项：加速、网速和清理。

加速：关闭闲置的程序。

网速：检测所有程序运行时所占用的网速，并可以提供限速和流量保护控制。

清理：一键清理垃圾、不常用软件、启动项等，让计算机的运行速度再次实现飞跃如图9-83、图9-84所示。

图9-81　优化加速选项

图9-82　优化加速扫描完成

图9-83　开机加速中的“启动项”

图9-84　360加速球

（7）**软件管家**

软件管家聚合了众多安全优质的软件，用户可以方便、安全地下载。用软件管家下载软件不必担心“被下载”的问题。如果下载的软件中带有插件，软件管家会进行提示。从软件管家下载软件更不需要担心下载到木马病毒等恶意程序。同时，软件管家还为用户提供了“软件升级”和“软件卸载”的功能，如图9-85～图9-87所示。

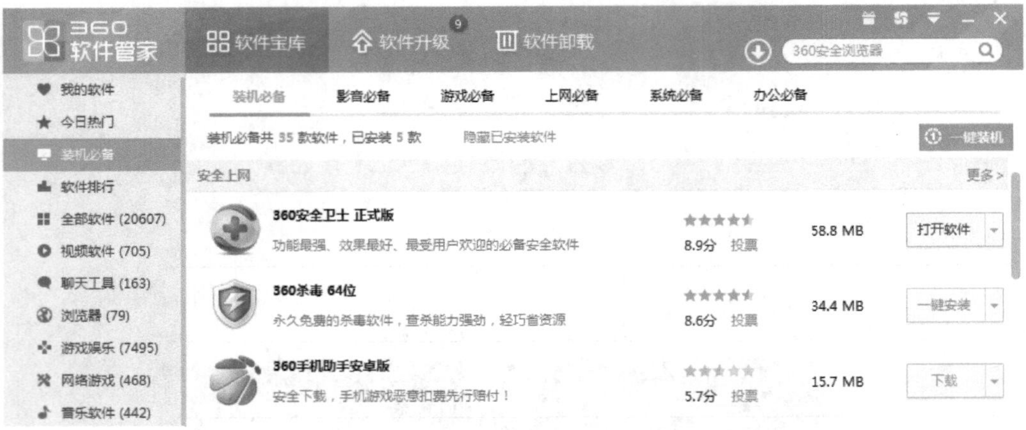

图9-85　360软件管家-软件宝库

图9-86　360软件管家-软件升级

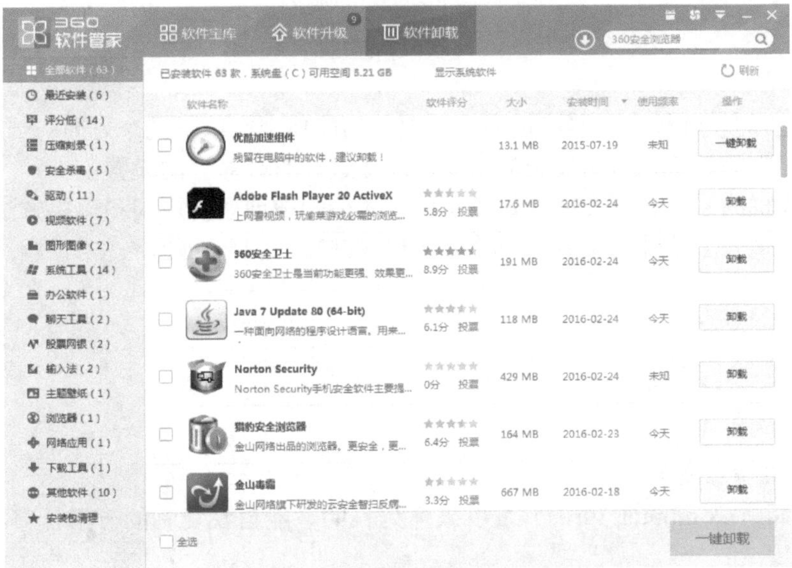

图9-87　360软件管家-软件卸载

(8) **更多工具**（图9-88）

1）C盘搬家：转移系统盘重要数据和软件。

2）主页防护：防止恶意程序篡改浏览器主页。

3）文件粉碎机：彻底粉碎无法删除的文件。

4）任务管理器：让用户清晰地看出哪些程序在运行，找出当前最占资源的程序。

5）防黑加固：让用户的计算机免受外部入侵，修补可能会被黑客利用的漏洞。

6）流量防火墙：时时监控软件的流量走向，发现并阻止偷偷占用流量的程序。

7）强力卸载：可以卸载不容易卸载的软件。

8）隔离沙箱：隔离系统真实环境运行软件，让用户可以在不确定软件安不安全的情况下运行软件。

9）文件恢复：快速恢复被误删除的文件。

图9-88　360更多工具

项目评价

此项目涉及的软件较多，难度适中，主要的功能体现在以下几个方面：

1）掌握一定的计算机网络安全的知识，才能进行有针对性的设置。

2）对计算机的系统设置要有一定的了解，才能知道问题的原因和解决方法。

3）需要多个安全软件的配合工作才能实现较完善的安全功能。

知识拓展

1．计算机病毒

（1）计算机病毒概念

计算机病毒（Computer Virus）是以破坏为目的、能自我复制的一组计算机指令或者程序代码。

计算机病毒具有传播性、隐蔽性、感染性、潜伏性、可激发性、表现性或破坏性。计算机病毒的生命周期如下：开发期→传染期→潜伏期→发作期→发现期→消化期→消亡期。

（2）计算机病毒的发展史

第一份关于计算机病毒理论的学术工作（“病毒”一词当时并未使用）于1949年由约翰·冯·诺伊曼完成。以“Theory and Organization of Complicated Automata”为题的一场在伊利诺伊大学的演讲，后改以“Theory of Self-reproducing Automata”为题出版。冯·诺伊曼在他的论文中描述了一个计算机程序如何复制其自身。

1980年，Jürgen Kraus于多特蒙德大学撰写他的学位论文“Self-reproduction of Programs”。论文中假设计算机程序可以表现出如同病毒般的行为。

“病毒”一词最早用来表达此意是在弗雷德·科恩（Fred Cohen）1984年的论文《电脑病毒实验》中。

1983年11月，在一次国际计算机安全学术会议上，美国学者科恩第一次明确提出计算机病毒的概念，并进行了演示。

1986年年初，巴基斯坦兄弟编写了“大脑”（Brain）病毒，又被称为“巴基斯坦”病毒。

1987年，第一个计算机病毒C-BRAIN诞生。由巴基斯坦兄弟巴斯特（Basit）和阿姆捷特（Amjad）编写。计算机病毒主要是引导型病毒，具有代表性的是“小球”和“石头”病毒。

1988年，在财政部的计算机上发现的，是中国最早的计算机病毒。

1989年，引导型病毒发展为可以感染硬盘，典型的代表有“石头2”。

1990年，发展为复合型病毒，可感染COM和EXE格式文件。

1992年，利用DOS加载文件的优先顺序进行工作，具有代表性的是“金蝉”病毒。

1995年，当生成器的生成结果为病毒时，就产生了这种复杂的“病毒生成器”，幽灵病毒流行中国。典型病毒代表是“病毒制造机”“VCL”。

1998年，台湾大同工学院（现已更名为“大同大学”）学生刘盈豪编制了CIH病毒。

2000年，最具破坏力的10种病毒分别是：Kakworm、爱虫、Apology-B、Marker、Pretty、Stages-A、Navidad、Ska-Happy99、WM97/Thus、XM97/Jin。

2003年，中国大陆地区发作最多的十个病毒，分别是：红色结束符、爱情后门、FUNLOVE、QQ传送者、冲击波杀手、罗拉、求职信、尼姆达II、QQ木马、CIH。

2005年，1月到10月，金山反病毒监测中心共截获或监测到的病毒达到50 179个，其中木马、蠕虫、黑客病毒占其中的91%，以盗取用户有价账号的木马病毒（如网银、QQ、网游）为主，病毒多达2000多种。

2007年1月，病毒累计感染了中国80%的用户，其中78%以上的病毒为木马、后门病毒，熊猫烧香肆虐全球。

2010年，越南全国计算机数量已达500万台，其中93%受过病毒感染，由于感染计算机病毒共损失59 000万亿越南盾。

2．计算机木马

通常所说的木马全称为“特洛伊木马”，来源于古希腊传说。在古希腊，特洛伊王子帕里斯访问希腊，诱走了王后海伦，希腊人因此远征特洛伊。围攻9年后，到第10年，希腊将领奥德修斯献了一计，就是把一批勇士埋伏在一匹巨大的木马腹内，放在城外后，佯作退兵。特洛伊人以为敌兵已退，就把木马作为战利品搬入城中。到了夜间，埋伏在木马中的勇士跳出来，打开了城门，希腊将士一拥而入攻下了城池。后来，人们在写文章时就常用“特洛伊木马”这一典故，用来比喻在敌方营垒里埋下伏兵里应外合的活动。

现在大家说的“木马”是由黑客编撰的，用户来远程操控他人计算机的一种程序。常见的木马有远程控制木马、盗号木马、后门程序等。

3．插件

插件是一种可以扩展软件功能的第三方程序。比如IE浏览器上的百度工具条，游戏中的辅助软件都是插件的一种。但在网络中有一种插件称为恶意插件，其进行强制性后台安装，用户往往是在不知情的情况下安装了插件，并且这种插件常常具有危害性。比如破坏数据，强制关闭安全软件，或是造成系统资源被大量占用等。而且这类插件通过正常途径不能删除。360安全卫士对恶意插件有专业的清理功能。

4．痕迹清理

在系统盘，一般是C盘下的Documents and Settings\Administrator\Cookies这个文件夹里有我们上网的记录，记录中会有我们上了什么网站，查询了什么内容等。QQ安装文件夹下，有许多以QQ号码命名的文件夹，只要其他人在你计算机上登录了QQ，就会留下一个以他的号码命名的文件夹。另外，QQ登录框的下拉菜单里也能看到登录后留下的号码记录。这些都是我们上网时留下的记录。上网记录对我们有什么影响呢？影响有两点：一是上网记录中有我们上网的隐私，没有人会喜欢别人知道自己的上网内容；二是上网记录过多会影响计算机的运行速度，占用系统资源。所以需要定期清理上网记录。

5．恶意软件

恶意软件是对破坏系统正常运行的软件的统称，一般来说有如下表现形式：

1）强行安装，无法卸载。

2）安装以后修改主页且锁定。

3）安装以后随时自动弹出广告。

4）自我复制代码，类似病毒一样，拖慢系统速度。

根据恶意软件的表现，可以将其分为以下九类：

（1）广告软件

广告软件（Adware）是指未经用户允许，下载并安装或与其他软件捆绑并通过弹出式广告或以其他形式进行商业广告宣传的程序。

（2）间谍软件

间谍软件（Spyware）是能够在使用者不知情的情况下，在用户计算机上安装后门程序的软件。用户的隐私数据和重要信息会被这些后门程序捕获，甚至这些“后门程序”还能使黑客远程操纵用户的计算机。

（3）浏览器劫持

浏览器劫持是一种恶意程序，它可以通过DLL插件、BHO、Winsock LSP等形式对用户的浏览器进行篡改。

（4）行为记录软件

行为记录软件（Track Ware）是指未经用户许可窃取、分析用户隐私数据，记录用户使用计算机、访问网络习惯的软件。

（5）恶意共享软件

恶意共享软件（Malicious Shareware）是指采用不正当的捆绑或不透明的方式强制安装在用户的计算机上，并且利用一些病毒常用的技术手段造成软件很难被卸载或采用一些非法手段强制用户购买的免费、共享软件。

（6）搜索引擎劫持

搜索引擎劫持是指未经用户授权，自动修改第三方搜索引擎结果的软件。

（7）自动拨号软件

自动拨号软件是指未经用户允许，自动拨叫软件中设定的电话号码的程序。

（8）网络钓鱼

网络钓鱼（Phishing）一词，是“Fishing”和“Phone”的综合体，由于黑客始祖起初是以电话作案，所以用“Ph”来取代“F”，创造了”Phishing”，Phishing 发音与Fishing相同。

（9）ActiveX控件

ActiveX是指可使无论任何语言产生的软件在网络环境中都能够实现互操作性的一组技术。ActiveX 建立在Microsoft的组件对象模型（COM）基础上。尽管ActiveX能用于桌面应用程序和其他程序，但目前主要用于开发万维网上的可交互内容。

触类旁通

1．360免费杀毒软件

产品简介

360杀毒无缝整合了国际知名的BitDefender病毒查杀引擎，以及360安全中心潜心研发的木马云查杀引擎。双引擎的机制使其拥有完善的病毒防护体系，不但查杀能力出色，而且对于新产生的木马病毒能够在第一时间进行防御。360杀毒完全免费，无须激活码，轻巧快速不卡机，误杀率远远低于其他杀软，能提供全面保护。官网下载：http://sd.360.cn。

如图9-89所示，360杀毒软件界面简洁，主要有多重防御系统、病毒查杀、产品升级和功能大全4项内容。其病毒查杀和实时防护与诺顿的操作设置基本相似，如图9-89～图9-95所示。

图9-89　360杀毒主界面

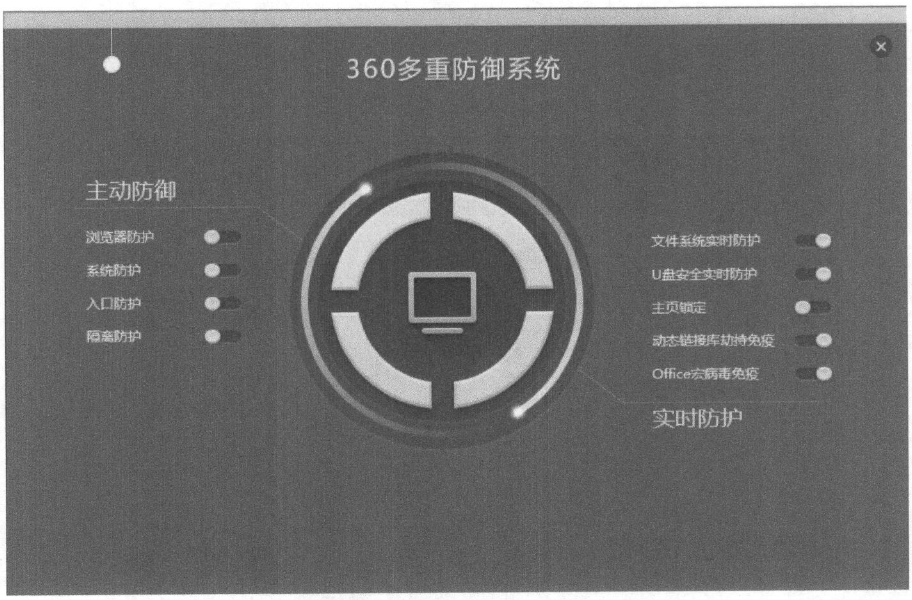

图9-90　360杀毒多重防御系统

图9-91　360杀毒全盘扫描

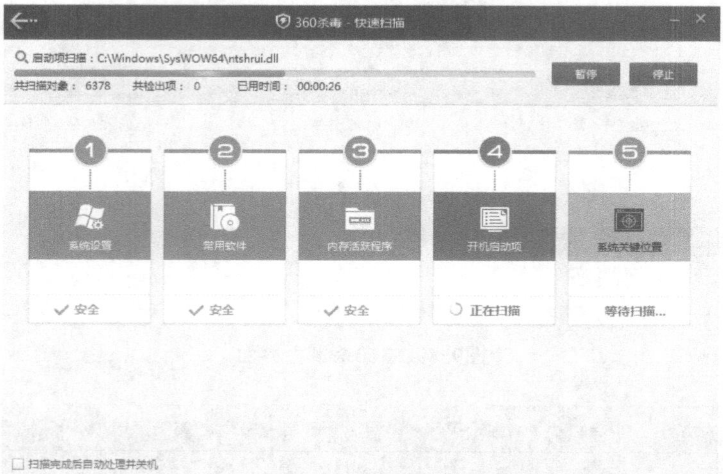

图9-92　360杀毒快速扫描

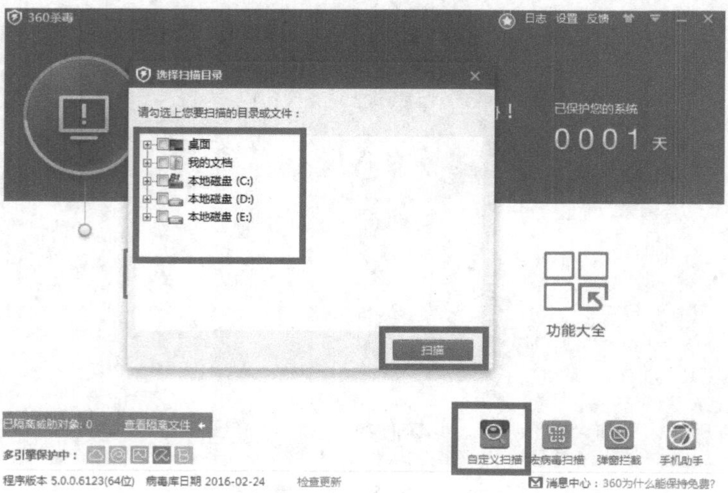

图9-93　360杀毒自定义扫描

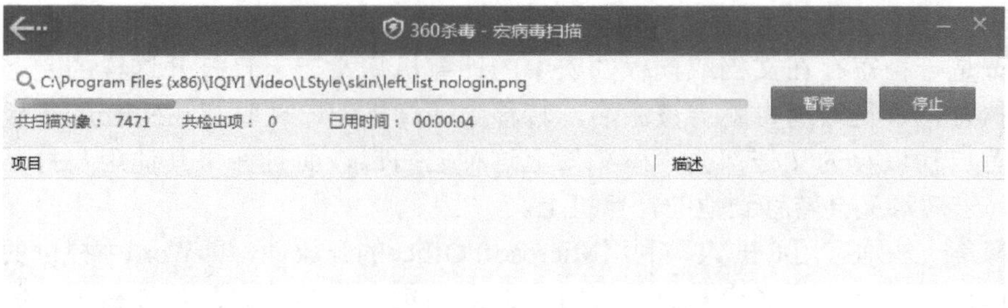

图9-94　360杀毒宏病毒扫描

图9-95　360杀毒宏病毒扫描结束报告

值得一说的就是在360杀毒软件中，宏病毒扫描以一个单独功能图标的形式出现，这在其他杀毒软件中是少见的，如图9-96所示。

图9-96　宏病毒扫描

360杀毒软件的功能大全大部分功能要配合360安全卫士才能安装使用。

宏病毒是一种寄存在文档或模板的宏中的计算机病毒。一旦打开这样的文档，其中的宏就会被执行，于是宏病毒就会被激活，转移到计算机上，并驻留在Normal模板上。从此以后，所有自动保存的文档都会“感染”上这种宏病毒，而且如果其他用户打开了感染病毒的文档，宏病毒又会转移到他的计算机上。

宏病毒是一些别有用心的人，利用Microsoft Office的开放性，即Word中提供的VBA编程接口，专门制作的一个或多个具有病毒特点的宏的集合。其特点是传播极快、制作变种方便、破坏性极大。

大多数宏病毒中含有自动宏或对文档读写操作的宏指令，以BFF（Binary File Format）的加密压缩格式存放在DOC或DOT格式文件中，每种Word版本格式可能不兼容。

宏病毒是通过DOC格式文档及DOT格式模板进行自我复制及传播的。DOC格式文件被宏病毒感染后，它的属性必然会被改为模板，而不是文档（尽管形式上其扩展名仍是DOC）。

2. 腾讯电脑管家

腾讯电脑管家（Tencent PC Manager，原名QQ电脑管家）是腾讯公司推出的免费安全软件。它拥有云查杀木马、系统加速、漏洞修复、实时防护、网速保护、电脑诊所、健康小助手等功能，首创“管理+杀毒”2合1的开创性功能，依托管家云查杀引擎和第二代自研反病毒引擎“鹰眼”，小红伞（AntiVir）杀毒引擎和管家系统修复引擎，拥有QQ账号全景防卫系统，针对网络钓鱼欺诈及盗号打击方面，在安全防护及病毒查杀方面的能力已达到国际一流杀软水平。它已获得英国西海岸CheckMark认证、VB100认证和AV-C认证，并已斩获全球三大权威评测大满贯的成绩。

我们可以从腾讯电脑管家的官方网站：http://guanjia.qq.com下载电脑管家最新版本。下载安装包后安装，安装过程和360安全卫士的安装基本一致。

安装完后会在桌面上生成腾讯电脑管家，双击图标运行电脑管家，如图9-97、图9-98所示。

图9-97　电脑管家经典界面

图9-98　轻巧模式

腾讯最有特色的就是它们的产品可以共用一个QQ账号，由于都出自腾讯公司，所以在电脑管家中有一项专门针对QQ安全的内容。单击主界面左上角头像剪影图标将会弹出如图9-99所示登录界面，输入QQ账号便可登录，无需再去注册。

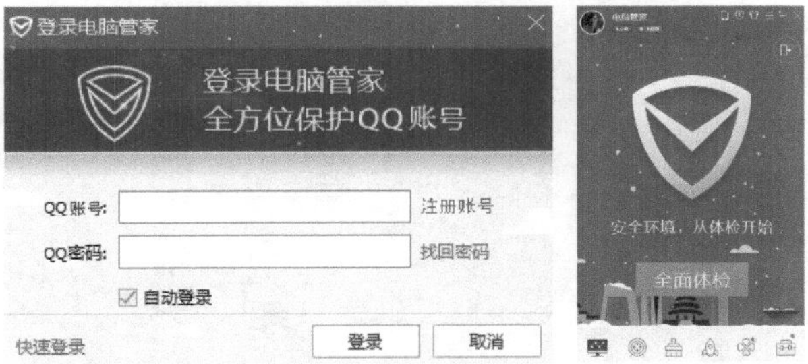

图9-99　电脑管家QQ关联

如图9-99所示，QQ安全功能与QQ号相关联，可对QQ账号进行更加安全的设置管理。

进入账号宝界面后，电脑管家会自动显示QQ账号的基本信息，还可单击“账号检测”对QQ账号进行风险测试，根据检测情况进行相应加固。除此之外，在账号宝中还可以计算QQ账号价值，查看QQ使用记录，如图9-100～图9-103所示。

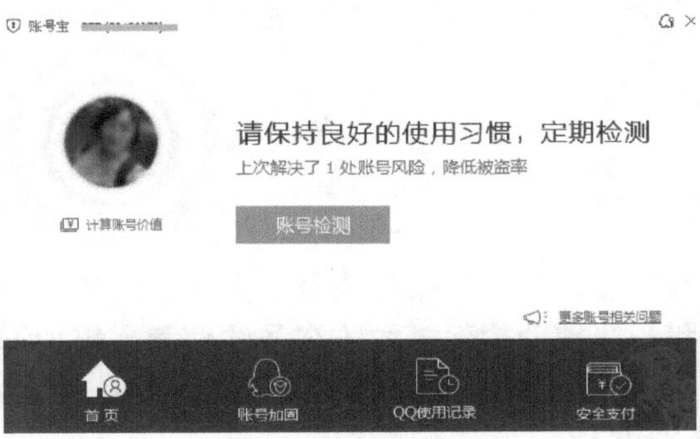

图9-100　账号宝界面

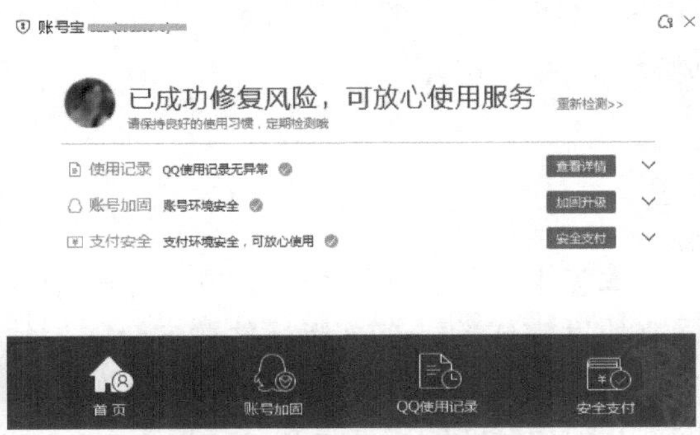

图9-101　账号检测完毕

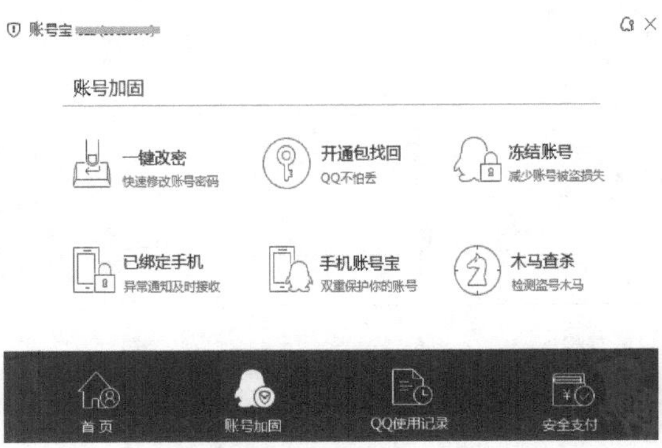

图9-102　账号加固选项

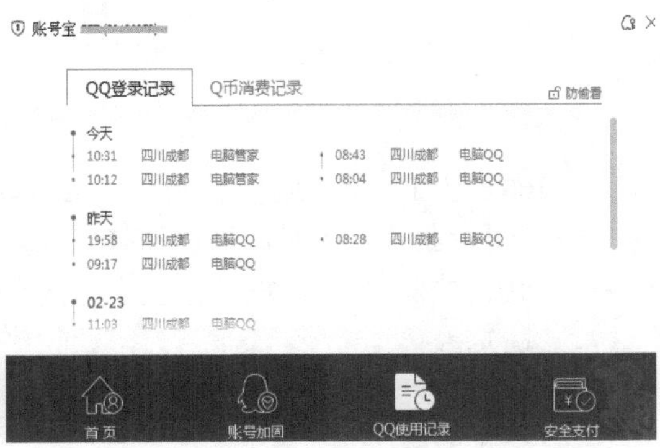

图9-103　查看QQ使用记录

账号宝中的“安全支付”关联到腾讯的财付通账号页面，开通QQ账号中的支付，并下载财付通安全控件关联到网银便可以安全支付了，当然这种支付还有一个最关键的就是QQ账号必须通过实名认证才行，如图9-104、图9-105所示。

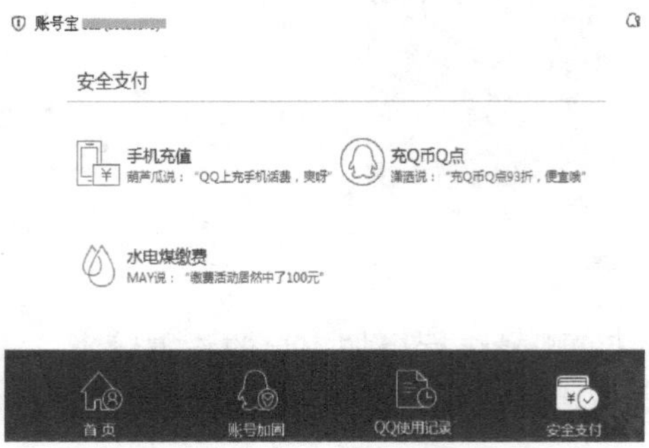

图9-104　安全支付项目

图9-105　财付通支付页面

腾讯电脑管家的其他功能在这里就不一一介绍了，可以这么说，它是集市面上的杀毒软件、安全卫士、安全支付于一体的全方位保护软件，可以为用户提供相当方便的一条龙服务。

归纳总结

本篇主要是介绍了如何建立一个安全的上网环境。安全网络环境是由多款安全软件共同来协助完成的，有杀毒软件、安全防护软件和一些辅助软件，如防盗号软件和系统加增软件等。但最为重要的是应该增强我们个人的网络安全意识，使用正版软件，浏览正规的网站和使用合法的软件上网，从根本上杜绝安全隐患。

课后练习

一、填空题

1．360安全卫士是由____________公司开发的。

2．诺顿企业版安装时，可以选择安装____________版本或____________版本。

3．列出3种杀病毒软件：____________、____________、____________。

二、操作题

1．如何用诺顿对外来的U盘进行病毒查杀？

2．诺顿如何设定一旦发现病毒，直接删除被病毒感染的文件？

3．怎样用360安全卫士找出占用网络资源最大的程序？

第 10 篇　系统维护与优化

系统维护与优化，它不仅可以美化桌面、维护系统还原等，还能清理Windows临时文件夹中的临时文件，释放硬盘空间，同时也可以清理注册表里的垃圾文件，减少系统错误的产生，加快开机速度，阻止一些程序开机自动执行、加快上网和关机速度，用它把自己的计算机系统个性化。本篇主要讲解系统的备份与还原、U盘维护系统、制作U盘引导系统、手动Ghost备份还原、DOS矮人工具箱、Windows优化大师、晨枫U盘维护工具V2.0等的用法。

项目　系统的优化

项目情境

经常使用计算机的用户都会有这样的亲身体验，计算机经过格式化，安装系统后，运行速度会很快，但随着使用时间的推移，用户对系统版本的更新、软件的频繁安装和卸载，计算机性能会明显下降。其实新增软件并不是造成系统负荷增加的唯一原因，比如磁盘碎片、卸载软件残留下的无用注册文件等都有可能导致系统性能下降，这就需要我们对系统进行合理的优化和维护，此时便需要用到一些系统维护与优化的软件。

项目分析

系统的基本维护包括系统清理、系统优化、数据备份、安全防范与故障处理等。

1）系统清理是指定期清理临时文件、记录文件、缓存文件和无用的DLL文件。这里我们具体讲解操作系统下的磁盘碎片整理。常见的垃圾文件后缀名有：①临时文件.tmp，_mp，.syd。②帮助的临时文件.ftg，.gid。③异常的临时文件.@@@。④安装临时文件 mscreate.dir。⑤临时备份文件.bak。⑥旧备份文件.old。⑦丢失簇的恢复文件 chklist.*，.chk。

2）系统优化是进行磁盘整理，对磁盘缓存、优化系统进行设置以提高计算机的运行速度，本章我们将讲解Windows优化大师的使用。

3）数据备份是定期对操作系统、重要的数据库和用户文档等重要数据进行备份。本章我们讲解DOS矮人工具箱的Ghost工具。

4）安全防范与故障处理是安装查杀病毒和防火墙软件并定期查杀计算机病毒以及对软件和硬件故障进行诊断和排除等，此部分内容在上一篇已经讲述，此处不再赘述。

同时，要做到个性化，就需要掌握一些美化桌面的知识，如RocketDock（快捷工具栏）、Windowblinds的介绍。

项目实施

一、磁盘碎片整理

磁盘使用久了空间就会七零八落，到处都有数据，这种现象称为“碎片”现象。使用磁盘碎片整理程序可以重新安排文件使其连续起来，以加快访问速度，提高程序的运行速度。

1．磁盘碎片整理前的准备

（1）磁盘清理

整理前要先清理磁盘，在“计算机”窗口中右键单击需要进行磁盘清理操作的驱动器，从打开的快捷菜单中单击“属性”，在“常规”中单击“磁盘清理”。打开“磁盘清理”对话框，勾选要删除的文件，然后单击“确定”按钮，系统即自动清理选中的文件，如图10-1所示。

（2）磁盘扫描。

在“计算机”窗口中右键单击要磁盘扫描的驱动器，从打开的快捷菜单中单击“属性”，在“工具”中选“开始检查”，然后勾选“自动修复文件系统错误”和“扫描并试图恢复坏扇区”两项，最后单击“开始”按钮，检查后退出。接着逐一扫描修复其他分区，如图10-2所示。

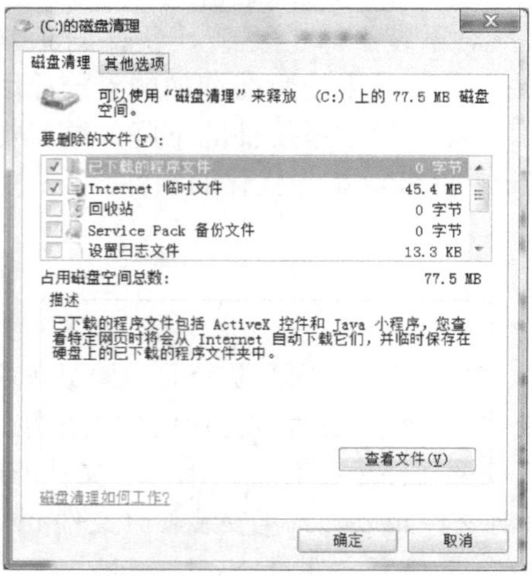

图10-1　磁盘清理

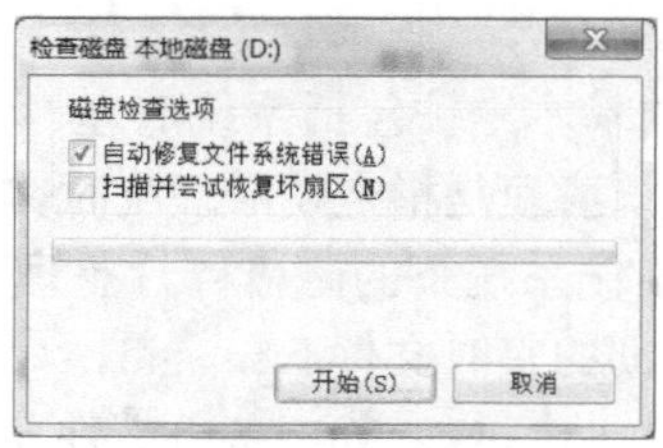

图10-2　磁盘检查

（3）关闭正在运行的程序

关闭所有运行程序，尤其是病毒实时监控程序和屏幕保护程序等。

2．磁盘碎片整理

在“计算机”窗口中在驱动器图标上单击右键，从打开的快捷菜单中单击“属性”，在“工具”中单击“立即进行碎片整理”按钮，进入“磁盘碎片整理程序”窗口，选择要碎片整理的驱动器，待“分析磁盘”完成后，单击“磁盘碎片整理”，系统即开始碎片整理。

注意：整理期间不要进行任何数据读写，这个时候进行读写很可能导致计算机死机。如果这样做还不能将所选磁盘整理完毕，那就要在安全模式下进行整理了。

二、系统的优化

目前，系统优化软件种类非常繁多，都各有自己的优缺点，这里我们就不一一列举进行对比了，仅就“Windows优化大师”为同学们进行讲解。

Windows优化大师包含系统检测、系统优化、系统清理、系统维护4个大模块。这4个模块内置有系统医生、内存整理、进程管理等软件包。Windows优化大师的界面非常直观明了，左边是软件的图标和分类模块，每个模块下对应有相应的功能列表，如图10-3所示。

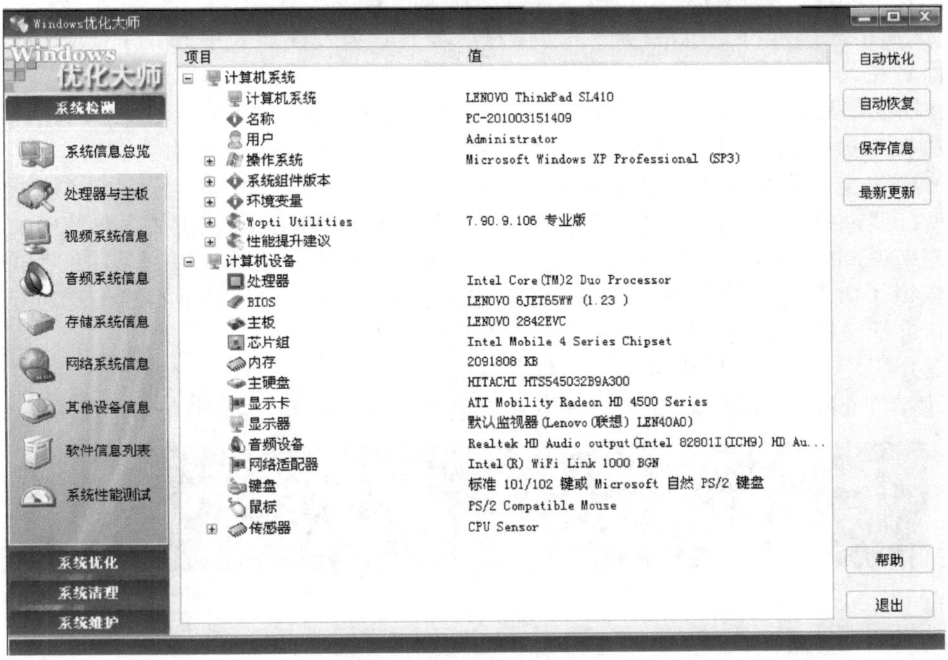

图10-3 优化大师界面

Windows优化大师的功能相当全面，这里仅简要介绍几个主要功能：

1）系统信息总览（系统检测—系统信息总览）。在系统信息中，Windows优化大师可以检测系统的一些硬件和软件信息，如CPU信息、内存信息等。在更多信息里面，Windows优化大师提供了系统的详细信息。

2）磁盘缓存优化（系统优化—磁盘缓存优化）。提供磁盘最小缓存、磁盘最大缓存以及缓冲区读写单元大小优化；缩短按<Ctrl+Alt+Del>组合键关闭无响应程序的等待时间；优化页面、DMA通道的缓冲区、堆栈和断点值；缩短应用程序出错的等待响应时间；优化队列缓冲区；优化虚拟内存；协调虚拟机工作；快速关机；内存整理等功能。

3）桌面菜单优化（系统优化—桌面菜单优化）。优化开始菜单和菜单运行的速度；加速Windows刷新率；关闭菜单动画效果；关闭“开始菜单”动画提示等功能。

4）文件系统优化（系统优化—文件系统优化）。优化文件系统类型；CD-ROM的缓存文件和预读文件优化；优化交换文件和多媒体应用程序；加速软驱的读写速度等。

5）网络系统优化（系统优化—网络系统优化）。主要针对Windows的各种网络参数进行优化，同时提供了快猫加鞭（自动优化）和域名解析的功能。

6）系统安全优化（系统优化—系统安全优化）。功能主要有：防止匿名用户用<Esc>键登录；开机自动进入屏幕保护；每次退出系统时自动清除历史记录；启用宏病毒保护；禁止光盘自动运行；黑客和病毒程序扫描和免疫等。另外，还提供了开始菜单、应用程序以及更多设置给那些需要更高级安全功能的用户。进程管理可以查看系统进程、进程加载的模块（DLL动态链接库）以及优先级等，并且可以终止选中的进程等。

7）开机速度优化（系统优化—开机速度优化）。主要功能是优化开机速度和管理开机自启动程序。

8）系统个性设置（系统优化—系统个性设置）。包括右键设置、桌面设置、DirectX设置和其他设置功能。其他优化中还可以进行系统文件备份。

9）注册信息清理（系统清理—注册信息清理）。清理注册表中的冗余信息和对注册表错误进行修复。

在注册表信息清理方面，Windows优化大师能清理多余的DLL文件、清理反安装信息、清理注册表中的垃圾等。对于注册表，大多数人都不精通，因此该功能实用性很强。

10）磁盘文件管理（系统清理—磁盘文件管理）。主要功能是：根据文件扩展名列表清理硬盘；清理失效的快捷方式；清理零字节文件；清理Windows产生的各种临时文件。

总的来说，Windows优化大师是一款相当优秀的系统优化软件，以它易用的界面、全面的功能赢得了大量用户的青睐。但同学们在使用的时候要注意，对于不懂的选项千万不要贸然对其进行设置，否则优化后容易造成系统出错或崩溃。

以下介绍几款全球范围内较优秀的优化软件：

1）德国Tuneup Utilities，在行业内专业度最高，口碑最佳，如图10-4所示。

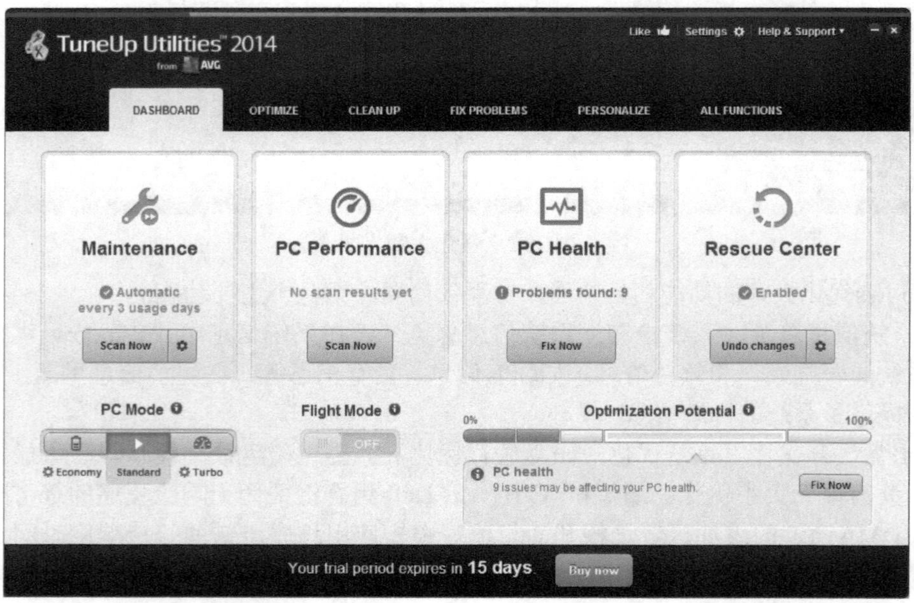

图10-4　Tuneup Utilities

2）美国Registry Mechanic 对registry改动监控较好，如图10-5所示。

3）英国CCleaner小巧快捷，清理速度快，系统占有资源少，如图10-6所示。

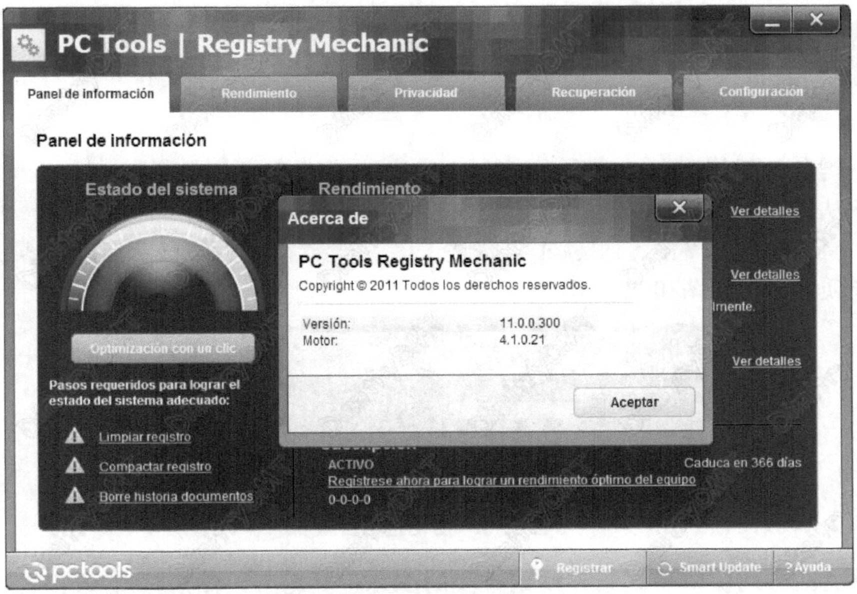

图10-5　Registry Mechanic

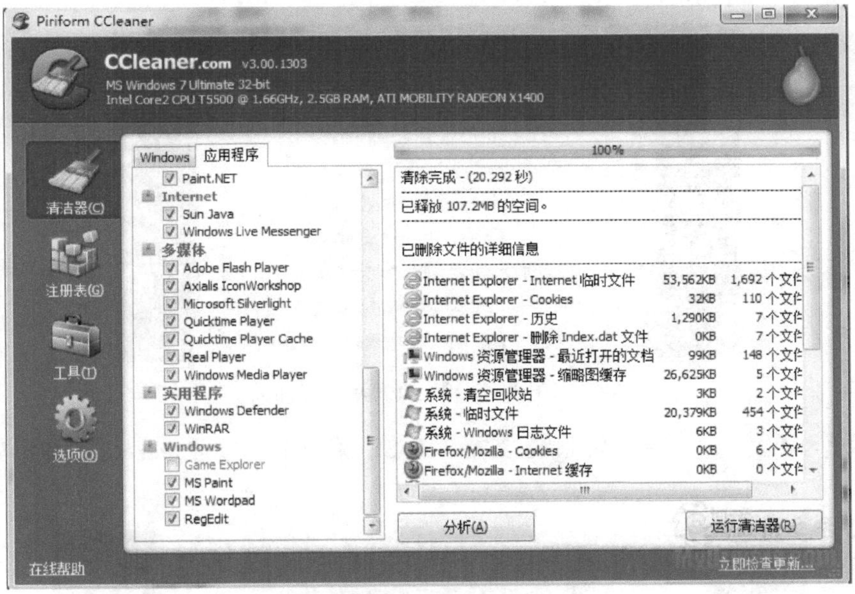

图10-6　CCleaner

三、系统的备份与还原

系统备份的实质就是复制操作系统，但又不是简单意义上的复制，它是将硬盘的系统区做个镜像文件保存在硬盘上的其他分区，一旦计算机遭到病毒攻击，或是其他原因造成系统崩溃，用户就可以通过这个镜像文件恢复系统，从而得到一个和备份时一模一样的系统。

在这里，向大家介绍一款工具软件—DOS矮人工具箱，目前大多数的系统备份还原工具都是利用Ghost工具，我们这里介绍的工具也不例外。它包含硬盘对拷、一键备份还原系统、手动Ghost备份还原、DOS工具等很多功能。此处我们主要介绍它的一键备份还原系统和手动Ghost备份还原这两个功能。

1．一键备份、还原系统

（1）一键备份系统

首先，从网络上下载DOS矮人工具箱并安装（安装过程和大多软件安装一样，一直按“下一步”直到“完成”，这里就不再赘述了）。安装完成后，重新启动计算机，这时会出现一个选项界面，如图10-7所示。

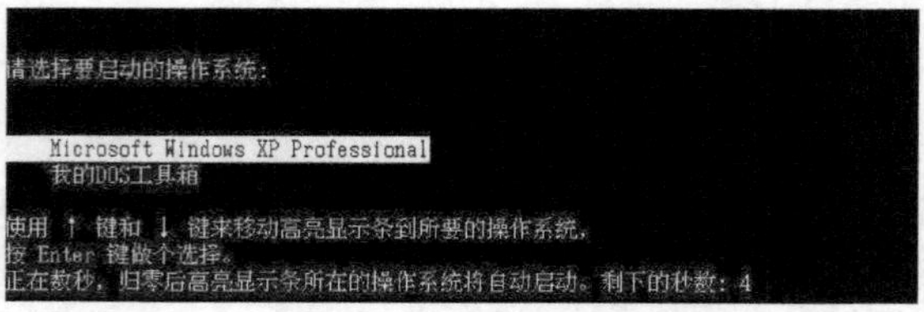

图10-7　启动选项界面

移动键盘的方向键，使光条移动到“我的DOS工具箱”，然后按<Enter>键，进入DOS工具箱启动界面，如图10-8所示。

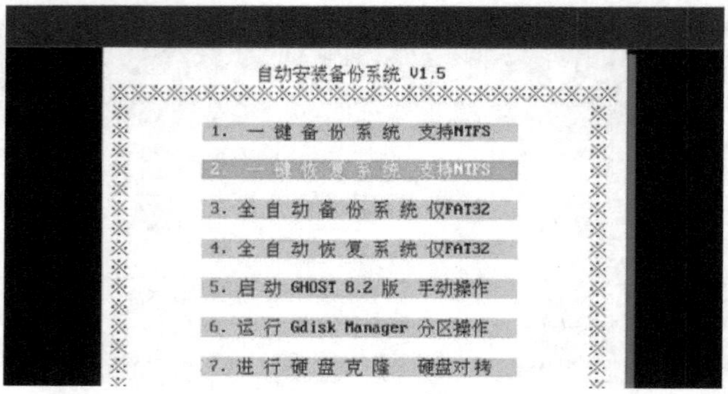

图10-8　DOS工具箱启动界面

将光标移动到“1．一键备份系统 支持 NTFS”菜单上，按<Enter>键，弹出如图10-9所示窗口。

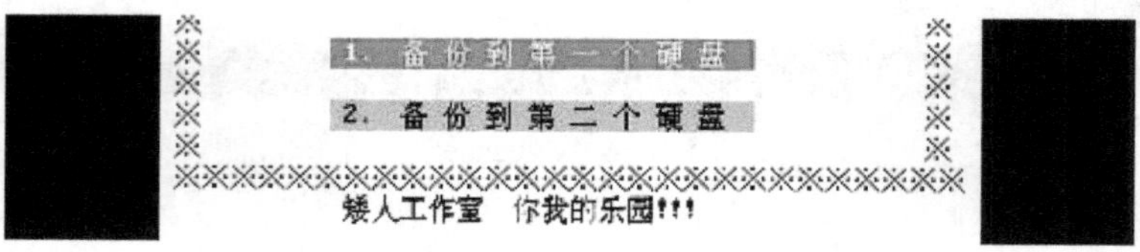

图10-9　一键备份系统界面

用户可根据自己计算机的情况选择备份文件存放于那个硬盘，通常我们计算机上都只装有一个硬盘，所以此处选择“1．备份到第一个硬盘”，然后按<Enter>键，进入分区选择界面，如图10-10所示。

用键盘<Tab>键或方向键移动光标，可以改变“分区”前红色阿拉伯数字，这里的数字代表硬盘上的第几个分区（C盘为第1个分区，D盘为第2个分区，以此类推），这里我们选第4个分区，也就是计算机上的F盘，然后将光标移动到“确定”按钮上，按<Enter>键，弹出图10-11所示窗口。

图10-10　分区选择界面

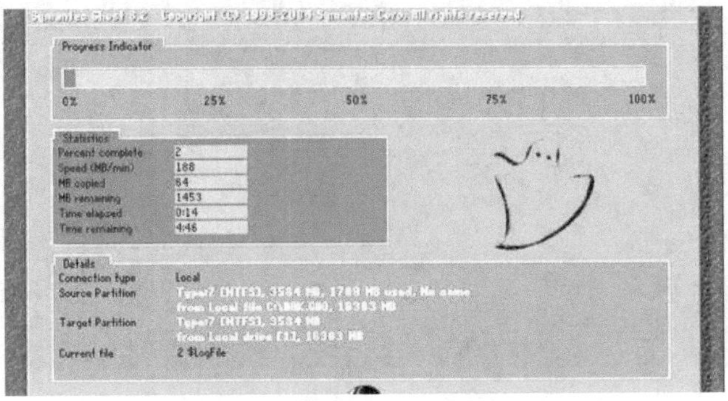

图10-11　选择备份位置盘符界面

此时DOS矮人工具箱自动调用Ghost工具，开始系统备份，备份结束后，弹出如图10-12所示界面。

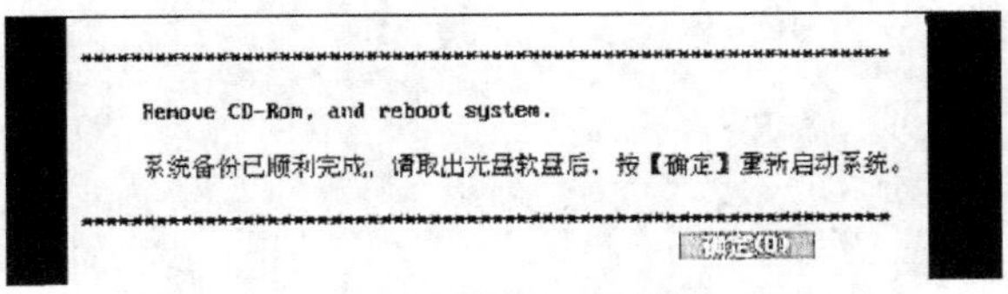

图10-12　备份结束界面

此时，DOS矮人工具箱提示用户，系统备份完成，重新启动计算机后，打开F盘，在第4分区，将看到F盘根目录下生成了系统备份文件BAK.GHO，如图10-13所示。

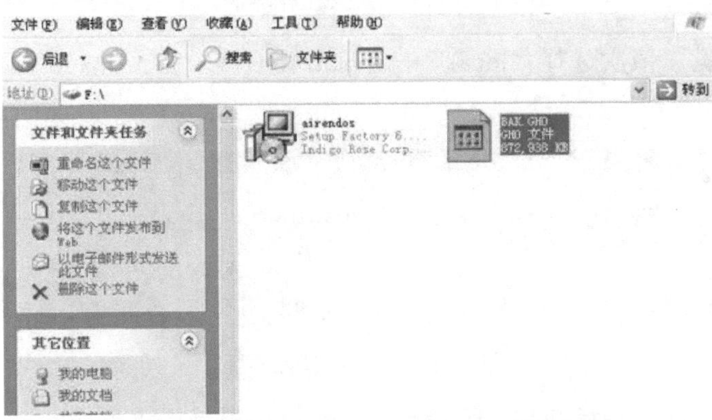

图10-13　重新启动计算机后打开备份盘界面

(2) **一键还原系统**

一键还原系统和前面一键恢复系统的过程几乎完全一致，只是在菜单选择的时候，第一步先选择“2. 一键还原系统”，然后后面依次选择“第一硬盘”“第4分区”（这里的数字4要和进行备份时所键入的分区数字一样），后面的操作就和备份时完全相同了，这里就不再重复叙述。

2. 手动备份、还原系统

(1) **手动备份**

在DOS的启动界面选择“启动Ghost8.2版 手动操作”，弹出如图10-14所示对话框。

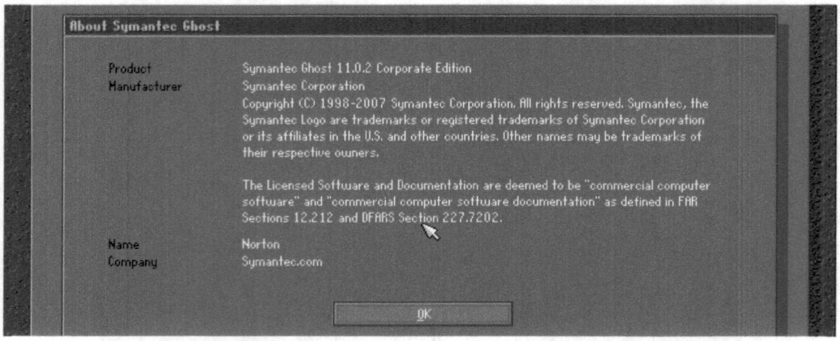

图10-14 启动Ghost8.2版 手动操作界面

按<Enter>键，进入Ghost工作界面，如图10-15所示。

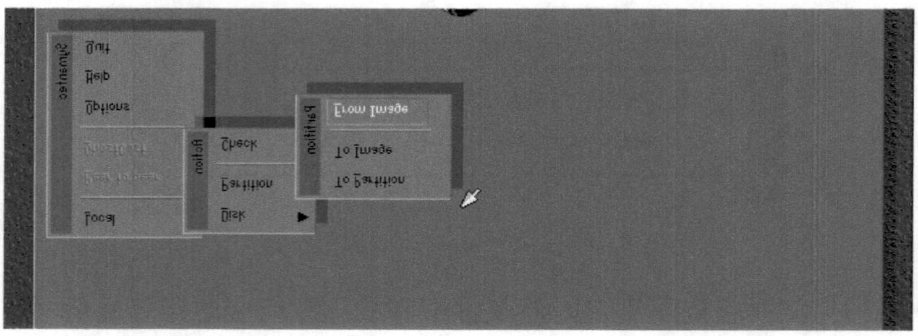

图10-15 Ghost工作界面

利用键盘方向键，依次选择“local”—“partition”—“To Image”，弹出如图10-16所示对话框。

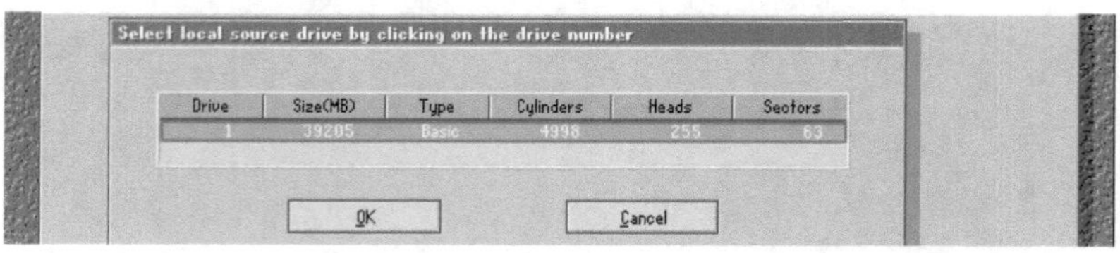

图10-16 Ghost 镜像界面

选定本地硬盘，将光标移动到<OK>键上，按<Enter>键，弹出如图10-17所示对话框。

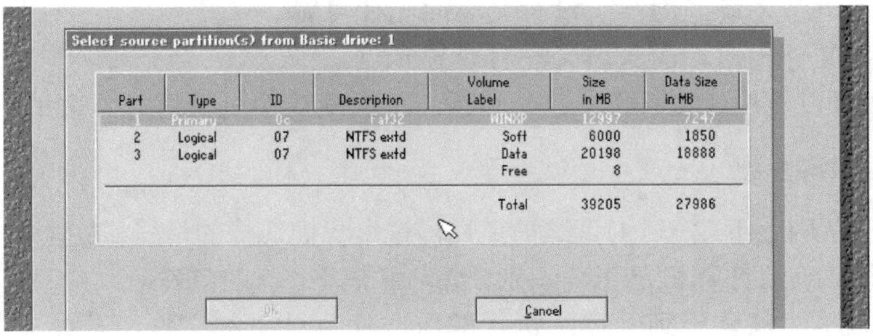

图10-17　选定本地硬盘界面

将光标停留在Type值为Primary的选项上，回车确定选择主分区（系统分区），然后将光标移动到<OK>键上，按<Enter>键确定，弹出如图10-18所示对话框。

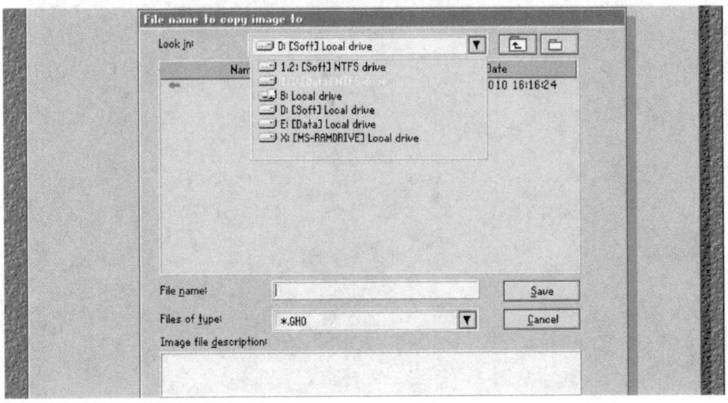

图10-18　选择主分区界面

单击图10-18文本框右边黑色小箭头，选择存放备份文件的分区（注：这里1：1代表C盘，1：2代表D盘，以此类推）。然后在File name栏输入备份文件的文件名，将光标移动到<Save>键上，按<Enter>键。这时，Ghost自动开始系统的备份操作，备份完后重启计算机即完成系统的备份操作。

（2）手动系统还原

手动还原的过程和前面手动备份的过程基本完全一致，进入Ghost工具页面后，选择“local”—“partition”—“From Image”，然后在后续弹出的对话框中选择之前备份时的分区位置、文件名即可。

四、定制U盘维护系统

U盘以其方便、小巧、存储量大等优点，迅速成为目前主流的数据存储介质，并成为很多人随身必备的存储工具。然而，大多人在使用U盘的时候，仅仅是简单地把它作为存储介质使用，这里向同学们介绍一下U盘的另一个重要用途—— 系统的安装和维护。

大多数读者都会有以下的经历：

1）系统崩溃不能启动，但是又急需使用硬盘上的数据。

2）对上网本重装系统，但苦于没有光驱而无计可施。

3）系统引导文件出错，而身边又没有引导光盘。

这个时候就可以利用U盘来解决这个问题，下面就这个过程进行详细的讲解。

1．制作U盘引导系统

1）首先我们从网上下载一个U盘维护工具，这里我们选择的是晨枫U盘维护工具V2.0版。

2）插上U盘，确认计算机已正确识别U盘，并记下U盘的盘符。

3）将下载的压缩包解压到硬盘。执行解压文件目录下的文件，开始安装晨枫U盘维护工具。

4）根据安装窗口的提示，按任意键开始选择安装模式，这里选择[3]U盘安装<ZIP模式>，如图10-19所示。

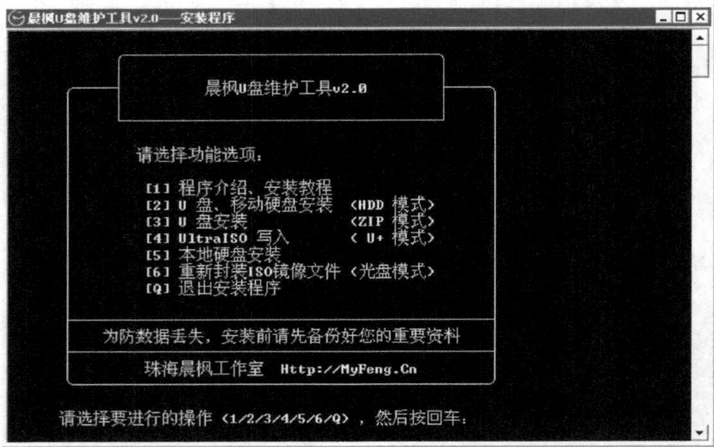

图10-19　U盘安装界面

5）在弹出的窗口中键入插入U盘的盘符，按<Enter>键。此后的操作都按默认设置，直接不断单击“下一步”按钮即可。

6）选择“创建带迷你DOS系统的可启动闪存盘”，如图10-20所示。

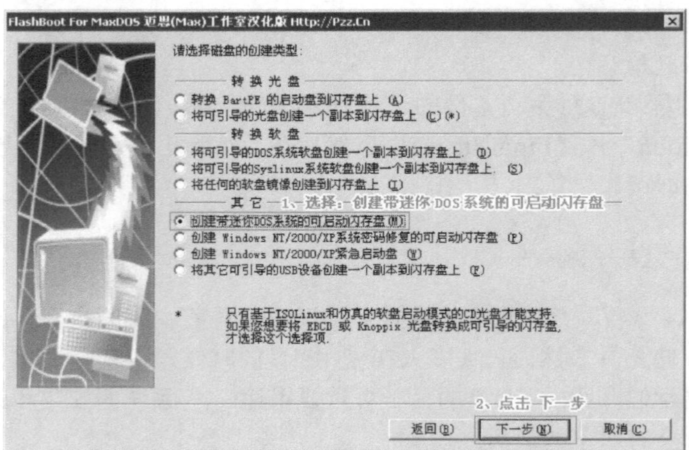

图10-20　迷你DOS系统的可启动闪存盘界面

7）选择“任何基于DOS的软盘或软盘镜像”，如图10-21所示。

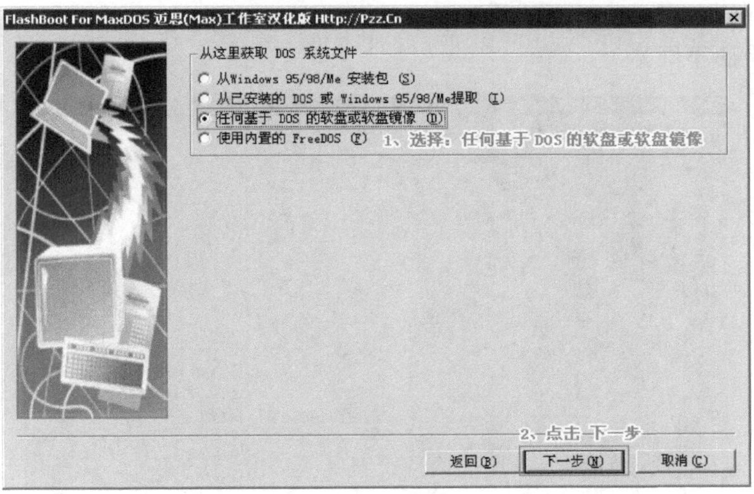

图10-21　任何基于DOS的软盘或软盘镜像选择界面

8）选择“从本机或局域网载入镜像文件”，单击“浏览”按钮，选择前面第3步解压的文件夹所在路径下的“Boot\Ins\FlashBoot\DOS软盘.IMG”。如图10-22所示。

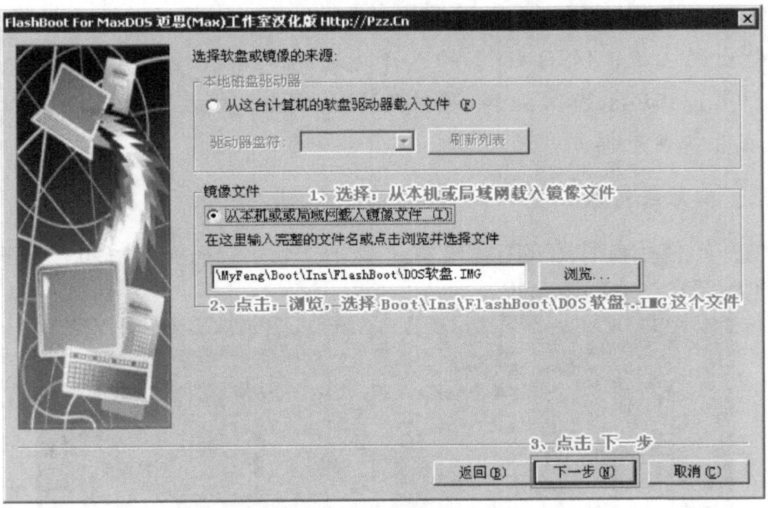

图10-22　工作路径界面

9）单击“刷新列表”，“驱动器盘符”选择U盘盘符，取消“保留磁盘数据（避免重新格式化）”选项，选择“Superfloppy（USB-ZIP 启动模式）”，如图10-23所示。

10）下面按默认设置一直单击“下一步”按钮直到“完成”即可。

这样，就完成了晨枫U盘维护工具的制作。

在使用制作好的U盘维护工具之前，我们还要进行一步很重要的工作，就是将计算机的第一个启动装置设置成U盘。

将U盘插入USB口（最好插在主机后面的USB接口，并将其他的USB设备暂时拔掉），重启计算机，在开机系统自检界面上按<Del>键进入BIOS设置，再进入Advanced BIOS Features，将First boot device项设定为USB-HDD或USB-ZIP（请尝试这两个模式，不同主板可能支持情况有所不同）。

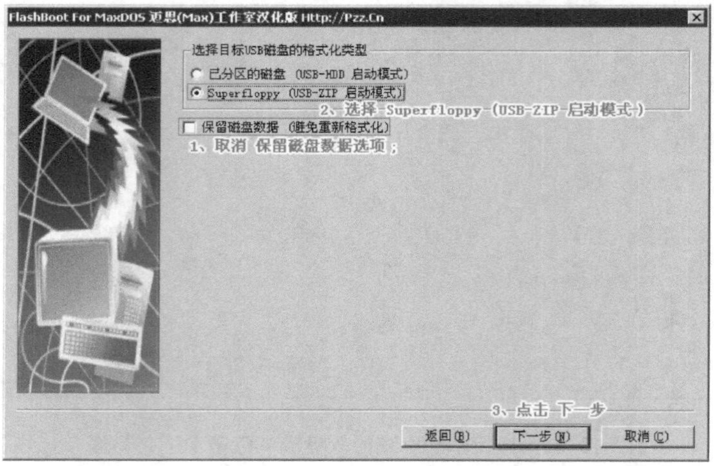

图10-23　启动模式界面

设定好后按<F10>键，再按<Y>键，回车确认退出BIOS设置（不同主板的BISO具体设置方法可能完全不同，请自行参考主板说明书）。

注：有些新出的主板，USB-HDD的选择是在Advanced BIOS Features - Boot Seq & Floppy Setup里设置，把First boot device项设为Hard Disk，然后在Hard Disk Boot Priority中选择U盘（U盘要在开机前先插上）。

2. U盘维护工具功能详解

现在，可以开始使用制作好的U盘维护工具了，将U盘插入计算机，开机后，U盘直接引导系统，出现如图10-24所示画面。

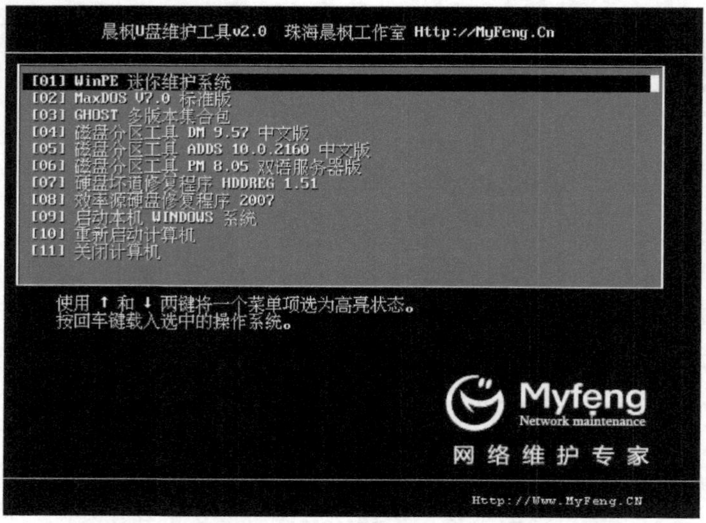

图10-24　U盘引导系统界面

下面我们就U盘维护工具的菜单挑选几个进行一下简单说明：

（1）WinPE**迷你维护系统**

WinPE是Windows预先安装环境（Microsoft Windows Preinstallation Environment）的简称，是简化版的Windows XP、Windows Server 2003或Windows Vista。集成了各类常用绿色软件，可以很方便地进行磁盘分区、WIN密码修改、数据转移等维护操作。U盘启动，进入WinPE系统后，单击“开始”—“程序”，即可调用这些维护工具，如图10-25所示。

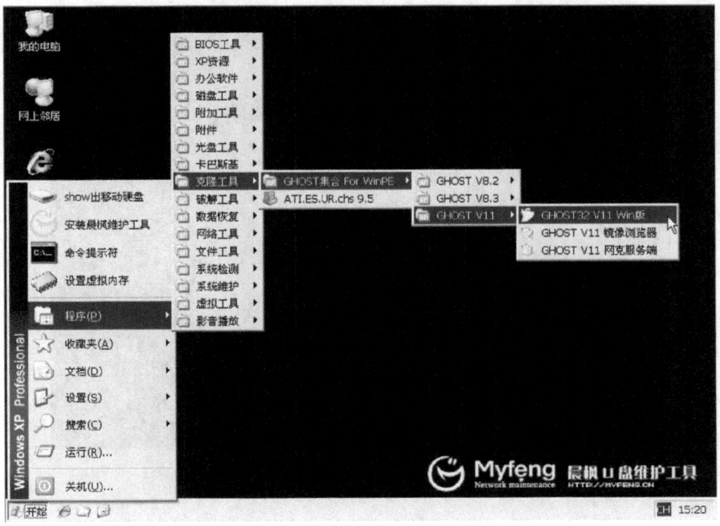

图10-25　进入WinPE系统界面

小知识

将Windows XP系统的镜像文件拷贝到U盘上，就可以通过U盘引导系统，进行系统安装，这个功能对于没有光驱的计算机安装系统来说是非常方便的。

（2）MaxDOS V7.0**标准版**（**图**10-26）

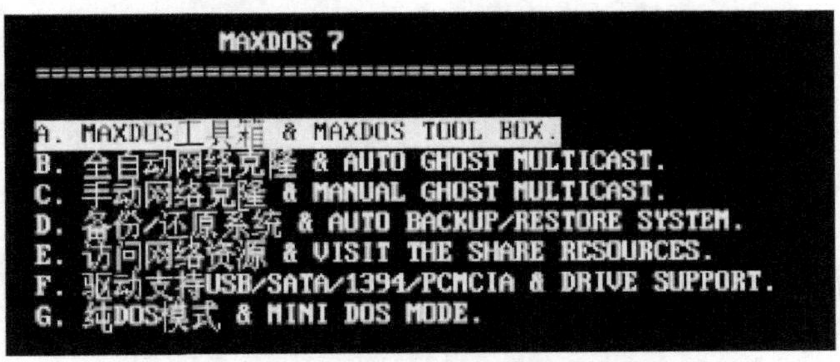

图10-26　进入WinPE系统菜单界面

MaxDOS中包含很多实用工具，有网刻、系统备份/还原、DOS模式等常用工具，这里就不一一叙述了，仅对网刻工具做一点补充说明。

首先，网刻时需要对服务器端进行如下设置：

将本地连接IP地址设置为10.1.1.1，子网掩码设置为255.0.0.0，网关和dns不填。

启动服务端GhostSrv.exe，然后根据自己计算机的实际情况进行相应设置。

设置完成后单击“接受客户端”按钮。

然后，在客户端开始运行网刻菜单。

（3）Ghost多版本集合包

该集合包包含三个版本的Ghost工具，分别为GHOST8.2、GHOST8.3、GHOST11.5，如图10-27所示。

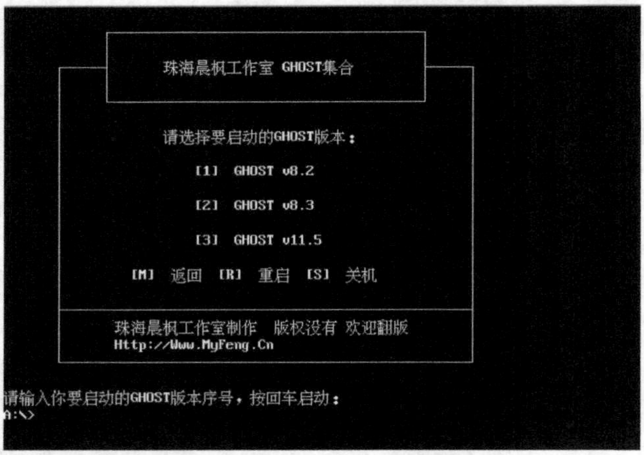

图10-27 Ghost工具的版本菜单选项

（4）效率源磁盘修复程序

硬盘坏道（特别是物理坏道）是硬盘的所有故障中最让人头痛的。它轻则使计算机频频死机，重则会让计算机中的所有数据化为乌有。通常，我们只能采用低格或隐藏的方法。但是低格会对硬盘的使用寿命造成一定影响；而隐藏又会造成坏道的更多扩散，这些都不是最佳的处理方法。

MaxDOS的效率源磁盘修复程序采用智能的修复算法，使程序不会对硬盘进行更进一步的损坏。

五、桌面美化

1. RocketDock

RocketDock（快捷工具栏）绿色加强版下载，包含600多个带倒影的精美png图标资源，增加了常用的RocketDock插件（StackDocklet）、关机插件、日历插件、CD插件、回收站插件、音量插件、关机插件等，增加了几套Leopard皮肤。

RocketDock支持使用拖曳的方式来自定要启动的程序或资料夹，可用此打造一个动感十足、界面漂亮、占用极少资源的个人专属快捷工具栏，如图10-28所示。

图10-28 RocketDock 工具栏

右键单击快捷工具栏，或者采用拖曳的方式，可以完成程序、文件夹的快捷方式添加、删除，打造具有个性的快捷工具栏，如图10-29进行操作：选择“添加项目”—“文件”。

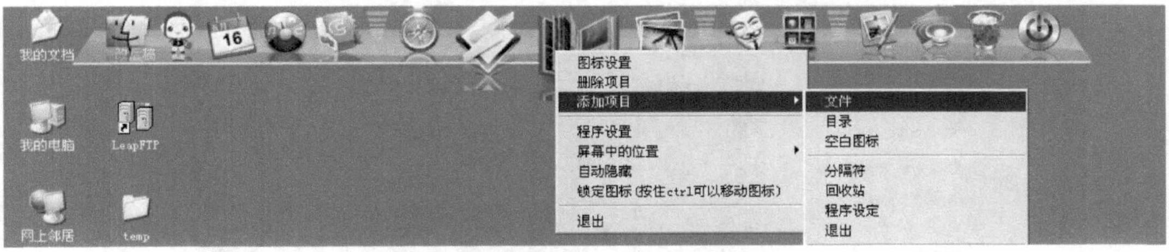

图10-29　添加文件菜单

在弹出的菜单中选择要添加文件的路径，如图10-30所示。

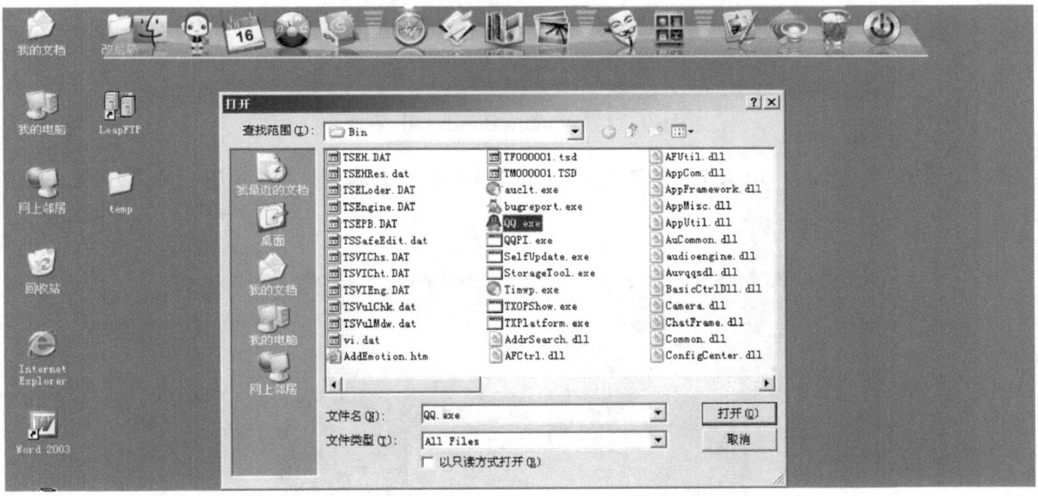

图10-30　添加文件窗口

双击待添加文件，此时QQ的快捷图标就成功添加到快捷工具栏上了，如图10-31所示。

图10-31　已经添加QQ程序界面

同样，可以通过右键单击工具栏的方式，删除不需要的快捷图标或者更改快捷图标的样式。

2. WindowBlinds

WindowBlinds 6.02 绿色版是经过众多网友测试无错的经典版本。可以通过该软件对桌面主题、背景、图标样式、工具栏按钮等进行个性化设置。如图10-32：单击“我的主题”—“视觉风格”标签即可修改、编辑桌面主题。

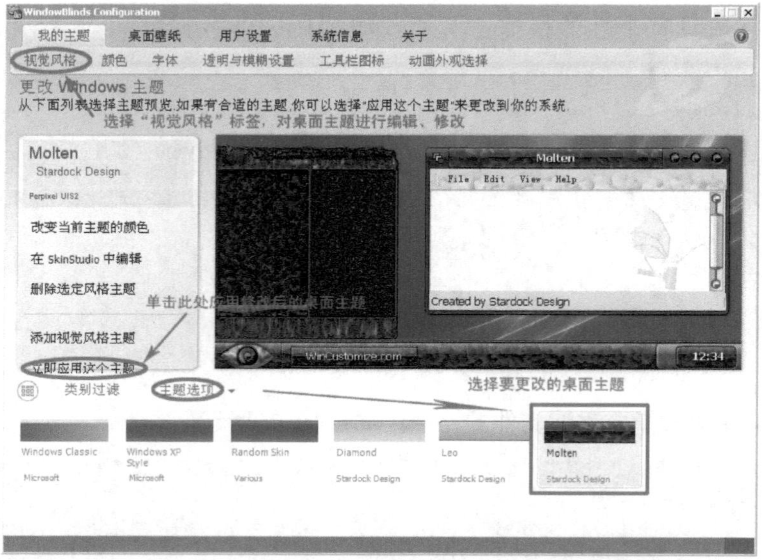

图10-32　WindowBlinds 6.02界面

单击“颜色”标签，可以对当前主题皮肤的色调、饱和度、亮度进行调整，如图10-33所示。

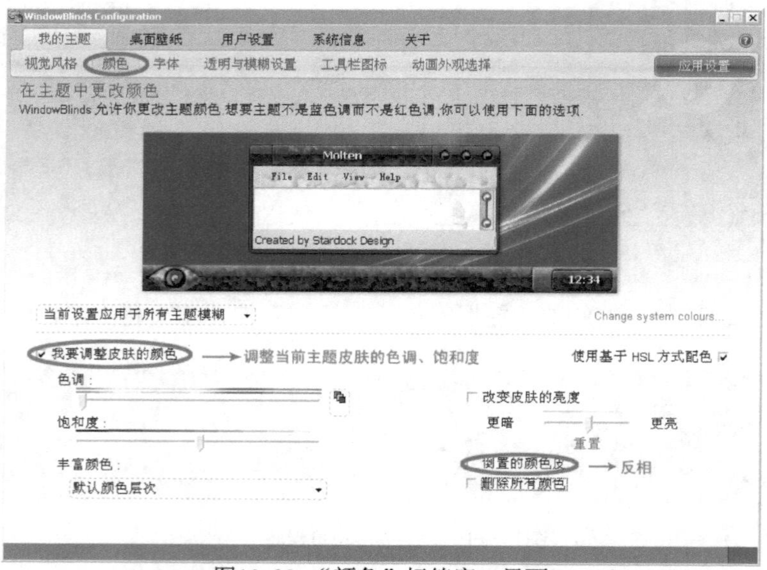

图10-33　“颜色”标签窗口界面

单击“字体”标签，可以更改主题的默认字体类型，如图10-34所示。

单击“透明与模糊设置”标签，可以调节当前主题的透明度和模糊度，如图10-35所示。

单击“工具栏图标”，可以更改资源管理其工具栏的图标，如图10-36所示。

单击“动画外观选择”，可以更改、移动、复制、删除文件时的气泡提示图案，如图10-37所示。

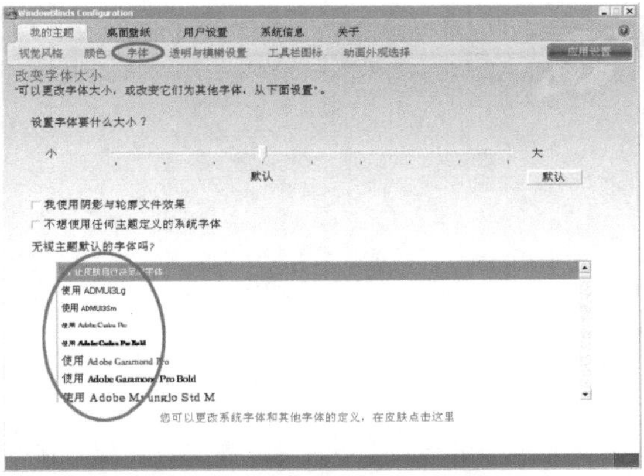

图10-34 “字体”标签界面设置

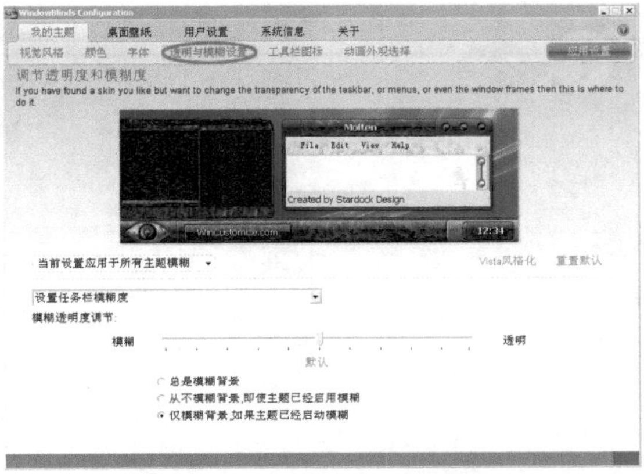

图10-35 透明与模糊设置

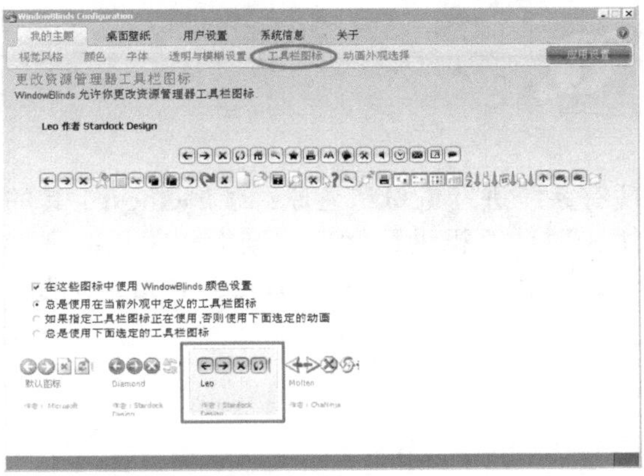

图10-36 工具栏设置

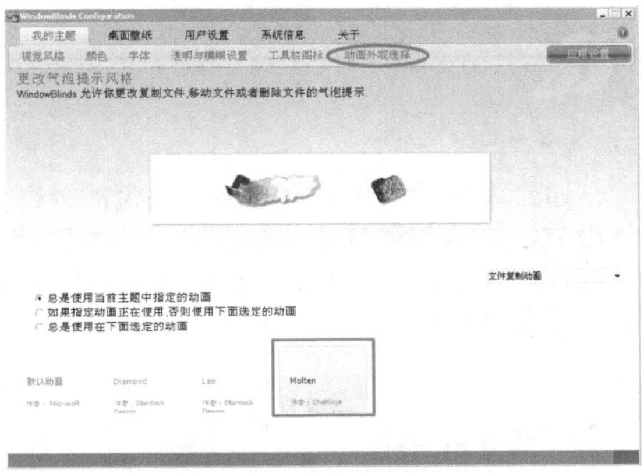

图10-37 动画外观设置

通过这一系列的设置，即可打造出具有自己个性的主题桌面。

单击“桌面壁纸”—“更改我的壁纸”标签，可编辑、修改桌面背景，如图10-38所示。

单击上图设置按钮，添加壁纸选择文件夹，如图10-39所示。

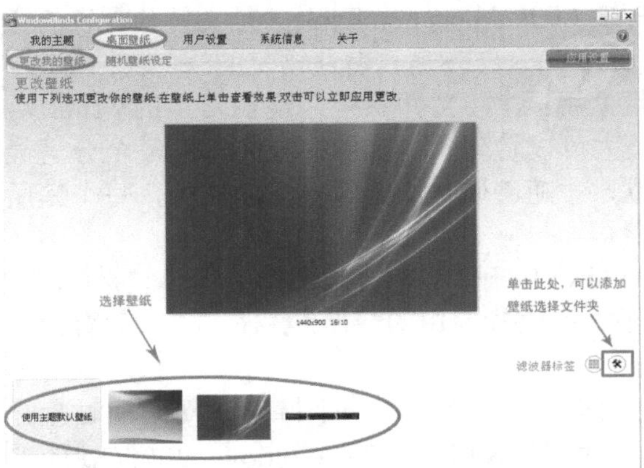

图10-38 桌面壁纸设置

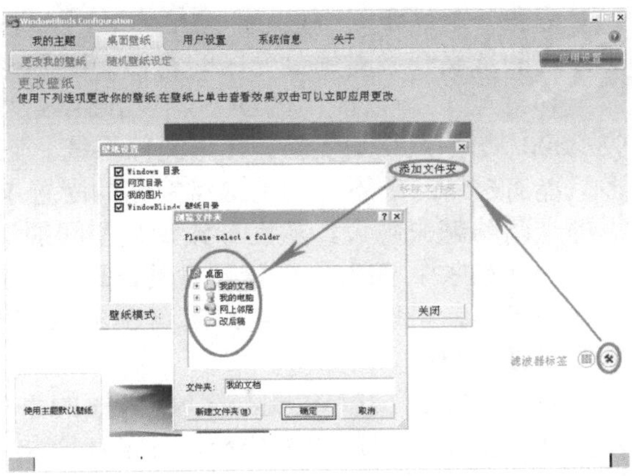

图10-39 添加图片文件

单击“桌面壁纸”—“随机壁纸设定”，可设置随即壁纸名单，如图10-40所示。

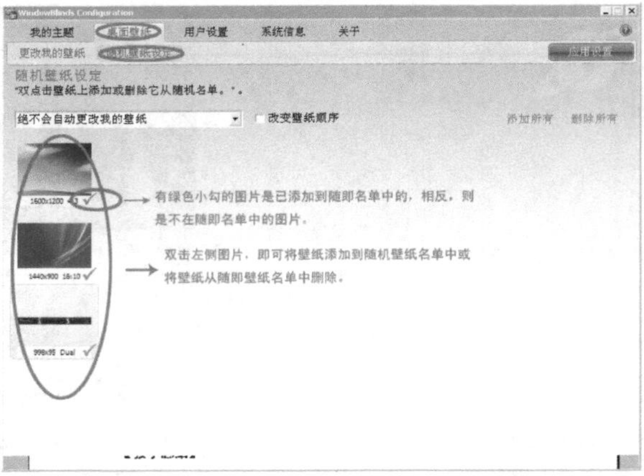

图10-40　桌面设置界面

项目评价

通过本项目的学习，学会对硬盘的分区、现有系统进行备份和还原；了解Ghost工具的使用方法，掌握“U盘引导系统”的制作和使用，对计算机进行管理、维护和美化；掌握对磁盘碎片整理、Windows优化大师、DOS矮人工具箱的Ghost工具、WindowBlinds等的使用，学会系统基本维护与优化 。

知识拓展

磁盘分区

1. FAT32、NTFS文件系统的介绍

(1) 什么是NTFS?

想要了解NTFS，首先应该认识一下FAT。FAT（File Allocation Table）是文件分配表的意思。它的意义在于对硬盘分区的管理。FAT16、FAT32、NTFS是目前最常见的3种文件系统。

1）FAT16：以前用的DOS、Windows 95都使用FAT16文件系统，现在常用的Windows 98/2000/XP等系统均支持FAT16文件系统。它最大可以管理大到2GB的分区，但每个分区最多只能有65 525个簇（簇是磁盘空间的配置单位）。随着硬盘或分区容量的增大，每个簇所占的空间将越来越大，从而导致硬盘空间的浪费。

2）FAT32：随着大容量硬盘的出现，从Windows 98开始，FAT32开始流行。它是FAT16的增强版本，可以支持大到2TB（2048GB)的分区。FAT32使用的簇比FAT16小，从而有效地节约了硬盘空间。

3）NTFS：微软Windows NT内核的系列操作系统支持的，一个特别为网络和磁盘配额、文件加密等管理安全特性设计的磁盘格式。随着以NT为内核的Windows 2000/XP的普及，很多个人用户开始用到NTFS。NTFS也是以簇为单位来存储数据文件，但NTFS中簇的大小并不依赖于磁盘或分区的大小。簇尺寸的缩小不但降低了磁盘空间的浪费，还减少了产生磁盘碎片的可能。NTFS支持文件加密管理功能，可为用户提供更高层次的安全保证。

(2) **什么系统可以支持NTFS文件系统?**

只有Windows NT/2000/XP才能识别NTFS系统，Windows 9x/Me以及DOS等操作系统都不能支持、识别NTFS格式的磁盘，如图10-41所示。由于DOS系统不支持NTFS系统，所以最好不要将C盘制作为NTFS系统，这样在系统崩溃后便于在DOS系统下修复。

NTFS与操作系统支持情况	
文件系统	支持的操作系统
fat16	windows 95/98/me/nt/2000/xp unix，linux，dos
fat32	windows 95/98/me/2000/xp
ntfs	windows nt/2000/xp

图10-41　NTFS文件与所支持的操作系统

(3) **NTFS适合你吗?**

在多操作系统中是否选择将FAT32转换为NTFS，应该根据自己的情况来决定。如果重在性能和安全方面，那么可以将FAT32转换为NTFS；如果重在可操作性和兼容性方面，应该保持FAT32，不进行转换，因为支持FAT32的操作系统更多。而NTFS对Windows Me和以前的Windows版本并不兼容。建议除Windows XP/2003外的系统用FAT32。

(4) **将FAT32转换为NTFS**

在Windows 2000/XP中，可以在命令提示符状态下键入"convert E:/FS NTFS"（假设E盘原来使用的是FAT32），回车后，在下次重启时自动将E盘转换为NTFS文件系统。转换时最好整理一下磁盘碎片加快转换速度，并且把数据备份到其他不转换的分区中。

2. 磁盘分区工具Norton Partition Magic

(1) **什么是分区?**

要谈Partition Magic，当然要先认识什么是Partition（分区），其实就像Partition字面上的意思，就是分区，至于分区的对象，当然就是我们的硬盘了。为了能有效地利用磁盘，我们不能将所有的文件都放在一个分区中，一是不容易查找，二是如果不小心误操作，便一损俱损，安全性也没有什么保证。

硬盘分区出来的每一个区域，均可被称为一个"分区"，它们拥有自己独立的磁盘代号，也拥有自己独立的存储区域，使用起来就好像有多块硬盘。不过根据功能的不同，分区的本质也有些差异，硬盘可以划分为Primary（主分区）、Extended（扩展分区）、Logical（逻辑分区）3种。

1）主分区。如果只有一块硬盘，那么这个硬盘肯定应该有一个主分区，以前DOS必须在主分区才能启动。建立主分区的最大用途便是安装操作系统，另外如果有多个主分区，那么只有一个可以设置为活动分区（Active），操作系统就是从这个分区启动的。当然了，只允许有一个活动分区，所谓的"激活分区"就是将某个主分区设置为活动分区。

2）扩展分区。因为主分区有先天的限制（最多只能有4个），扩展分区就是为了弥补这种限制的缺憾应运而生的，但是需要记住的是：它可是不能直接用来保存资料的，扩展分区的主要功能就是让用户在其中建立逻辑分区，而且事实上只能建立20多个。

3）逻辑分区。从上面的介绍可以了解到，逻辑分区并不是独立的分区，它是建立在扩展分区中的二级分区，而且在DOS/Windows下，这样的一个逻辑分区对应于一个逻辑驱动器（Logical Driver），我们平时说的D:，E:等一般指的就是这种逻辑驱动器。

分区的限制

一个硬盘最多只能划分为4个主分区，或者是3个主分区加上一个扩展分区，这是因为在硬盘的开头，也就是0磁头（Head）、0柱（Cyliner）、0面（Side）、0磁道（Track）、0扇区（Sector），总共512字节存放着硬盘最重要的信息MBR（Master Boot Record，主引导记录）和分区的相关信息，由于记录空间只有那么大，所以也只能记录这4个分区的信息。

（2）Pqmagic功能详解。Pqmagic（PartitionMagic分区魔法师）是PowerQuest公司出品的一个高性能、高效率的磁盘分区软件，后被诺顿收购改叫Norton Partition Magic；它可以实现硬盘动态分区和无损分区，而且支持大容量硬盘。最重要的一点是，该软件在执行分区转换时，可以不损坏当前分区中的内容，也就是说我们的资料和操作系统都可以保全下来，如图10-42所示。它主要有以下一些强大的分区操作功能：

① 进行磁盘分区的全部操作。

② 进行文件系统间的转换。

③ 合并FAT/FAT2格式的分区。

④ 改变分区类型。

⑤ 重新调整磁盘簇的大小。

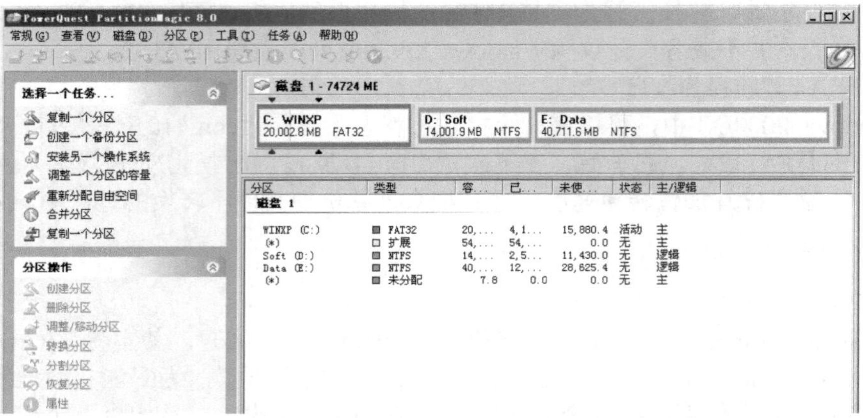

图10-42　PartitionMagic分区魔法师界面

1）创建主分区、扩展分区、逻辑分区。启动Partition Magic进入其主界面窗口，如果你使用的是一个新购置的硬盘，可以单击菜单命令“分区→新建”，弹出“创建分区”对话框，如图10-43所示。在“创建为”选项中选择“主分区”，并在分区类型中选择文件系统类型，比如FAT、FAT32、NTFS等，如果你安装的系统将是Windows 9x，那么可以选择FAT32分区类型，如果是安装Windows 2000/NT/XP系统，建议选择NTFS类型，最后在“Label”输入框中填入新分区的卷标，在“大小”中输入分区大小，单击“确定”按钮即可生成主分区。同理，扩展分区和逻辑分区也一样，只须在“创建为”里选择对应的分区格式即可。

2）新建分区。如果你打算在原系统分区中重新创建一个新的分区，可以在硬盘列表中右键单击需要更改的硬盘分区，在弹出的快捷菜单中选择“调整/移动分区”命令，这时会打开调整容量对话框，如图10-44所示。用鼠标拖动到上面的绿色条纹处，也可以在下面显示框中输入数值，其中灰绿色表示已经使用空间，绿色表示分区的剩余空间，灰色为新建的自由分区大小，将光标移到横条右侧，然后按住鼠标左键向左拖拽，以确定原分区和自由空间的大小，完成后单击“确定”按钮。

返回到主界面窗口会发现已经多出一个自由分区了，下面便可选中刚才建立的自由分区并用鼠标右键单击。另外，如不想改变已有分区的大小而重新创建分区，则按照前面介绍的方法即可创建主分区或逻辑分区，这样就可以创建多个分区了。

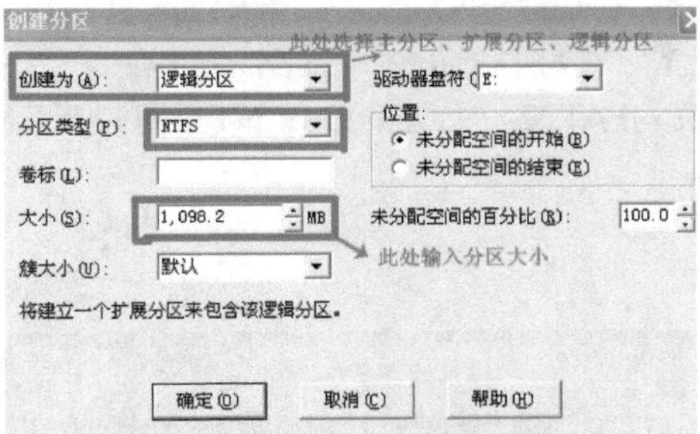

图10-43　分区主界面窗口

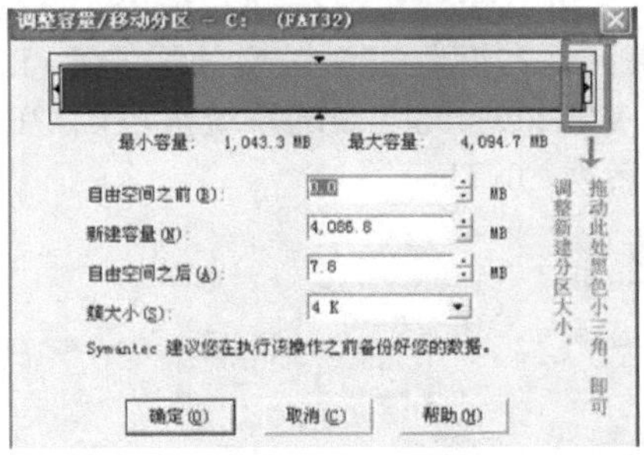

图10-44　调整/移动分区界面

3）合并与分割分区。选择主界面中要合并的分区，然后单击鼠标右键，在弹出的快捷菜单中选择“合并”命令，如图10-45所示。

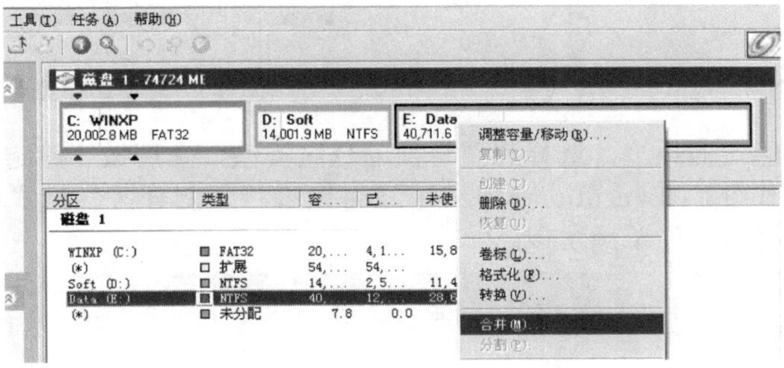

图10-45　合并菜单界面

弹出合并对话框，当想要把两个分区合并成为一个的时候，被合并的一个分区的内容会被放到另一个分区的指定文件夹下。在“Merge Option”中选择要合并的分区，然后在“Folder Name”中指定用于存放合并分区内容的文件夹的名称后，单击“确定”按钮，如图10-46所示。

如果要分割一个分区，可以用鼠标右键单击要分割的分区，然后在打开的快捷菜单中选择“分割”命令，如图10-47所示。

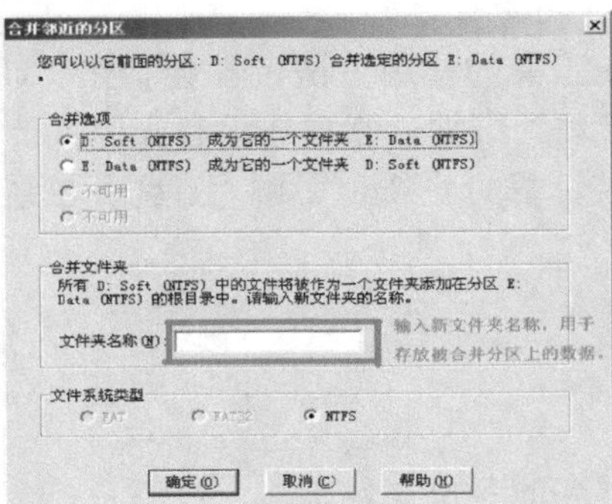

图10-46　合并的分区界面

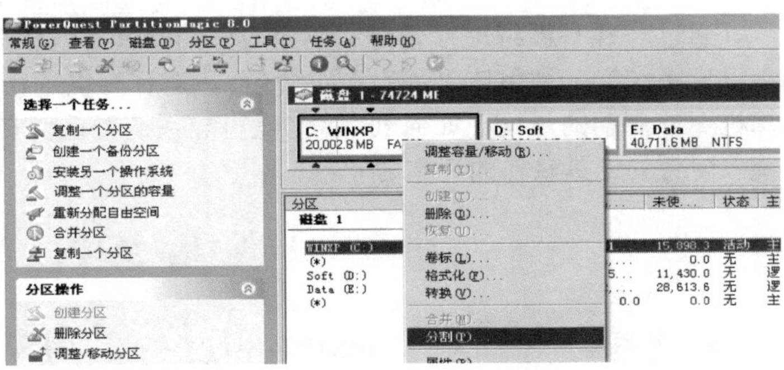

图　10-47

弹出“分割分区”对话框，指定哪些文件或者文件夹存放到新的分区中，可以双击左侧的文件夹就可以把它放在新增的分区中了。另外，还可以设定新分割后的分区的卷标，完成后单击“确定”按钮，如图10-48所示。

4）转换分区。如果你想转换分区的文件系统，在Partition Magic中也是可以非常容易实现的，它可以轻松实现在FAT16和FAT32之间的转换，还能在NTFS文件系统和FAT系统之间转换。用鼠标右键单击要转换分区的盘符，然后选择“转换”命令（见图10-49），需要注意的是，Windows 98之类的系统只可以把FAT16转换为FAT32，而Windows NT只可以把FAT16、FAT32转换为NTFS。

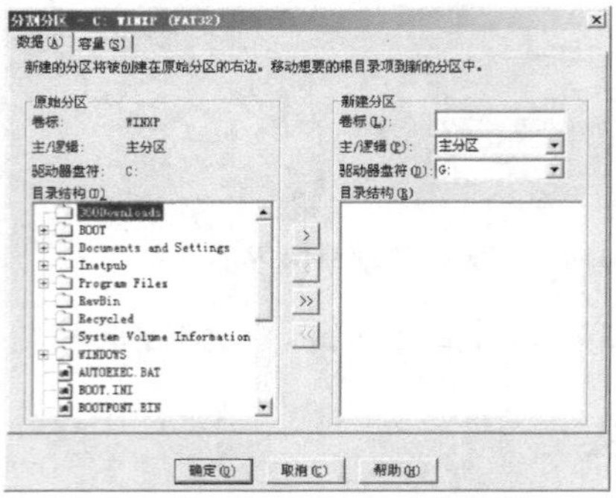

图10-48　分割分区界面

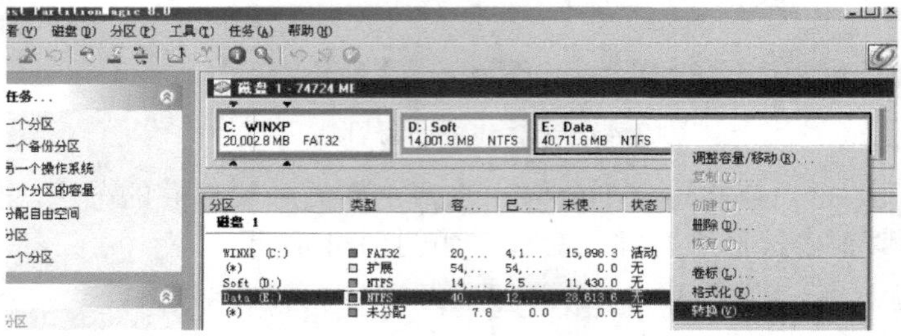

图10-49　转换命令菜单

弹出“转换分区”对话框，选择想要转换的分区类型，然后按“确定”按钮。

除了以上的操作外，在Partition Magic中还可以进行复制分区、格式化分区等操作，这些都可通过鼠标右键菜单简单地实现。

小知识

Norton Partition Magic这个软件已经停止更新了，最后版本为8.05，只完美支持到Windows XP，对Vista系统的支持不稳定，Windows 7就不能直接用了，不过在PE下还是可以用的（以XP核心）。

转换系统分区格式，也有备份数据的功能，支持在Vista系统下操作。

归纳总结

通过对现有系统进行备份和还原操作，使其了解Ghost工具的使用方法。学会制作“U盘引导系统”，利用该“U盘引导系统”，对计算机进行管理、维护。掌握在没有光驱或计算机无法启动的环境下如何利用“U盘引导系统”重新安装计算机系统。了解“U盘引导系统”附带的工具软件的基本功能。

课后练习

一、填空题

1．对系统进行备份时，会生成一个以__________为扩展名的备份文件。

2．对系统进行手动还原时，应该选择菜单：__________—__________—__________。

二、操作题

制作一个U盘引导系统，选择相应的工具软件格式化计算机C盘，重新安装计算机的操作系统。